高等职业教育新目录新专标电子与信息大类教材

MySQL 数据库应用开发

张治斌　主　编
孙洪洋　副主编

电子工业出版社
Publishing House of Electronics Industry
北京·BEIJING

内 容 简 介

本书系统、全面地讲述了 MySQL 数据库管理系统的主要操作，内容涵盖高等职业院校对 MySQL 教学的要求，包括 MySQL 概述、数据库的创建和管理、表的创建和管理、记录的操作、记录的查询、索引和视图、存储过程和存储函数、触发器和事件、事务和锁、用户和权限、数据库的备份和恢复、日志文件管理。本书免费提供配套的教学资源，包括电子课件、习题答案等，便于开展教学和上机实验。

本书内容丰富，结构清晰，在讲述基本理论知识的同时，注重操作技能和解决实际问题能力的培养。本书案例丰富，突出了实用性和专业性，从基本概念出发，通过大量示例由浅入深、循序渐进地讲述数据库技术和 MySQL 的基本概念与基本方法。本书适合作为高职高专层次计算机相关专业的基础教材，也可作为各类培训班的培训教材。

未经许可，不得以任何方式复制或抄袭本书之部分或全部内容。
版权所有，侵权必究。

图书在版编目（CIP）数据

MySQL 数据库应用开发 / 张治斌主编. —北京：电子工业出版社，2023.2

ISBN 978-7-121-44876-8

Ⅰ．①M… Ⅱ．①张… Ⅲ．①关系数据库系统 Ⅳ.①TP311.138

中国国家版本馆 CIP 数据核字（2023）第 007837 号

责任编辑：魏建波　　　　　　特约编辑：田学清
印　　刷：三河市龙林印务有限公司
装　　订：三河市龙林印务有限公司
出版发行：电子工业出版社
　　　　　北京市海淀区万寿路 173 信箱　　邮编：100036
开　　本：787×1092　1/16　印张：16.25　字数：416 千字
版　　次：2023 年 2 月第 1 版
印　　次：2023 年 2 月第 1 次印刷
定　　价：49.90 元

凡所购买电子工业出版社图书有缺损问题，请向购买书店调换。若书店售缺，请与本社发行部联系，联系及邮购电话：（010）88254888，88258888。

质量投诉请发邮件至 zlts@phei.com.cn，盗版侵权举报请发邮件至 dbqq@phei.com.cn。
本书咨询联系方式：010-88254609，hzh@phei.com.cn。

前　　言

MySQL 是非常流行的关系型数据库管理系统之一。MySQL 数据库以语言标准、运行速度快、性能卓越、开放源码等优势，获得许多中小型网站开发公司的青睐。

本书的作者长期从事数据库课程教学，从教学的实际需求出发，结合初学者的认知规律，由浅入深、循序渐进地讲解 MySQL 数据库管理系统的功能和使用方法。本书将数据库理论嵌入 MySQL 的实际应用，能够让读者在操作过程中进一步理解数据管理的理念，体会数据操作的优势，提高数据处理的能力。

本教材主要有以下特色。

1. 符合认知规律

本书在内容的编排上体现了新的教学思想和教学方法，遵循从简单到复杂、从抽象到具体的原则。全书体系完整，可操作性强。

2. 内容全面

本书内容丰富，结构清晰，内容涵盖操作一个数据库应用系统的主要知识。

3. 案例新颖，针对性强

本书案例准确易懂，以大量的例题对常用的知识点进行操作示范。所有的例题都在 Windows 10+MySQL 8.x+Navicat 15 for MySQL 的环境下调试、运行和通过。每个单元都配有课后习题，供教师教学和学生练习。

4. 配有教学资源

本书配有电子课件、课后习题答案、每个单元案例的代码和实验的代码，以便教师教学或读者自学参考。如果有需要，请到华信教育资源网（http://www.hxedu.com.cn）下载。

本书由张治斌担任主编，孙洪洋担任副主编。张治斌编写单元 1～5，刘瑞新编写单元 6，张亚新编写单元 7、8，孙洪洋编写单元 9～12。在本书编写过程中，作者参考了大量中外资料，包括出版的教材和网络资源，由于篇幅限制不再一一列出，作者在此表示衷心的感谢。由于作者水平有限，书中难免有不足和纰漏之处，恳请读者批评指正。

作　者

目 录

单元 1　MySQL 概述 1
　1.1　MySQL 的发展历史和特点 1
　　1.1.1　MySQL 的发展历史 1
　　1.1.2　MySQL 的特点 1
　1.2　MySQL 的安装 2
　　1.2.1　下载 MySQL 的安装包 2
　　1.2.2　安装 MySQL 服务器 4
　1.3　MySQL 客户端程序 17
　　1.3.1　命令方式客户端程序 17
　　1.3.2　图形方式客户端程序 18
　1.4　习题 1 23

单元 2　数据库的创建和管理 25
　2.1　MySQL 数据库概述 25
　　2.1.1　MySQL 数据库简介 25
　　2.1.2　MySQL 数据库分类 25
　2.2　MySQL 的字符集和校对规则 26
　　2.2.1　MySQL 的字符集 26
　　2.2.2　MySQL 的校对规则 28
　2.3　创建数据库 28
　　2.3.1　使用 SQL 语句创建数据库 28
　　2.3.2　使用 Navicat for MySQL 创建数据库 29
　2.4　查看数据库 31
　　2.4.1　使用 SQL 语句查看数据库 31
　　2.4.2　使用 Navicat for MySQL 查看数据库 32
　2.5　选择数据库 32
　　2.5.1　使用 SQL 语句选择数据库 32
　　2.5.2　使用 Navicat for MySQL 选择数据库 33
　2.6　修改数据库 34
　　2.6.1　使用 SQL 语句修改数据库 34
　　2.6.2　使用 Navicat for MySQL 修改数据库 34
　2.7　删除数据库 36

2.7.1 使用 SQL 语句删除数据库 ... 36
2.7.2 使用 Navicat for MySQL 删除数据库 ... 37
2.8 习题 2 ... 37

单元 3 表的创建和管理 ... 39

3.1 表的概述 ... 39
3.2 数据类型 ... 39
    3.2.1 数值类型 ... 39
    3.2.2 字符串类型 ... 41
    3.2.3 日期和时间类型 ... 41
    3.2.4 二进制类型 ... 42
    3.2.5 复合类型 ... 42
    3.2.6 NULL ... 43
3.3 表的操作 ... 43
    3.3.1 创建表 ... 43
    3.3.2 查看表 ... 48
    3.3.3 修改表 ... 51
    3.3.4 删除表 ... 53
3.4 数据的完整性约束 ... 54
    3.4.1 数据完整性约束的概念 ... 54
    3.4.2 定义实体完整性 ... 54
    3.4.3 定义参照完整性 ... 60
    3.4.4 用户定义的完整性 ... 62
    3.4.5 删除完整性约束 ... 65
3.5 习题 3 ... 67

单元 4 记录的操作 ... 70

4.1 插入记录 ... 70
    4.1.1 插入完整记录 ... 71
    4.1.2 插入多条记录 ... 73
    4.1.3 使用 Navicat for MySQL 菜单命令添加记录 ... 74
4.2 修改记录 ... 75
    4.2.1 修改特定记录 ... 75
    4.2.2 修改所有记录 ... 76
4.3 删除记录 ... 76
    4.3.1 删除特定记录 ... 76
    4.3.2 删除所有记录 ... 77
    4.3.3 使用 Navicat for MySQL 菜单命令删除记录 ... 77
4.4 习题 4 ... 79

单元 5　记录的查询 81

5.1　单表查询 81
5.1.1　单表查询语句 81
5.1.2　使用 WHERE 子句过滤结果集 85
5.1.3　对查询结果集的处理 88

5.2　聚合函数查询 91
5.2.1　聚合函数 91
5.2.2　分组聚合查询 93

5.3　连接查询 95
5.3.1　交叉连接 95
5.3.2　内连接 96
5.3.3　外连接 98

5.4　子查询 100
5.4.1　使用带比较运算符的子查询 100
5.4.2　使用带 IN 关键字的子查询 101
5.4.3　使用带 EXISTS 关键字的子查询 101
5.4.4　使用子查询插入、修改或删除记录 102

5.5　习题 5 104

单元 6　索引和视图 106

6.1　索引 106
6.1.1　索引的分类 106
6.1.2　查看索引 108
6.1.3　创建索引 109
6.1.4　创建索引实例 110
6.1.5　使用指定的索引 116
6.1.6　删除索引 117

6.2　视图 118
6.2.1　创建视图 119
6.2.2　查看视图的定义 122
6.2.3　通过视图查询记录 123
6.2.4　通过视图修改记录 124
6.2.5　修改视图的定义 125
6.2.6　删除视图 126

6.3　习题 6 127

单元 7　存储过程和存储函数 129

7.1　编程基础 129
7.1.1　SQL 语言简介 129

	7.1.2	标识符	130
	7.1.3	注释	130
	7.1.4	常量	131
	7.1.5	变量	131
7.2	运算符和表达式		133
	7.2.1	算术运算符和算术表达式	134
	7.2.2	比较运算符和比较表达式	134
	7.2.3	逻辑运算符和逻辑表达式	136
7.3	系统函数		137
	7.3.1	数学函数	137
	7.3.2	字符串函数	138
	7.3.3	日期和时间函数	139
	7.3.4	系统信息函数	140
	7.3.5	加密函数	141
	7.3.6	条件判断函数	142
7.4	存储过程		142
	7.4.1	存储过程的概念	142
	7.4.2	创建存储过程	143
	7.4.3	执行存储过程	144
	7.4.4	查看与删除存储过程	145
	7.4.5	BEGIN…END 语句块	147
	7.4.6	DELIMITER 语句	147
	7.4.7	存储过程中参数的应用	149
7.5	存储函数		151
	7.5.1	存储函数的概念	151
	7.5.2	创建存储函数	152
	7.5.3	调用存储函数	153
	7.5.4	查看、修改与删除存储函数	154
7.6	过程体		155
	7.6.1	变量	155
	7.6.2	流程控制语句	158
	7.6.3	异常处理	161
	7.6.4	游标的使用	163
7.7	习题 7		166

单元 8 触发器和事件 ... 168

8.1	触发器		168
	8.1.1	触发器的基本概念	168
	8.1.2	创建触发器	169

目录

- 8.1.3 触发器 NEW 和 OLD 171
- 8.1.4 查看触发器 172
- 8.1.5 删除触发器 173
- 8.1.6 触发器的使用 173
- 8.2 事件 175
  - 8.2.1 事件的概念 175
  - 8.2.2 创建事件 176
  - 8.2.3 修改事件 178
  - 8.2.4 删除事件 178
- 8.3 习题 8 179

单元 9 事务和锁 181

- 9.1 事务 181
  - 9.1.1 事务的概念 181
  - 9.1.2 事务的基本特性 182
  - 9.1.3 事务的分类 182
  - 9.1.4 事务的基本操作 183
  - 9.1.5 事务的保存点 185
  - 9.1.6 事务的隔离级别 187
- 9.2 锁机制 195
  - 9.2.1 认识锁 195
  - 9.2.2 MyISAM 表级锁 196
  - 9.2.3 InnoDB 行级锁和表级锁 198
  - 9.2.4 死锁管理 201
- 9.3 习题 9 202

单元 10 用户和权限 204

- 10.1 用户和权限概述 204
  - 10.1.1 MySQL 用户和权限的实现 204
  - 10.1.2 MySQL 的用户和权限表 205
- 10.2 用户管理 209
  - 10.2.1 使用 SQL 语句管理用户账户 209
  - 10.2.2 使用 Navicat for MySQL 管理用户账户 213
- 10.3 权限控制 215
  - 10.3.1 MySQL 的权限级别 215
  - 10.3.2 权限类型 215
  - 10.3.3 授予用户权限 216
  - 10.3.4 撤销用户权限 220
- 10.4 习题 10 221

单元 11　数据库的备份和恢复 ... 223
11.1　备份和恢复概述 ... 223
11.1.1　数据为什么需要备份 ... 223
11.1.2　数据库备份的分类 ... 224
11.1.3　数据库备份的时机 ... 224
11.1.4　恢复数据库的方法 ... 224
11.2　备份和恢复数据库 ... 225
11.2.1　使用 Navicat for MySQL 菜单命令备份和恢复数据库 ... 225
11.2.2　使用 mysqldump 命令备份数据库 ... 228
11.2.3　使用 mysql 命令还原数据库 ... 231
11.2.4　使用 SOURCE 命令恢复表 ... 232
11.3　导出、导入表记录 ... 233
11.3.1　使用 SELECT...INTO OUTFILE 语句导出表记录 ... 234
11.3.2　使用 LOAD DATA INFILE 语句导入表记录 ... 235
11.4　习题 11 ... 236

单元 12　日志文件管理 ... 237
12.1　MySQL 日志文件简介 ... 237
12.1.1　日志文件特点 ... 237
12.1.2　日志文件分类 ... 238
12.2　错误日志 ... 238
12.2.1　查看错误日志 ... 238
12.2.2　设置错误日志 ... 239
12.2.3　创建新的错误日志 ... 239
12.3　二进制日志 ... 240
12.3.1　启用二进制日志 ... 240
12.3.2　列出二进制日志文件 ... 241
12.3.3　查看或导出二进制日志文件中的内容 ... 242
12.3.4　删除二进制日志文件 ... 243
12.3.5　使用二进制日志恢复数据库 ... 245
12.3.6　暂时停止二进制日志功能 ... 246
12.4　通用查询日志 ... 246
12.4.1　启动和设置通用查询日志 ... 246
12.4.2　删除通用查询日志 ... 246
12.5　慢查询日志 ... 247
12.5.1　启用慢查询日志 ... 247
12.5.2　操作慢查询日志 ... 247
12.5.3　删除慢查询日志文件 ... 249
12.6　使用 Navicat for MySQL 查看 MySQL 历史日志 ... 249
12.7　习题 12 ... 250

单元 1　MySQL 概述

> **学习目标**

通过本单元的学习，学生能够了解 MySQL 的发展历史，理解 MySQL 客户端程序的运行方式；掌握 MySQL 的下载和安装，客户端程序的启动和退出。

1.1　MySQL 的发展历史和特点

MySQL（读音[mai es kju: el]）是一种开放源代码的关系型数据库管理系统。

1.1.1　MySQL 的发展历史

MySQL 最初由瑞典的 Monty Widenius 设计。1995 年，MySQL 的第一个内部版本发布。1996 年，MySQL 3.11.1 版本发布（MySQL 没有 2.x 版本）。1999 年，MySQL AB 公司在瑞典成立。2000 年，MySQL 对旧的存储引擎 ISAM 进行整理，将其命名为 MyISAM。2001 年，集成存储引擎 InnoDB，MySQL 与 InnoDB 的正式结合版本是 MySQL 4.0 版本。2003 年，MySQL 5.0 版本发布，该版本提供了视图、存储过程等功能。

2008 年，MySQL AB 公司被 Sun 公司以 10 亿美元收购，MySQL 数据库进入 Sun 时代。2008 年，MySQL 5.1 版本发布。

2009 年，Oracle 公司以 74 亿美元收购 Sun 公司，自此，MySQL 数据库进入 Oracle 时代。2010 年，MySQL 5.5 版本发布，MySQL 5.5 版本加强了 MySQL 在企业级的特性。2013 年，MySQL 5.6 版本发布。2015 年，MySQL 5.7 版本发布，其性能、特性、性能分析发生了质的改变。2016 年，MySQL 8.0 版本开始发布，Oracle 宣称该版本的速度是 MySQL 5.7 版本速度的两倍，性能更好。2018 年 4 月，MySQL 8.0.11 版本发布。目前，MySQL 已经更新到了 8.0.2x 版本。

1.1.2　MySQL 的特点

MySQL 是关系型数据库管理系统。尽管与其他大型数据库（如 Oracle、DB2 等）相比，MySQL 还有一些不足之处，但是 MySQL 使用标准化 SQL 访问数据库，拥有软件体积小、运行速度快、总体拥有成本低等特点，特别是开放源代码这一特点，使许多中小型网站为了降低总体拥有成本而选择 MySQL 作为网站的数据库管理系统。在 Web 应用方面，MySQL

是非常好的关系型数据库管理系统之一。MySQL 有如下特点。

（1）性能卓越、服务稳定，很少出现异常宕机。
（2）开放源代码且无版权制约，自主性强、使用成本低。
（3）历史悠久，社区及用户活跃，遇到问题可以寻求帮助。
（4）软件体积小，安装方便，易于维护，安装及维护成本低。
（5）支持多种操作系统，提供多种 API 接口，支持多种开发语言，特别是 PHP。
（6）口碑好，具有 LAMP、LNMP 流行架构。

1.2 MySQL 的安装

下面以 MySQL Community Server 8.0.26 版本为例，介绍在 Windows（x86，64-bit）系统中安装 MySQL 服务器的步骤。

1.2.1 下载 MySQL 的安装包

MySQL 在 Windows 系统中的安装包有两种：安装版和免安装版。安装版也称二进制版，是安装文件的格式，其文件的扩展名为 msi，在网页上显示为 MSI Installer。免安装版的安装包是 ZIP 压缩文件，其文件的扩展名为 zip，网页上显示为 ZIP Archive。下面下载安装版的安装文件，步骤如下。

（1）进入 MySQL 官网，如图 1-1 所示，选择"DOWNLOADS"选项。由于网页经常更新，显示的网页会有不同。

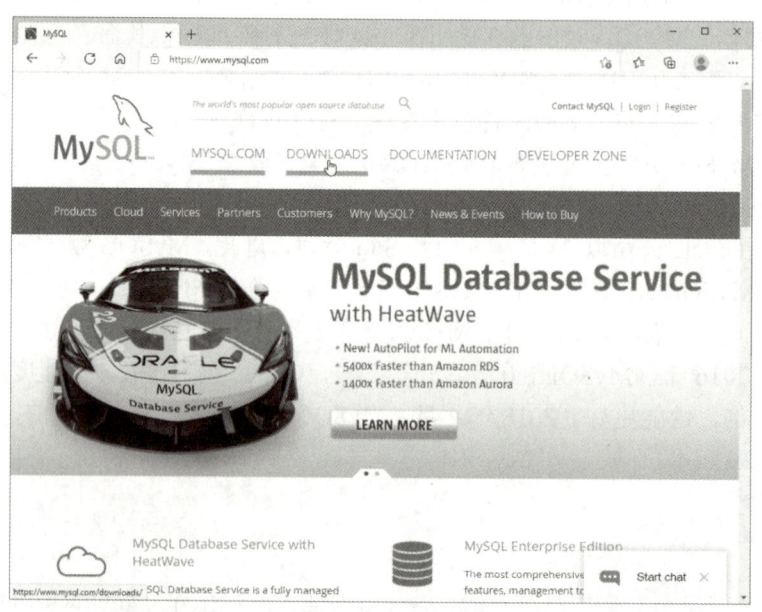

图 1-1　MySQL 官网首页

（2）在"DOWNLOADS"页面中拖动垂直滚动条，找到"MySQL Community (GPL) Downloads"链接，如图 1-2 所示，这个链接就是 MySQL 社区版，单击这个链接。

单元 1　MySQL 概述

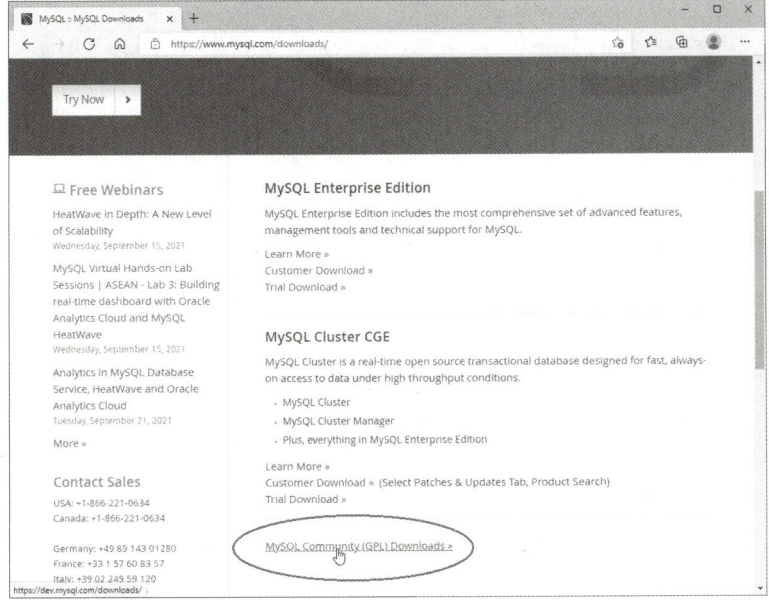

图 1-2　"MySQL Community (GPL) Downloads"链接

（3）在"MySQL Community Downloads"页面中选择要下载的社区版本。因为要下载 Windows 安装版，所以单击"MySQL Installer for Windows"链接，如图 1-3 所示。如果要下载免安装版，则单击"MySQL Community Server"链接。

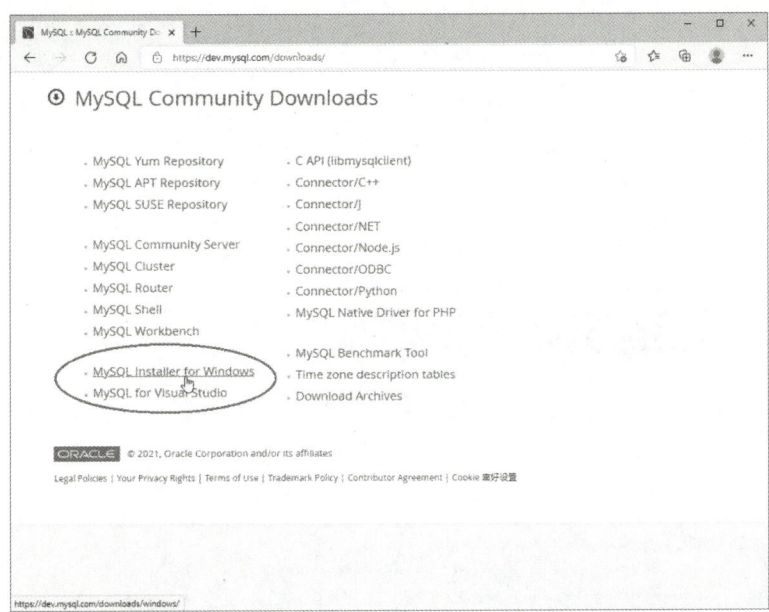

图 1-3　"MySQL Installer for Windows"链接

（4）在"MySQL Installer for Windows"页面中，Windows 安装版文件分为在线安装文件（mysql-installer-web-community-8.0.26.0.msi）和离线安装文件（mysql-installer-community-8.0.26.0.msi）。在此下载离线安装文件，单击离线安装文件后面的"Download"按钮，如图 1-4 所示。

3

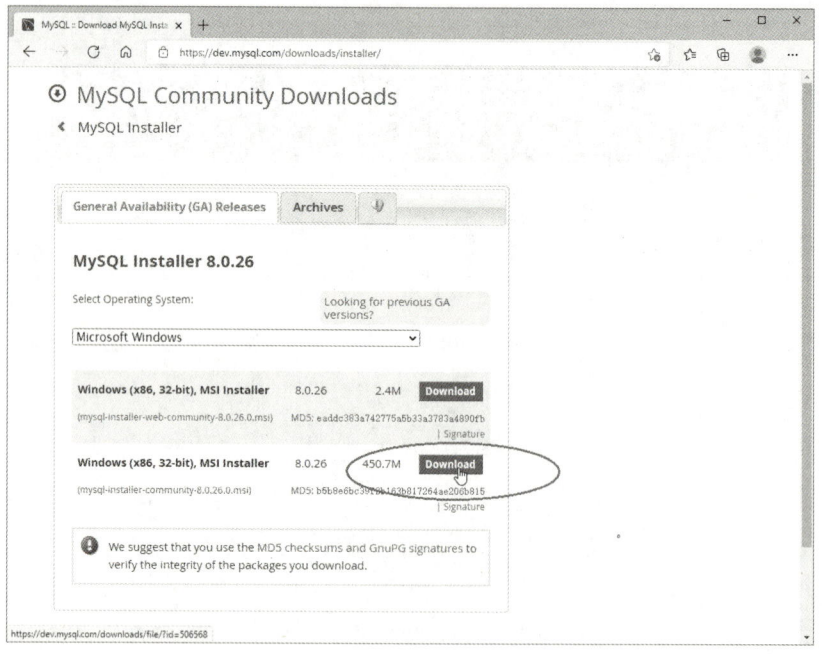

图 1-4 "Download" 按钮

（5）不登录仍然可以下载，单击"No thanks, just start my download"链接，就开始下载了，如图 1-5 所示。

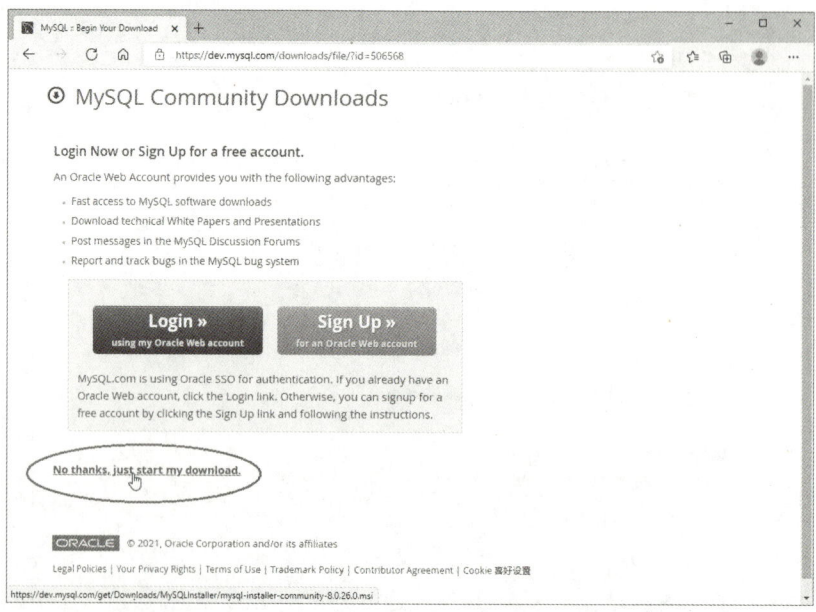

图 1-5 "No thanks, just start my download" 链接

1.2.2 安装 MySQL 服务器

由于软件、硬件环境的不同，安装步骤会有所不同。安装 MySQL 服务器的步骤如下。
（1）双击下载的 MySQL 安装文件 mysql-installer-community-8.0.26.0.msi，会显示

MySQL 安装引导窗口，先显示如图 1-6 所示的安装引导窗口，再显示如图 1-7 所示的安装引导窗口，大约等待几十秒。注意，在双击下载的文件后，可能会显示两三次"用户账户控制"对话框，单击"是"按钮，允许此应用对设备进行更改。

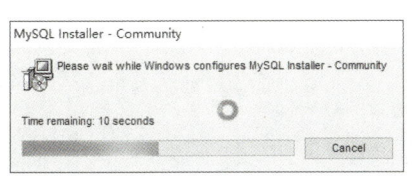

图 1-6　安装引导窗口（1）

图 1-7　安装引导窗口（2）

（2）显示"Choosing a Setup Type"（选择安装类型）安装向导窗口。安装向导窗口中的安装类型有 5 种，分别是"Developer Default"（默认安装）、"Server only"（仅作为服务器）、"Client only"（仅作为客户端）、"Full"（完全安装）、"Custom"（自定义安装）。根据右侧的安装类型描述选择安装类型，这里选择默认安装，直接单击"Next"按钮，如图 1-8 所示。

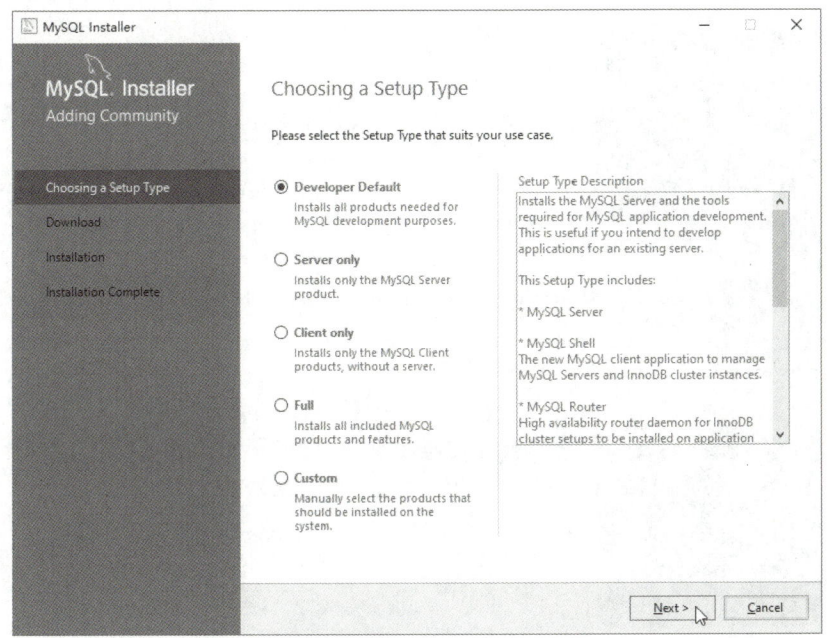

图 1-8　选择安装类型

（3）显示"Check Requirements"（检查要求）窗口，根据选择的安装类型安装 Windows 系统框架（Framework），安装程序会自动下载和安装 Windows 系统框架，如图 1-9 所示，单击"Next"按钮。如果已经安装 Windows 系统框架，则不会显示本窗口。

（4）弹出"MySQL Installer"对话框，意思是"一个或多个产品要求没有得到满足，不符合要求的产品将不被安装或禁止使用，你想继续吗？"，如图 1-10 所示，单击"Yes"按钮。

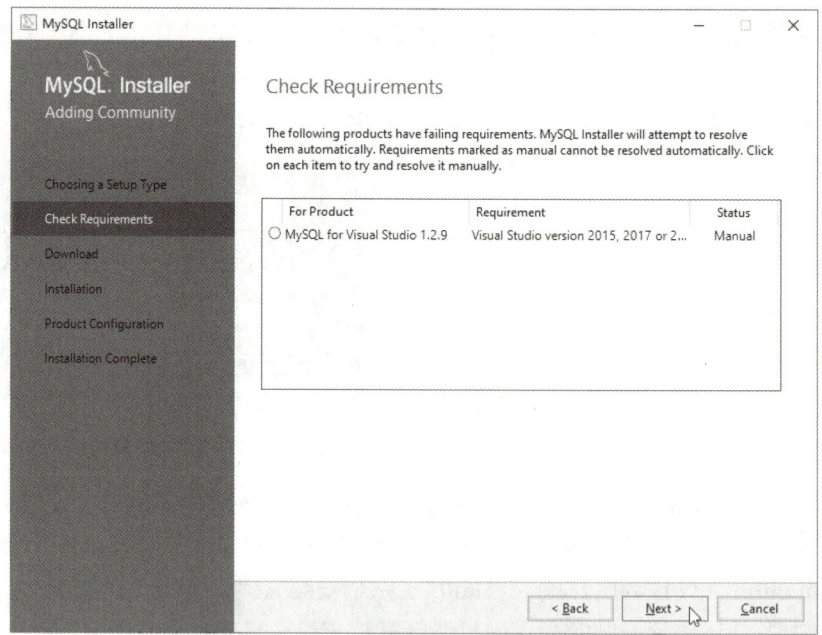

图 1-9　安装 Windows 系统框架

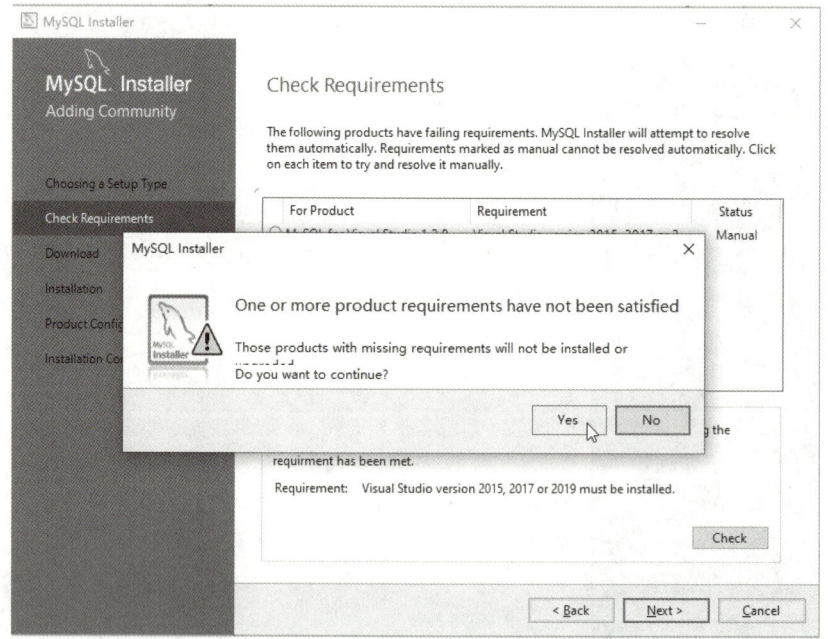

图 1-10　"MySQL Installer"对话框

（5）在弹出的"Download"窗口中，会显示需要下载的文件列表，如图 1-11 所示，单击"Execute"按钮开始下载。

（6）在下载时可以看到文件的下载进度以及下载完成或下载失败的提示，如图 1-12 所示。对于没有下载成功的产品，可以单击"Try again"链接重试或者单击"Back"按钮返回上一步。在这一步中，至少应保证图 1-12 中框选的 3 个文件下载成功。下载成功后单击"Execute"按钮。

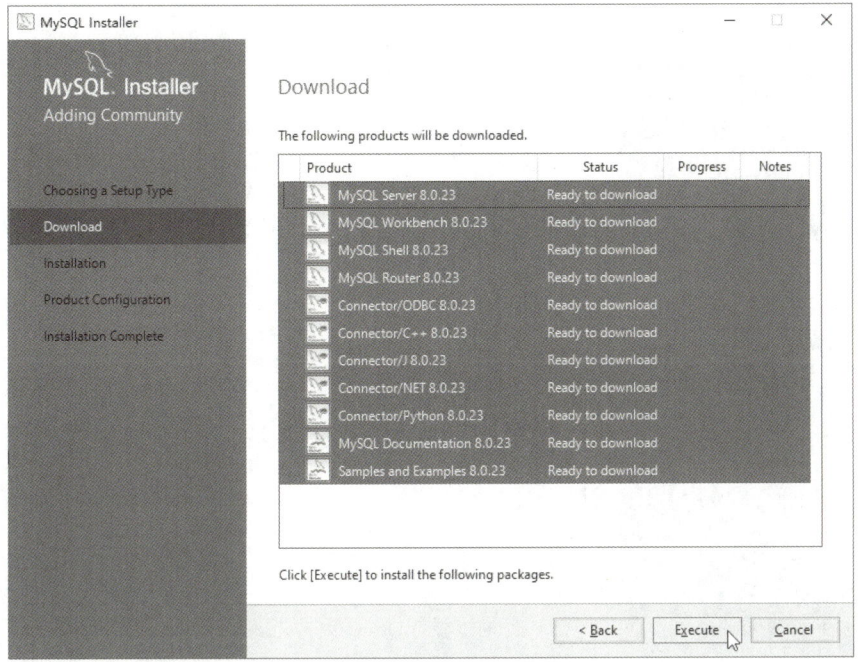

图 1-11　需要下载的文件列表

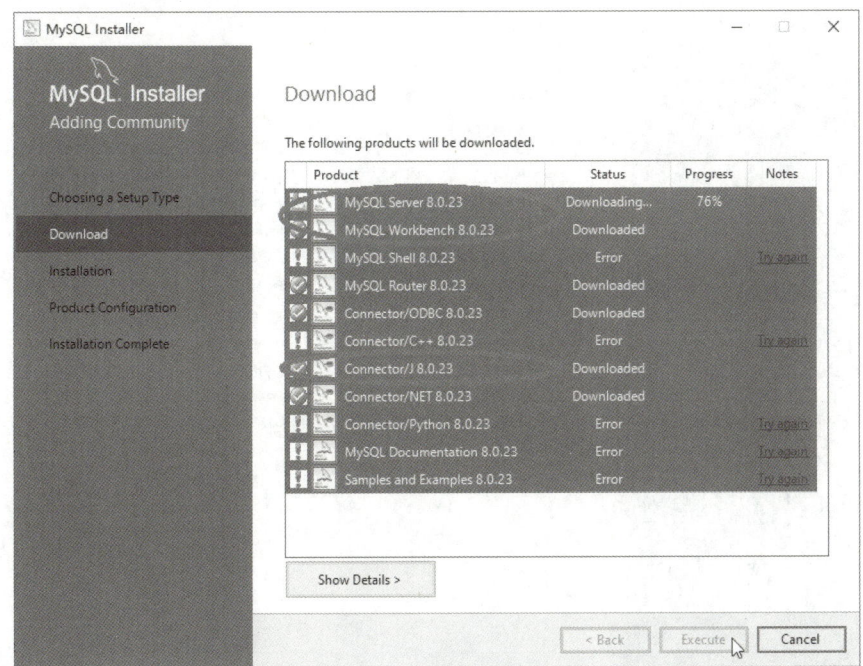

图 1-12　下载进度

（7）显示"Installation"窗口，如图 1-13 所示，单击"Execute"按钮安装文件。

（8）在安装文件时，"Installation"窗口中会显示安装进度，如图 1-14 所示，等待所有文件安装完成。安装完成后在"Status"（状态）栏下显示"Complete"。至少保证图中框选的 3 个文件安装成功，假如有安装失败的文件，可以卸载后重新安装。

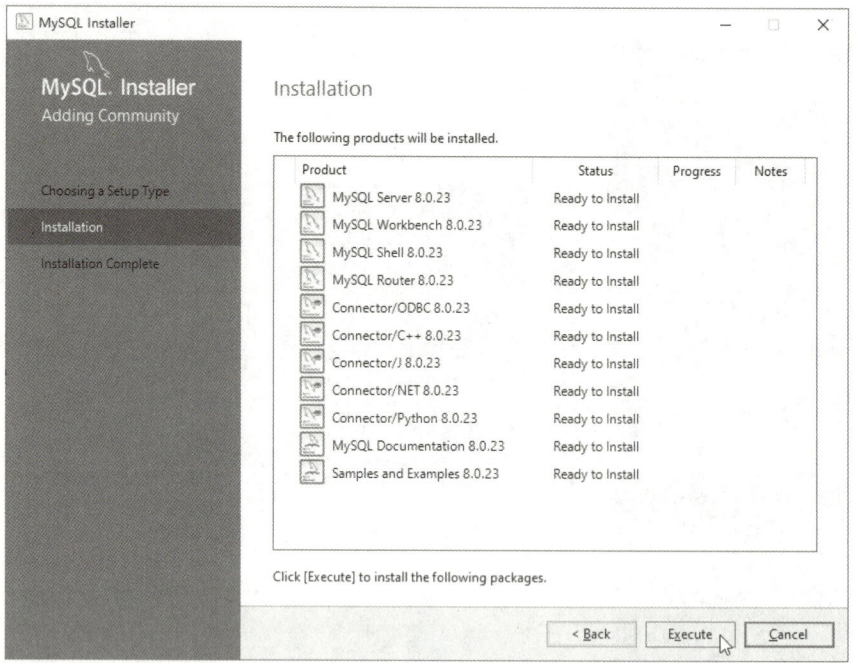

图 1-13 "Installation" 窗口

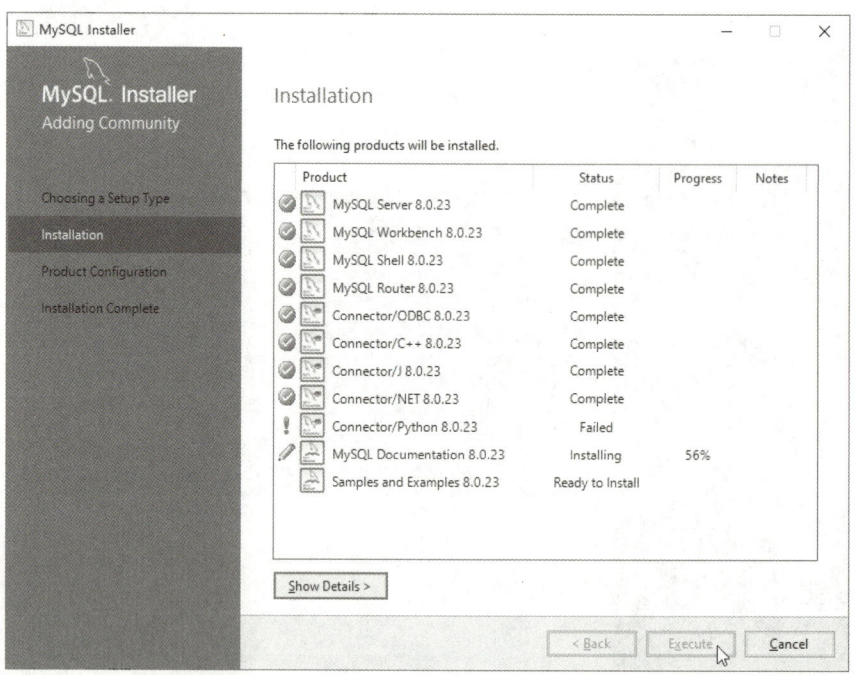

图 1-14 安装进度

（9）在文件安装成功后，单击"Next"按钮，如图 1-15 所示。

（10）显示"Product Configuration"（产品配置）窗口，如图 1-16 所示，单击"Next"按钮。

单元 1　MySQL 概述

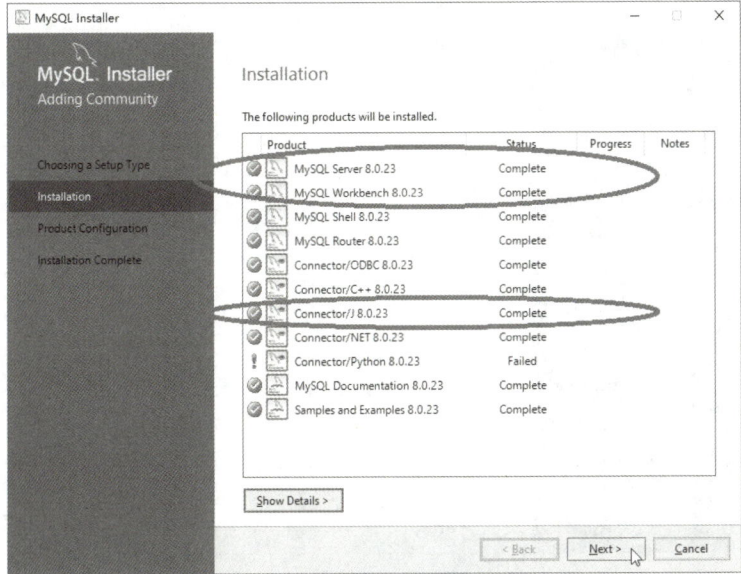

图 1-15　安装完成

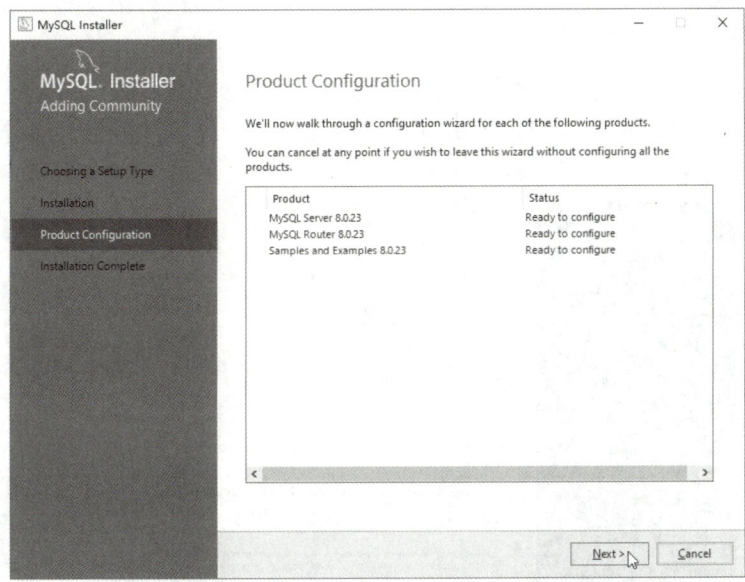

图 1-16　"Product Configuration"窗口（1）

（11）显示"Type and Networking"（类型和网络）窗口，如图 1-17 所示。
Config Type（配置类型）有以下 3 种选择。
- Development Computer（开发者用机）：需要运行许多其他应用，MySQL 仅使用最小的内存。
- Server Computer（服务器用机）：需要在本机运行多个服务器。当将本机作为 Web 服务器或应用服务器时选择这个选项，MySQL 使用中等大小的内存。
- Dedicated Computer（专用服务器用机）：本机专用于运行 MySQL 数据库服务器，不运行其他服务器（如 Web 服务器），MySQL 使用所有可用内存。

9

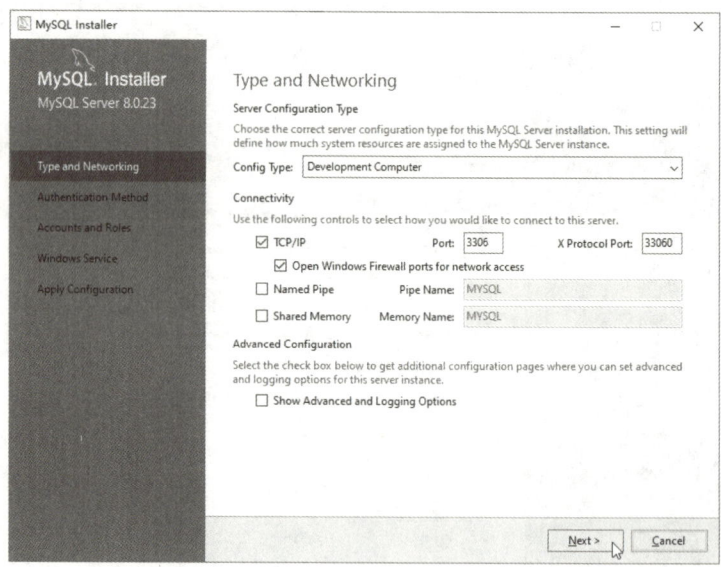

图 1-17　"Type and Networking" 窗口

Connectivity（连接）用于配置连接服务器的网络，使用 TCP/IP 协议，MySQL 默认的服务器端口为 3306。

本窗口选项均使用默认值，不用更改。直接单击 "Next" 按钮。

（12）显示 "Authentication Method"（身份验证方法）窗口，如图 1-18 所示。

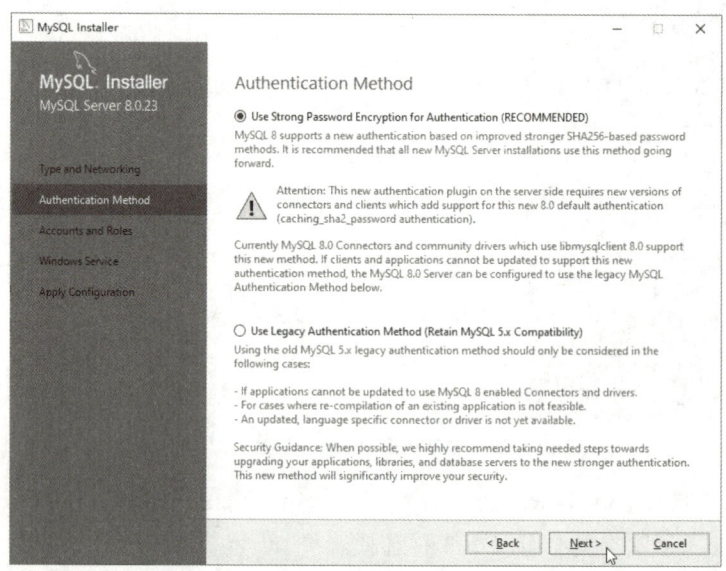

图 1-18　"Authentication Method" 窗口

身份验证方法有两种。

- Use Strong Password Encryption for Authentication (RECOMMENDED)：使用强密码加密授权（推荐）。
- Use Legacy Authentication Method (Retain MySQL 5.x Compatibility)：使用传统授权方法（保留 5.x 版本兼容性）。

MySQL 8.0 版本采用了新的加密规则 caching_sha2_password，推荐使用强密码加密授权。选中"Use Strong Password Encryption for Authentication (RECOMMENDED)"单选按钮，单击"Next"按钮。

（13）显示"Accounts and Roles"（账号和角色）窗口，如图 1-19 所示。设置系统管理员账号 root 的密码（密码长度至少 4 位，在此将密码设置为"123456"，后续也可以根据需要更改），单击"Next"按钮。

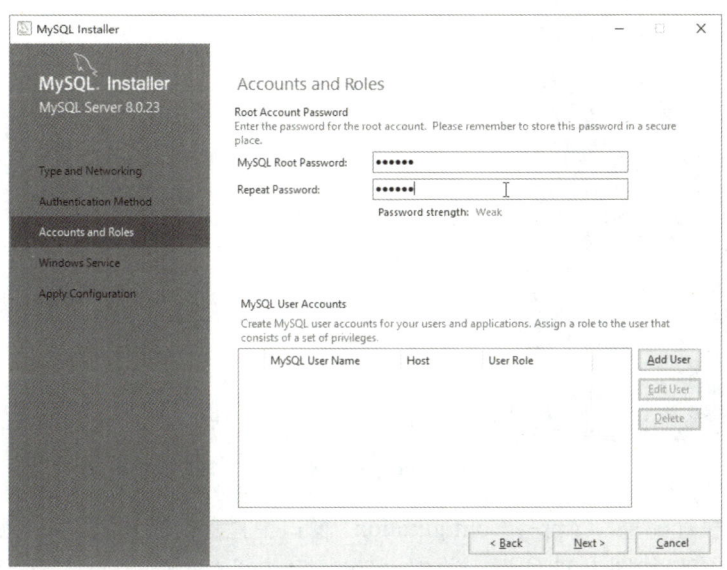

图 1-19 "Accounts and Roles"窗口

（14）显示"Windows Service"（Windows 服务器）窗口，如图 1-20 所示。保持默认值不变，单击"Next"按钮。

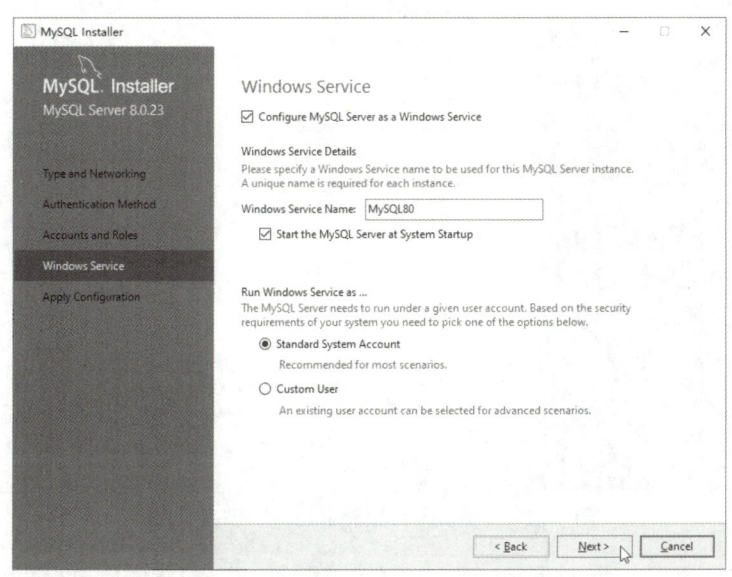

图 1-20 "Windows Service"窗口

（15）显示"Apply Configuration"（准备配置）窗口，如图 1-21 所示，单击"Execute"按钮。

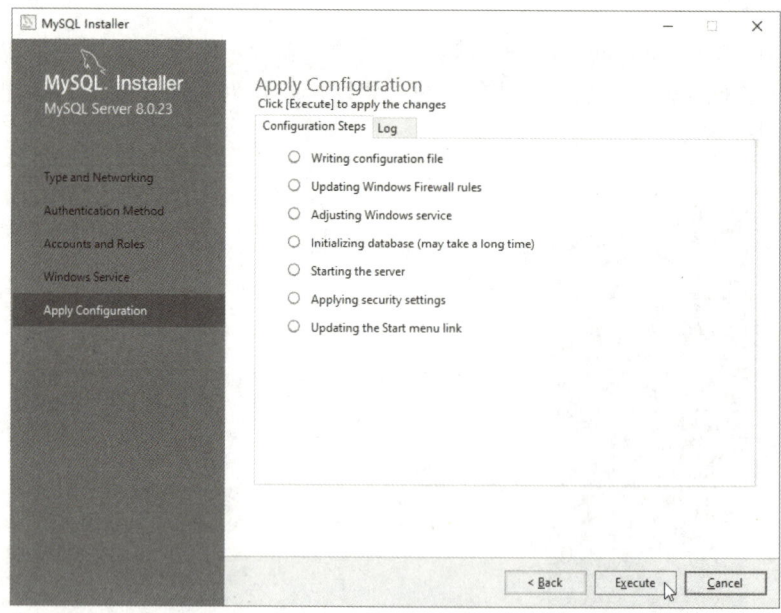

图 1-21　"Apply Configuration"窗口（1）

（16）开始执行配置，"Apply Configuration"窗口中显示配置过程，完成配置后，"Apply Configuration"窗口如图 1-22 所示，单击"Finish"按钮。

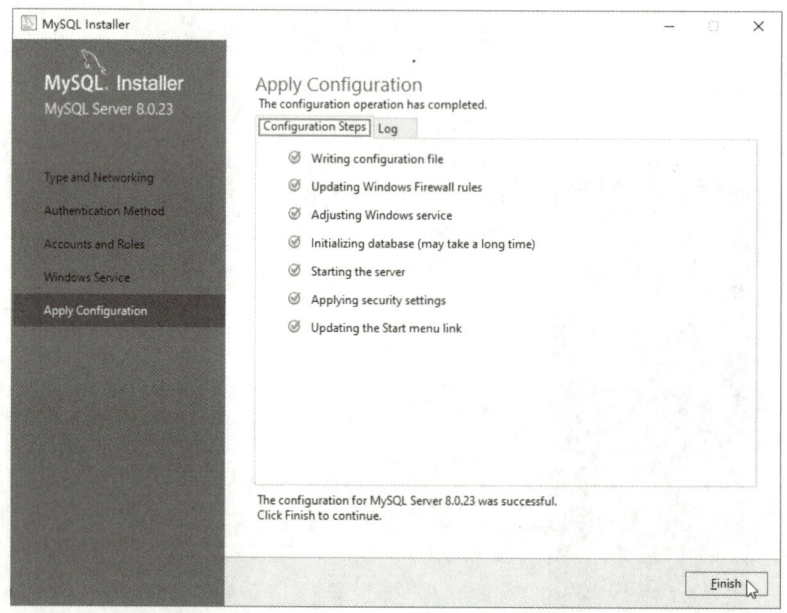

图 1-22　"Apply Configuration"窗口（2）

（17）再次显示"Product Configuration"（产品配置）窗口，如图 1-23 所示，单击"Next"按钮。

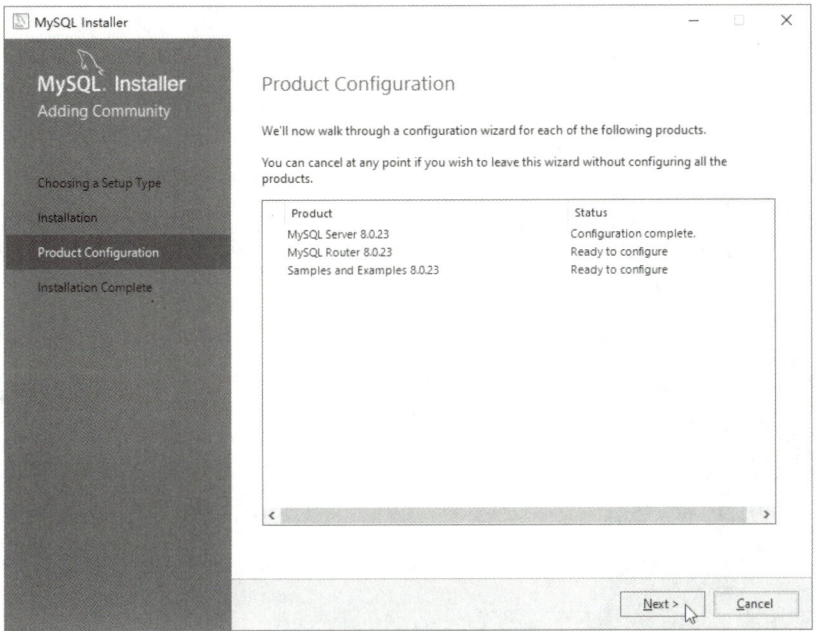

图 1-23 "Product Configuration"窗口（2）

（18）显示"MySQL Router Configuration"（MySQL 路由器配置）窗口，如图 1-24 所示，单击"Finish"按钮。

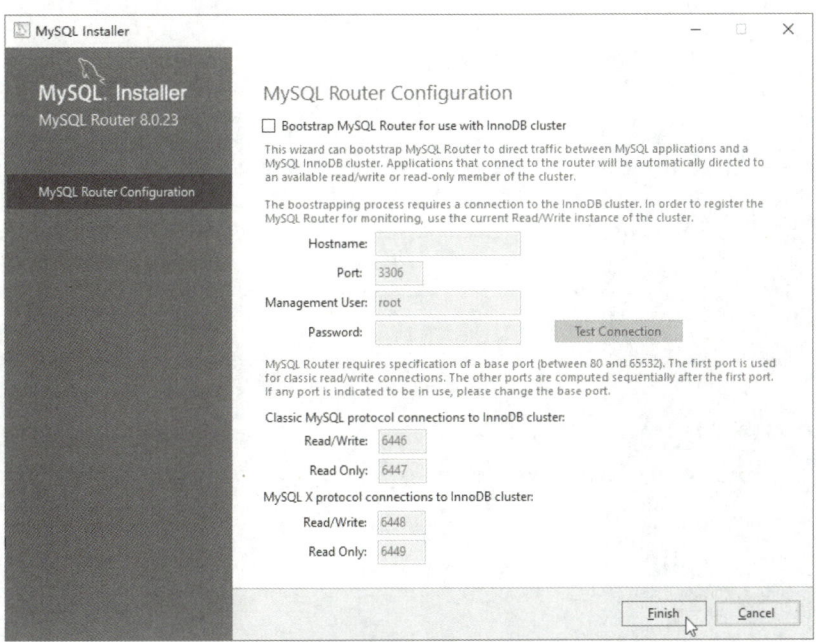

图 1-24 "MySQL Router Configuration"窗口

（19）再次显示"Product Configuration"窗口，如图 1-25 所示，单击"Next"按钮。
（20）显示"Connect To Server"（连接到服务器）窗口，如图 1-26 所示，输入前面设置的 root 密码"123456"，然后单击"Check"按钮，再单击"Next"按钮。

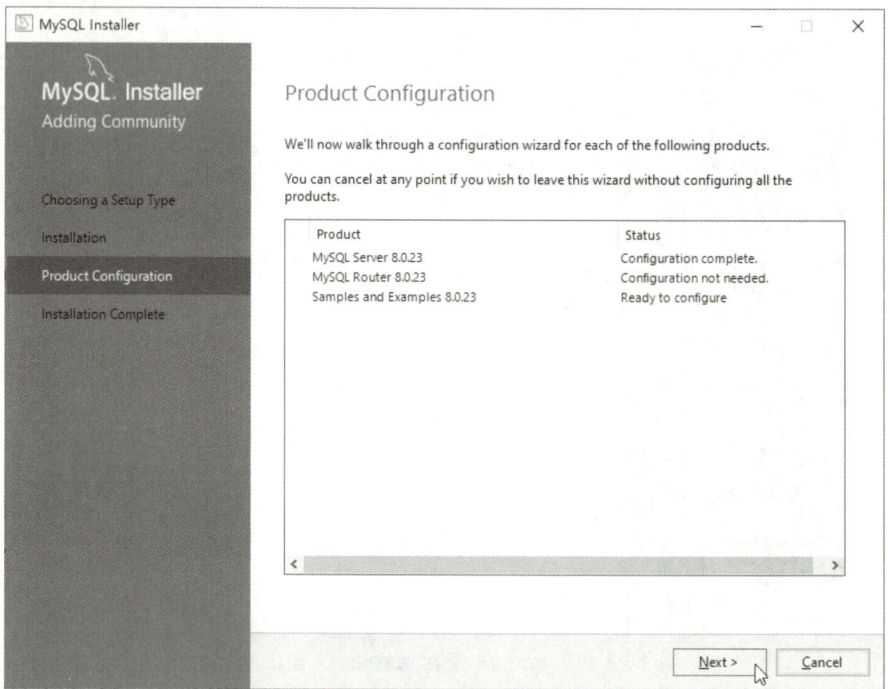

图 1-25 "Product Configuration"窗口（3）

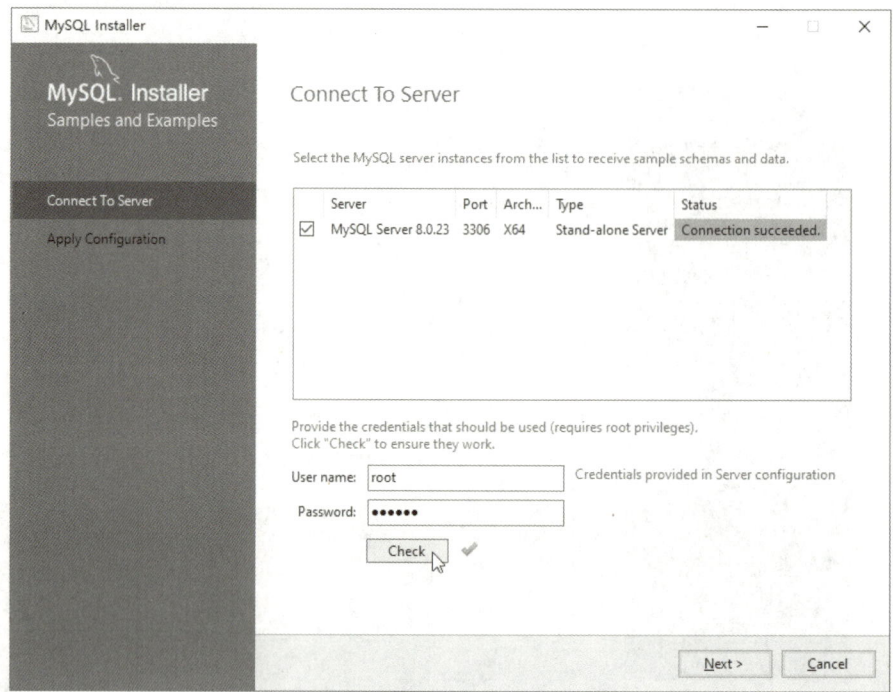

图 1-26 "Connect To Server"窗口

（21）显示"Apply Configuration"窗口，如图 1-27 所示，直接单击"Execute"按钮。
（22）这时，"Apply Configuration"窗口中会显示配置过程，完成配置后，单击"Finish"按钮，如图 1-28 所示。

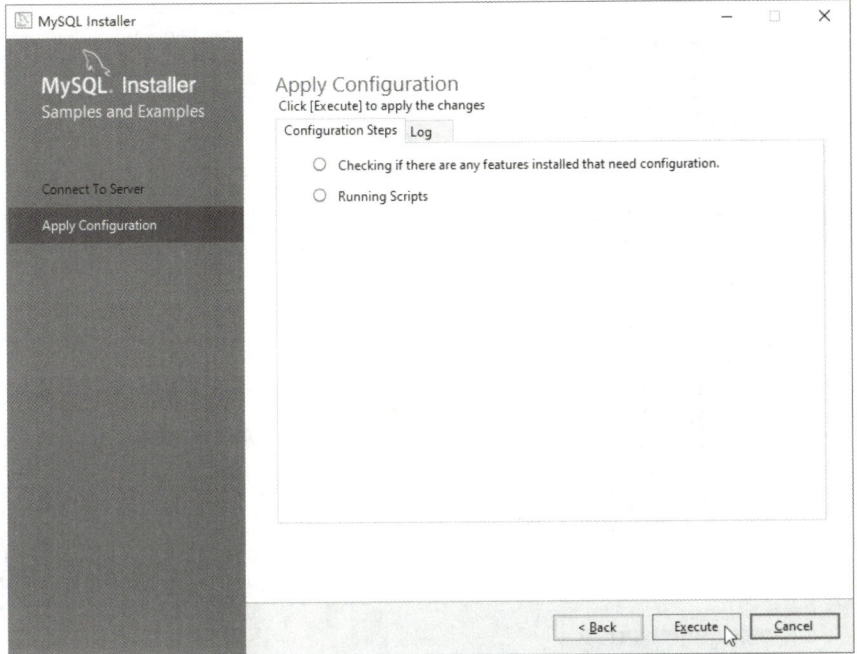

图 1-27 "Apply Configuration"窗口（3）

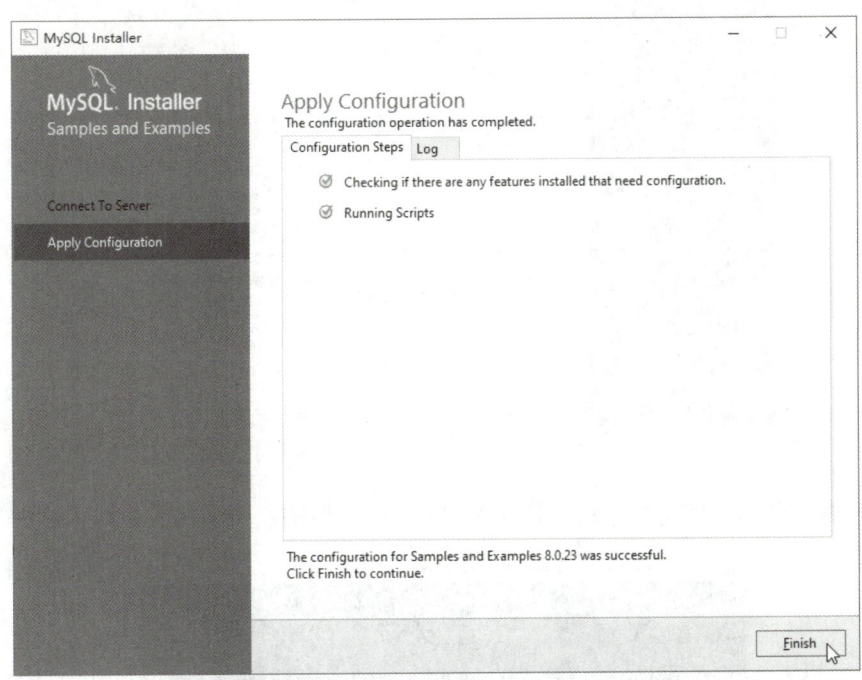

图 1-28 "Apply Configuration"窗口（4）

（23）再次显示"Product Configuration"窗口，如图 1-29 所示，单击"Next"按钮。

（24）显示"Installation Complete"（安装完成）窗口，如图 1-30 所示，单击"Finish"按钮。至此，MySQL 安装完成。

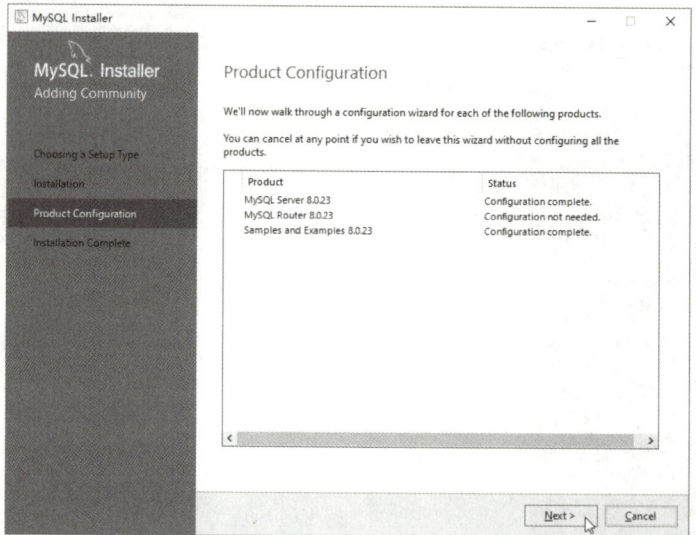

图 1-29 "Product Configuration" 窗口（4）

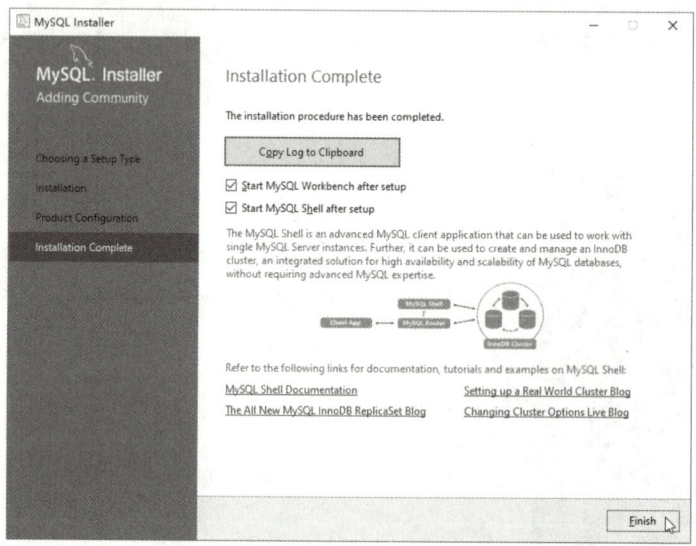

图 1-30 "Installation Complete" 窗口

（25）最后会显示两个窗口，如图 1-31 和图 1-32 所示，将这两个窗口关闭即可。

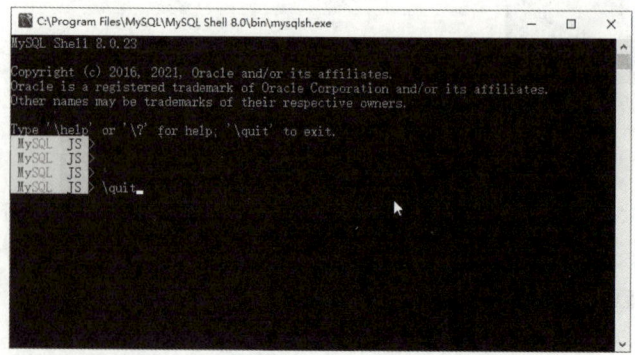

图 1-31 安装程序自动打开的窗口（1）

图 1-32　安装程序自动打开的窗口（2）

安装程序会自动设置环境变量，在安装完成后，不用再手动做任何设置。

1.3　MySQL 客户端程序

MySQL 客户端程序分为命令方式客户端程序和图形方式客户端程序两类。

1.3.1　命令方式客户端程序

在安装 MySQL 后，一般会安装两个命令行客户端程序 MySQL 8.0 Command Line Client 和 MySQL 8.0 Command Line Client - Unicode（多语言版）。在 Windows 开始菜单的最近添加和 MySQL 文件夹中可以看到这两个 MySQL 客户端程序。选择 "MySQL 8.0 Command Line Client" 或 "MySQL 8.0 Command Line Client-Unicode" 命令，打开 MySQL 的客户端程序，会显示 "Enter password:" 提示，如图 1-33 所示。

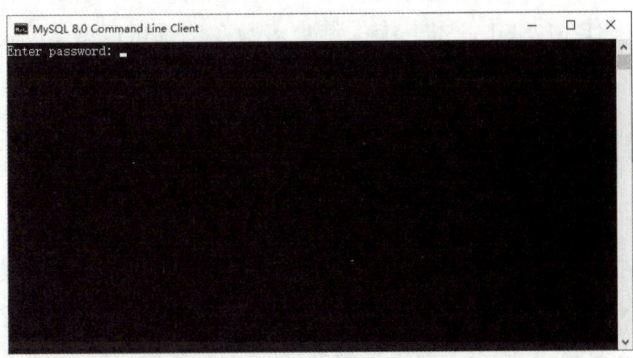

图 1-33　"Enter password:" 提示

输入 root 的登录密码 "123456" 并按 Enter 键，窗口显示欢迎使用、版权信息和 "mysql>" 提示，说明成功登录 MySQL 服务器，如图 1-34 所示。

如果想通过 MySQL Command Line Client 程序操作 MySQL，只需在 "mysql>" 命令提

示符后输入相应内容，以分号（;）或（\g、\G）结束，最后按 Enter 键。

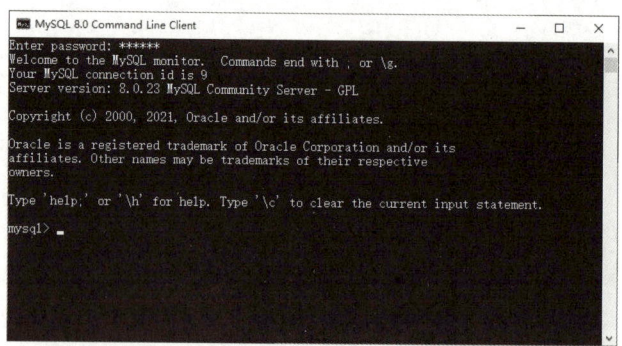

图 1-34　成功登录 MySQL 服务器

例如，在"mysql>"提示符后输入"SHOW DATABASES;"命令后按 Enter 键，会显示数据库的名称，如图 1-35 所示。在输入 SQL 命令时，英文字母使用大小写都可以。

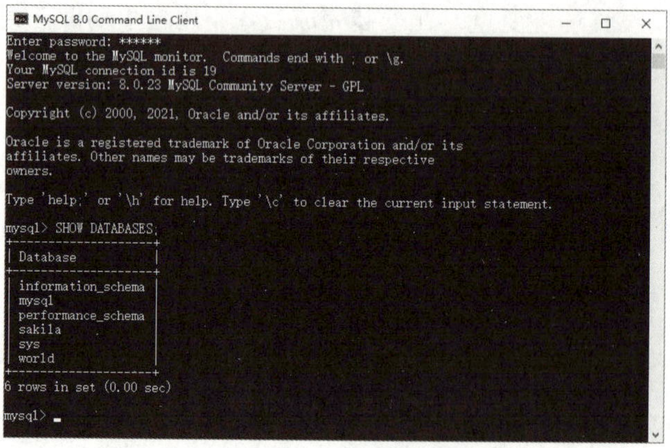

图 1-35　显示数据库的名称

在"mysql>"提示符后输入"QUIT"后按 Enter 键，会退出 MySQL 客户端程序。

MySQL Command Line Client 程序是 MySQL 客户端程序中使用非常多的工具之一，它可以快速地登录和操作 MySQL，本书中的绝大多数实例都可以由 MySQL Command Line Client 程序执行。

1.3.2　图形方式客户端程序

1. 安装 Navicat for MySQL 客户端程序

MySQL 图形方式客户端程序方便了用户对 MySQL 客户端数据库的操作与管理，Navicat for MySQL 可以从 Navicat 官网下载。下面介绍 Navicat for MySQL 客户端程序的安装和配置。下面以 Navicat 15 for MySQL 版本为例，安装步骤如下。

（1）双击下载的安装文件 navicat150_mysql_cs_x64.exe，会显示"欢迎安装 PremiumSoft Navicat 15 for MySQL"窗口，如图 1-36 所示，单击"下一步"按钮。

（2）显示"许可证"窗口，如图 1-37 所示，选中"我同意"单选按钮，单击"下一步"按钮。

单元 1　MySQL 概述

图 1-36　"欢迎安装 PremiumSoft Navicat 15 for MySQL" 窗口

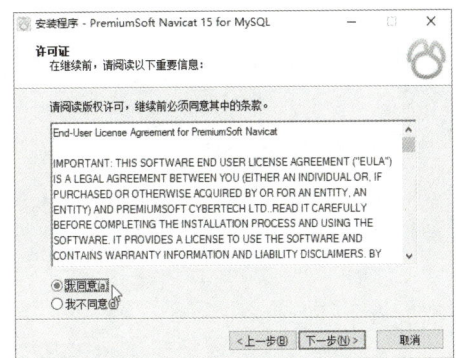

图 1-37　"许可证"窗口

（3）显示"选择安装文件夹"窗口，在此窗口中可以修改安装 Navicat for MySQL 的文件夹，如图 1-38 所示，单击"下一步"按钮。

（4）显示"选择 开始 目录"窗口，如图 1-39 所示，单击"下一步"按钮。

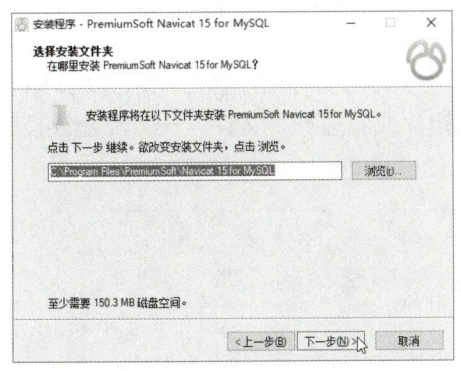

图 1-38　"选择安装文件夹"窗口

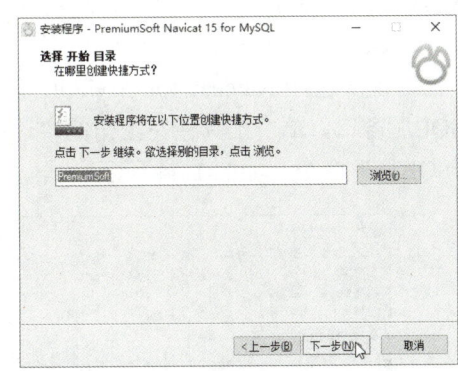

图 1-39　"选择 开始 目录"窗口

（5）显示"选择额外任务"窗口，如图 1-40 所示，单击"下一步"按钮。
（6）显示"准备安装"窗口，如图 1-41 所示，单击"安装"按钮。

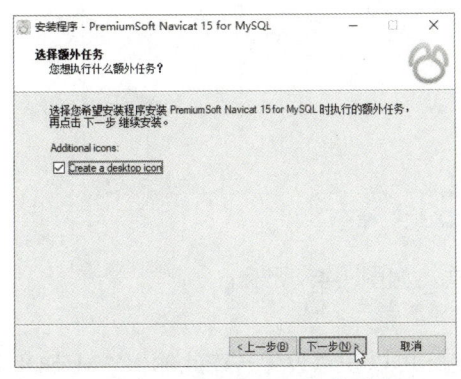

图 1-40　"选择额外任务"窗口

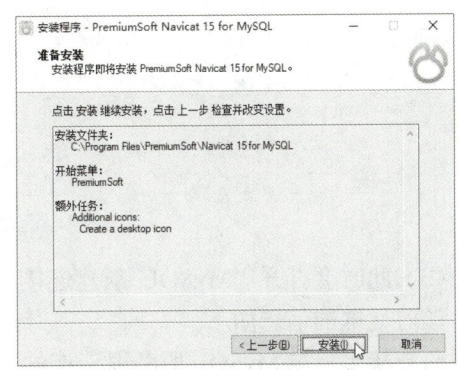

图 1-41　"准备安装"窗口

（7）显示"正在安装"窗口，如图 1-42 所示。安装完成后，如图 1-43 所示，单击"完成"按钮。

19

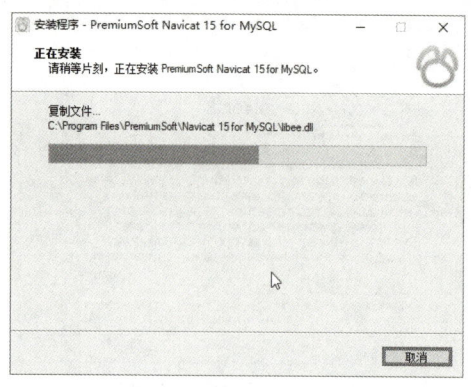
图 1-42 "正在安装"窗口

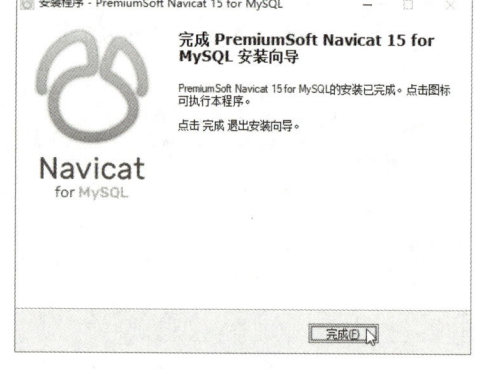
图 1-43 安装完成

2. Navicat for MySQL 客户端程序的启动和配置

启动和配置 Navicat for MySQL 客户端程序的操作步骤如下。

（1）安装 Navicat for MySQL 后，在 Windows 的开始菜单和桌面上可以看到 Navicat for MySQL 的快捷方式。单击 Windows 开始菜单中的快捷方式或双击桌面上的快捷方式即可运行 Navicat for MySQL。

（2）首次运行 Navicat for MySQL 会显示新版本的功能说明，然后显示"Navicat for MySQL"窗口。单击工具栏左上角的"连接"按钮，或者选择"文件"→"新建连接"→"MySQL…"命令，如图 1-44 所示。

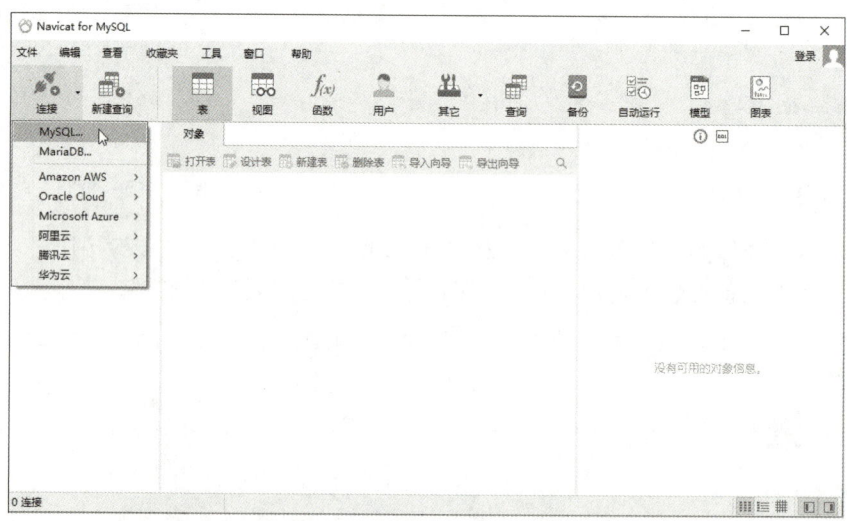
图 1-44 选择"MySQL…"命令

（3）此时会打开"MySQL-新建连接"对话框，如图 1-45 所示。

该对话框的信息如下。

- 连接名：与 MySQL 服务器连接的名称，名称可以任意设置。在此输入"MySQL8"。
- 主机：MySQL 服务器的名称，可以用 localhost 代表本机；远程主机可以使用主机名或 IP 地址。在此使用默认值"localhost"。
- 端口：MySQL 的服务端口，默认端口为 3306。在此使用默认值"3306"。

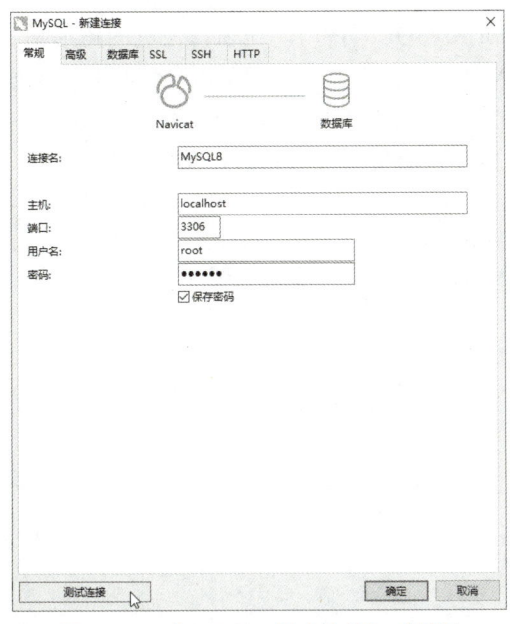

图 1-45 "MySQL-新建连接"对话框

- 用户名：登录 MySQL 服务器的用户账号，root 是管理员账号。在此使用默认值"root"。
- 密码：登录 MySQL 服务器的用户账号的密码。在此输入安装配置时设置的 root 账号密码"123456"。
- 保存密码：如果勾选此复选框，则下次连接无须输入密码。

设置完成后，单击"测试连接"按钮，如果连接成功，则显示"连接成功"提示对话框，如图 1-46 所示，表示设置正确。单击"确定"按钮关闭提示对话框，再单击"MySQL-新建连接"对话框中的"确定"按钮关闭对话框。

图 1-46 "连接成功"提示对话框

（4）回到"Navicat for MySQL"窗口，在窗口左侧的树形列表中会出现刚才设置的连接"MySQL8"，双击"MySQL8"连接，展开连接 MySQL8 的数据库列表，如图 1-47 所示。可以单击树形列表中的 > 按钮展开列表，展开列表后按钮变为 ⌄，单击 ⌄ 按钮收缩列表，收缩列表后按钮变为 >。也可以双击列表名称展开或收缩列表。

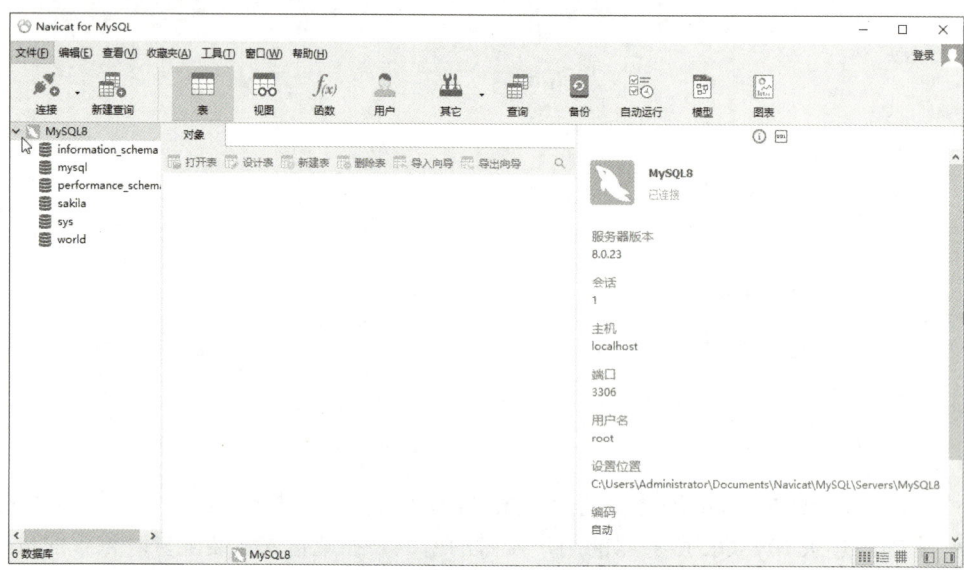

图 1-47　连接 MySQL8 的数据库列表

注意，在 Navicat for MySQL 中，每个数据库的信息是单独获取的，没有获取的数据库的图标显示为灰色。如果双击数据库的名称，则表示打开该数据库，相应的图标就会变成绿色。对于不使用的数据库，为了减少资源占用，应将其关闭。可以右击该数据库的名称，在快捷菜单中选择"关闭数据库"命令，如图 1-48 所示。

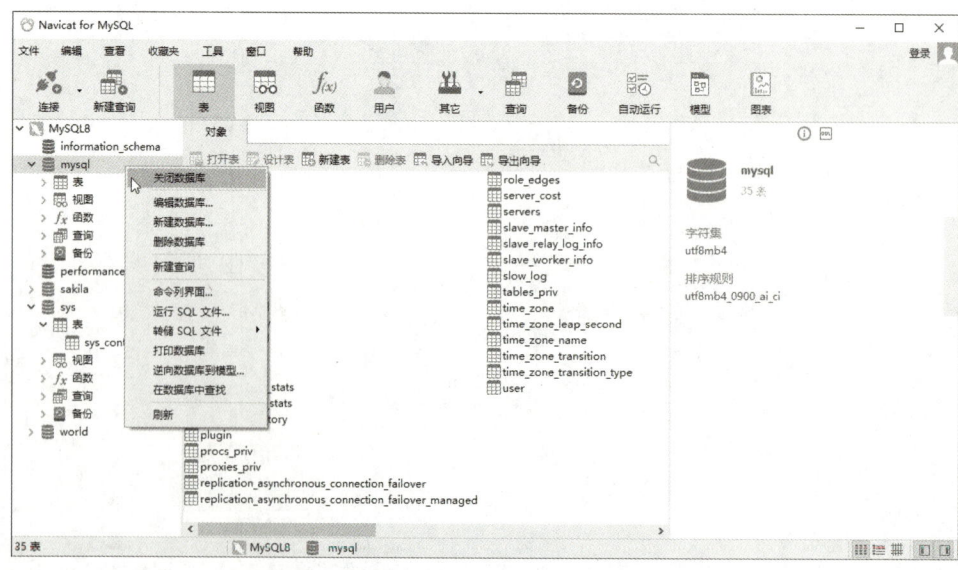

图 1-48　"关闭数据库"命令

（5）打开连接 MySQL8 后，可以右击该连接的名称，在快捷菜单中选择"关闭连接"

命令，如图 1-49 所示。对于创建多个连接的情况，为了减少资源占用，可以关闭不使用的连接。

图 1-49 "关闭连接"命令

1.4 习题 1

一、在线测试（单项选择题）

1. 以下关于 MySQL 的说法中，错误的是（　　）。
   A．MySQL 是一种关系型数据库管理系统
   B．MySQL 软件是一种开发源代码的软件
   C．MySQL 服务器在客户端/服务器模式下或嵌入式系统中工作
   D．MySQL 完全支持标准的 SQL 语句
2. MySQL 是一种（　　）数据库管理系统。
   A．层次型　　　　B．网络型　　　　C．关系型　　　　D．对象型
3. 关于 MySQL 数据库的说法中，（　　）的说法是错误的。
   A．MySQL 数据库不仅开放源代码，而且能够跨平台使用。例如，可以在 Windows 操作系统中使用 MySQL 数据库，也可以在 Linux 操作系统中使用 MySQL 数据库
   B．启动 MySQL 数据库服务有两种方式。可以在任务管理器中查找 mysqlld.exe 程序，如果该进程存在，则表示 MySQL 数据库正在运行
   C．在手动更改 MySQL 的配置文件 my.ini 时，只能更改与客户端有关的配置，不能更改与服务器端相关的配置
   D．成功登录 MySQL 数据库后，直接输入"help;"语句，再按 Enter 键可以查看帮助信息

23

4. MySQL 数据库服务器的默认端口是（　　）。
   A．80　　　　　　B．8080　　　　　　C．3306　　　　　　D．1433
5. 在控制台中执行（　　）语句可以退出 MySQL。
   A．exit　　　　　B．go 或 quit　　　C．go 或 exit　　　D．exit 或 quit

二、技能训练

1. 从 MySQL 官网下载 MySQL 的最新版本，然后安装该版本。
2. 通过系统服务管理器启动或停止 MySQL 服务。
3. 通过 MySQL 的命令行客户端程序登录 MySQL 服务器，然后退出 MySQL。
4. 下载、安装和配置 Navicat for MySQL 客户端程序。

单元 2　数据库的创建和管理

学习目标

通过本单元的学习，学生能够掌握 MySQL 数据库的概念，掌握存储引擎和字符集的知识，理解 MySQL 客户端程序的相关知识；掌握数据库的操作命令，包括数据库的创建、查看、选择、修改和删除。

2.1　MySQL 数据库概述

MySQL 数据库管理系统是管理 MySQL 数据库的软件，用于建立和维护数据库。

2.1.1　MySQL 数据库简介

数据库是在数据库管理系统的管理和控制下，在一定介质上的数据集合，是存储数据库对象的容器。数据库对象是指存储、管理和使用数据的不同结构形式，包括表、视图、存储过程、函数、触发器和事件等。其中，表是最基本的数据库对象。只有创建好数据库，才能创建存放于数据库的对象。数据库的各种数据以文件的形式保存在操作系统中，每个数据库的文件保存在以数据库的名称命名的文件夹中。

通过 MySQL 客户端程序连接并登录 MySQL 服务器，就可以创建和管理数据库。数据库的操作包括创建数据库、查看数据库、选择数据库、修改数据库、删除数据库等。

2.1.2　MySQL 数据库分类

MySQL 数据库分为系统数据库和用户数据库两大类。

1. 系统数据库

系统数据库是指安装 MySQL 服务器后，附带的一些数据库。在 Navicat for MySQL 客户端程序的导航窗格中可以看到 mysql8 中默认安装的几个系统数据库，如图 2-1 所示。

系统数据库会记录一些必需的信息，用户不能直接修改这些系统数据库。各个系统数据库的作用如表 2-1 所示。

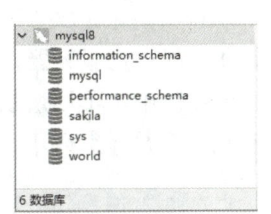

图 2-1　mysql8 中默认安装的系统数据库

表 2-1 MySQL 系统数据库

系统数据库的名称	说明
mysql	是 MySQL 的核心数据库，主要存储数据库的用户、权限设置、关键字等 MySQL 系统需要使用的控制和管理信息
information_schema	是一个信息数据库，主要存储 MySQL 服务器维护其他数据库的数据，包括数据库名、表名、列的数据类型、访问权限，字符集等
performance_schema	主要存储数据库服务器的性能参数，提供进程的信息，保存历史事件的汇总信息，监控事件等
sys	主要存储一系列的存储过程、自定义函数及视图
sakila、world	是 MySQL 样例数据库。sakila 是一个 MySQL 官方提供的模拟电影出租厅信息管理系统的数据库，可以作为学习数据库设计的参考示例。world 也是一个实例数据库，可以用来练习 SQL 语句

2. 用户数据库

用户数据库是用户根据实际应用需求创建的数据库，如学生管理数据库、商品销售数据库、财务管理数据库等。MySQL 可以包含一个或多个用户数据库。

在 Navicat for MySQL 客户端程序左侧的导航窗格中，每个数据库节点下都拥有一个树形路径结构，如图 2-2 所示。树形路径结构中的每个具体子节点都是数据库对象，例如 "world" 数据库节点下的 "表" 子节点。关于数据库对象，后面章节将逐步介绍。

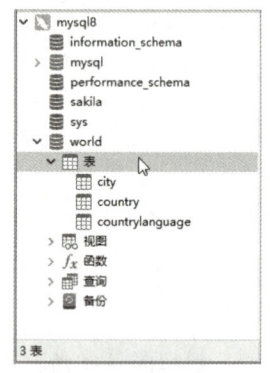

图 2-2 数据库节点下的树形路径结构

2.2 MySQL 的字符集和校对规则

MySQL 的字符集包括字符集（Character Set）和校对规则（Collation）两个概念。MySQL 可以使用多种字符集存储字符串，也允许使用多种校对规则比较字符串。当然，一个字符集可能对应多个校对规则，但是，两个不同的字符集不能对应同一个校对规则。MySQL 支持 30 多种字符集的 70 多种校对规则。每个字符集至少对应一个校对规则。

2.2.1 MySQL 的字符集

字符集用来定义 MySQL 字符以及字符的编码和存储字符串的方式。MySQL 支持多种字符集，同一台服务器，同一个数据库，甚至同一个表的不同列都可以使用不同的字符集。在 MySQL 中，不同层次有不同的字符集编码格式，主要有 4 个层次：服务器、数据库、表和列。字符集编码不仅影响数据存储，还影响客户端程序和数据库的交互。

1. 查看 MySQL 支持的字符集

查看 MySQL 服务器支持的字符集的 SQL 语句为：

```
SHOW CHARACTER SET;
```

执行结果如图 2-3 所示。

```
MySQL 8.0 Command Line Client

mysql> show character set;
+----------+---------------------------------+---------------------+--------+
| Charset  | Description                     | Default collation   | Maxlen |
+----------+---------------------------------+---------------------+--------+
| armscii8 | ARMSCII-8 Armenian              | armscii8_general_ci |      1 |
| ascii    | US ASCII                        | ascii_general_ci    |      1 |
| big5     | Big5 Traditional Chinese        | big5_chinese_ci     |      2 |
| binary   | Binary pseudo charset           | binary              |      1 |
| cp1250   | Windows Central European        | cp1250_general_ci   |      1 |
| cp1251   | Windows Cyrillic                | cp1251_general_ci   |      1 |
| cp1256   | Windows Arabic                  | cp1256_general_ci   |      1 |
| cp1257   | Windows Baltic                  | cp1257_general_ci   |      1 |
| cp850    | DOS West European               | cp850_general_ci    |      1 |
| cp852    | DOS Central European            | cp852_general_ci    |      1 |
| cp866    | DOS Russian                     | cp866_general_ci    |      1 |
| cp932    | SJIS for Windows Japanese       | cp932_japanese_ci   |      2 |
| dec8     | DEC West European               | dec8_swedish_ci     |      1 |
| eucjpms  | UJIS for Windows Japanese       | eucjpms_japanese_ci |      3 |
| euckr    | EUC-KR Korean                   | euckr_korean_ci     |      2 |
| gb18030  | China National Standard GB18030 | gb18030_chinese_ci  |      4 |
| gb2312   | GB2312 Simplified Chinese       | gb2312_chinese_ci   |      2 |
| gbk      | GBK Simplified Chinese          | gbk_chinese_ci      |      2 |
| geostd8  | GEOSTD8 Georgian                | geostd8_general_ci  |      1 |
| greek    | ISO 8859-7 Greek                | greek_general_ci    |      1 |
| hebrew   | ISO 8859-8 Hebrew               | hebrew_general_ci   |      1 |
| hp8      | HP West European                | hp8_english_ci      |      1 |
| keybcs2  | DOS Kamenicky Czech-Slovak      | keybcs2_general_ci  |      1 |
| koi8r    | KOI8-R Relcom Russian           | koi8r_general_ci    |      1 |
| koi8u    | KOI8-U Ukrainian                | koi8u_general_ci    |      1 |
| latin1   | cp1252 West European            | latin1_swedish_ci   |      1 |
| latin2   | ISO 8859-2 Central European     | latin2_general_ci   |      1 |
| latin5   | ISO 8859-9 Turkish              | latin5_turkish_ci   |      1 |
| latin7   | ISO 8859-13 Baltic              | latin7_general_ci   |      1 |
| macce    | Mac Central European            | macce_general_ci    |      1 |
| macroman | Mac West European               | macroman_general_ci |      1 |
| sjis     | Shift-JIS Japanese              | sjis_japanese_ci    |      2 |
| swe7     | 7bit Swedish                    | swe7_swedish_ci     |      1 |
| tis620   | TIS620 Thai                     | tis620_thai_ci      |      1 |
| ucs2     | UCS-2 Unicode                   | ucs2_general_ci     |      2 |
| ujis     | EUC-JP Japanese                 | ujis_japanese_ci    |      3 |
| utf16    | UTF-16 Unicode                  | utf16_general_ci    |      4 |
| utf16le  | UTF-16LE Unicode                | utf16le_general_ci  |      4 |
| utf32    | UTF-32 Unicode                  | utf32_general_ci    |      4 |
| utf8     | UTF-8 Unicode                   | utf8_general_ci     |      3 |
| utf8mb4  | UTF-8 Unicode                   | utf8mb4_0900_ai_ci  |      4 |
+----------+---------------------------------+---------------------+--------+
41 rows in set (0.00 sec)

mysql> _
```

图 2-3　MySQL 服务器支持的字符集

常见的字符集有 utf8mb4（默认字符集）、utf8、gbk、gb2312、big5 等。其中，utf8mb4 支持最长 4 字节的 UTF-8 字符，utf8 支持最长 3 字节的 UTF-8 字符，utf8mb4 兼容 utf8，且比 utf8 表示更多的字符。

MySQL 的字符集遵从以下命名惯例：以_ci 为后缀表示大小写不敏感；以_cs 为后缀表示大小写敏感；以_bin 为后缀表示用编码值进行比较。

2. 查看 MySQL 当前字符集

查看 MySQL 当前安装的字符集的 SQL 语句为：

```
SHOW VARIABLES LIKE 'character_set%';
```

执行结果如图 2-4 所示。

```
MySQL 8.0 Command Line Client

mysql> SHOW VARIABLES LIKE 'character_set%';
+--------------------------+-----------------------------------------------+
| Variable_name            | Value                                         |
+--------------------------+-----------------------------------------------+
| character_set_client     | gbk                                           |
| character_set_connection | gbk                                           |
| character_set_database   | utf8mb4                                       |
| character_set_filesystem | binary                                        |
| character_set_results    | gbk                                           |
| character_set_server     | utf8mb4                                       |
| character_set_system     | utf8mb3                                       |
| character_sets_dir       | C:\Program Files\MySQL\MySQL Server 8.0\share\charsets\ |
+--------------------------+-----------------------------------------------+
8 rows in set, 1 warning (0.02 sec)

mysql> _
```

图 2-4　MySQL 当前安装的字符集

2.2.2 MySQL 的校对规则

校对规则用来定义在字符集内比较字符串的规则，即字符集的排序规则。每个字符集有一个默认的校对规则，如果不指定校对规则，就使用默认值，例如，utf8 字符集对应的默认校对规则是 utf8_general_ci。

查看相关字符集的校对规则的 SQL 语句为：

```
SHOW COLLATION LIKE '字符集名%';
```

例如，查看 gbk 字符集的校对规则的 SQL 语句如下：

```
SHOW COLLATION LIKE 'gbk%';
```

执行结果如图 2-5 所示。其中，gbk_chinese_ci 校对规则是默认的校对规则，规定对大小写不敏感，即如果比较"T"和"t"，则认为这两个字符是相同的。如果按照 gbk_bin 校对规则比较，由于 gkb_bin 校对规则规定对大小写敏感，所以认为这两个字符是不同的。

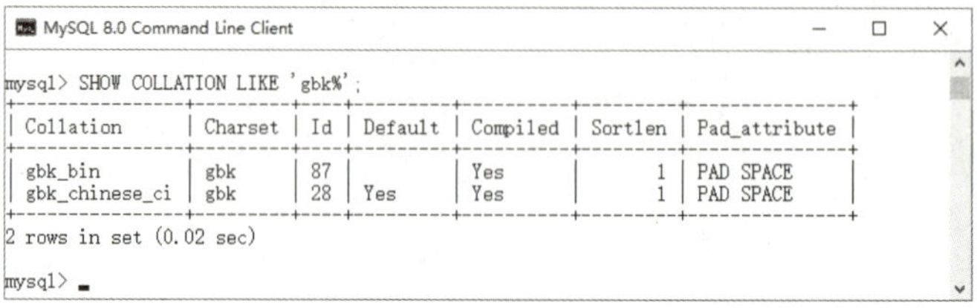

图 2-5　gbk 字符集的校对规则

2.3　创建数据库

使用 MySQL 客户端连接 MySQL 服务器后，就可以创建数据库。

2.3.1　使用 SQL 语句创建数据库

在 MySQL 中，创建数据库使用 SQL 语句中的 CREATE DATABASE 语句，其基本语法格式为：

```
CREATE DATABASE [ IF NOT EXISTS ] db_name
[ [ DEFAULT ] CHARACTER SET [ = ] charset_name ]
[ [ DEFAULT ] COLLATE [ = ] collation_name ];
```

语法说明如下：

（1）语句中"[ ]"内为可选项。

（2）db_name：数据库的名称。在文件系统中，MySQL 的数据存储区将以目录方式表示 MySQL 数据库。因此，语句中数据库的名称必须符合操作系统的文件命名规则，而在 MySQL 中是不区分大小写的。

（3）IF NOT EXISTS：在创建数据库前进行判断，只有在该数据库不存在时才执行 CREATE DATABASE 操作。使用此选项可以避免数据库已经存在而重复创建的错误。

（4）CHARACTER SET：指定数据库字符集，charset_name 为字符集的名称。例如，简体中文字符集的名称为 gb2312。

（5）COLLATE：指定字符集的校对规则，collation_name 为校对规则的名称。例如，简体中文字符集的校对规则为 gb2312_chinese_ci。

（6）DEFAULT：指定默认的数据库字符集和字符集的校对规则。

如果指定了 CHARACTER SET charset_name 和 COLLATE collation_name，则采用指定的字符集 charset_name 和校对规则 colation_name；如果没有指定，则采用默认的字符集和校对规则。

【例 2-1】创建一个名为 library 的数据库，在创建之前用 IF NOT EXISTS 判断该数据库是否存在，并采用简体中文字符集和其校对规则。

SQL 语句如下：

```
CREATE DATABASE IF NOT EXISTS library
DEFAULT CHARACTER SET = gb2312
DEFAULT COLLATE = gb2312_chinese_ci;
```

在 MySQL Command Line Client 窗口中，输入以上 SQL 语句，在输入第一行语句后按 Enter 键，新行的行首显示"->"，接着输入第二行语句并按 Enter 键，最后一行的行尾一定要以"；"结束，按 Enter 键执行该语句，执行结果如图 2-6 所示。

图 2-6 创建 library 数据库

执行语句后显示"Query OK, 1 row affected, 1 warning (0.01 sec)"表示成功创建数据库，其含意是 1 行受到影响，处理时间是 0.01 秒。

注意：虽然创建数据库的 SQL 语句不属于查询语句，但在 MySQL 中，所有 SQL 语句执行成功后都显示"Query OK"。

成功执行上述语句后，会在 MySQL 的默认安装文件夹（C:\ProgramData\MySQL\MySQL Server 8.0\Data）下创建一个与数据库的名称相同的文件夹 library。

2.3.2 使用 Navicat for MySQL 创建数据库

在 Navicat for MySQL 的图形方式客户端中，可以使用 SQL 语句或菜单命令创建数据库。

1. 输入 SQL 语句创建数据库

在 MySQL Command Line Client 窗口中输入的 SQL 语句不能编辑，只能重新输入。使用 Navicat for MySQL 则可以方便地编辑 SQL 语句。

【例 2-2】创建一个名为 book 的数据库。

SQL 语句如下：

```
CREATE DATABASE book
CHARACTER SET gbk
COLLATE gbk_chinese_ci;
```

在 Navicat for MySQL 中，单击"新建查询"按钮，在"查询"窗格中输入 SQL 语句。如果要运行"查询"窗格中的所有代码，则单击"运行"按钮，如图 2-7 所示。运行 SQL 语句后，反馈信息显示在"查询"窗格下方的"信息"窗格中。

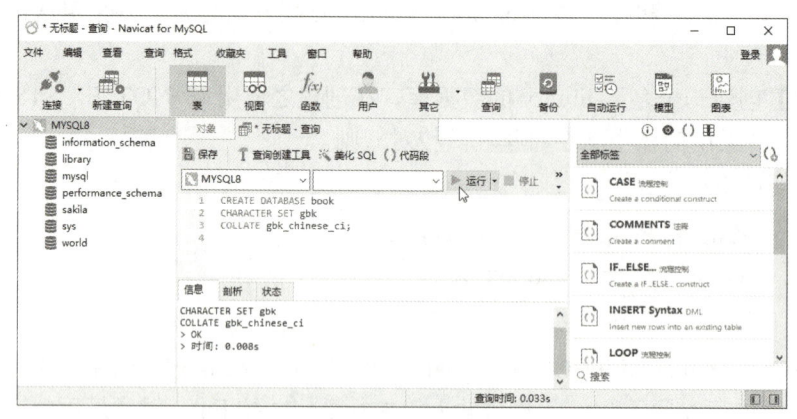

图 2-7 "运行"按钮

新创建的数据库的名称 book 不会马上显示在导航窗格中，如果要显示新创建的数据库的名称 book，可以在导航窗格中右击服务器名（本例为 MYSQL8），在快捷菜单中选择"刷新"命令，如图 2-8 所示，这时，新创建的数据库的名称 book 将显示在导航窗格中。

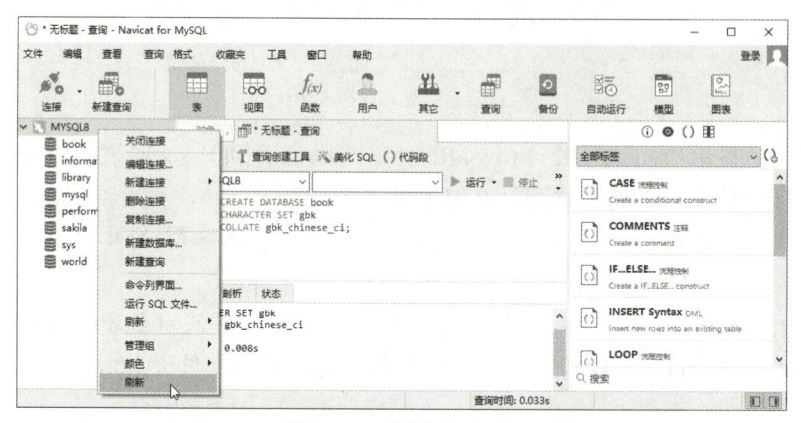

图 2-8 "刷新"命令

2. 使用 Navicat for MySQL 菜单命令创建数据库

【例 2-3】在数据库管理系统中创建名为 school 的数据库。

（1）在 Navicat for MySQL 的导航窗格中，双击 MySQL 服务器的名称，本例为 MYSQL8（注意，读者要选择自己的 MySQL 服务器名称），展开 MySQL 服务器的数据库列表。

（2）在导航窗格中，右击 MySQL 服务器的名称，在快捷菜单中选择"新建数据库"命令，如图 2-8 所示。

（3）显示"新建数据库"对话框，在"常规"选项卡中，分别输入或指定"数据库名"、

"字符集"和"排序规则"(即校对规则),如图 2-9 所示。

(4) 在 "SQL 预览"选项卡中,可以看到创建数据库的 SQL 语句,如图 2-10 所示,可以通过浏览,学习 SQL 语句。

图 2-9　输入或指定"数据库名""字符集"和"排序规则"　　图 2-10　创建数据库的 SQL 语句

(5) 在"新建数据库"对话框中单击"确定"按钮后,导航窗格中将显示刚才创建的数据库的名称,数据库的名称将以小写形式显示。

(6) 如果要打开 school 数据库,则双击数据库的名称"school",或右击数据库的名称"school",在快捷菜单中选择"打开数据库"命令。打开数据库后,数据库的名称将由灰色变为绿色,如图 2-11 所示。

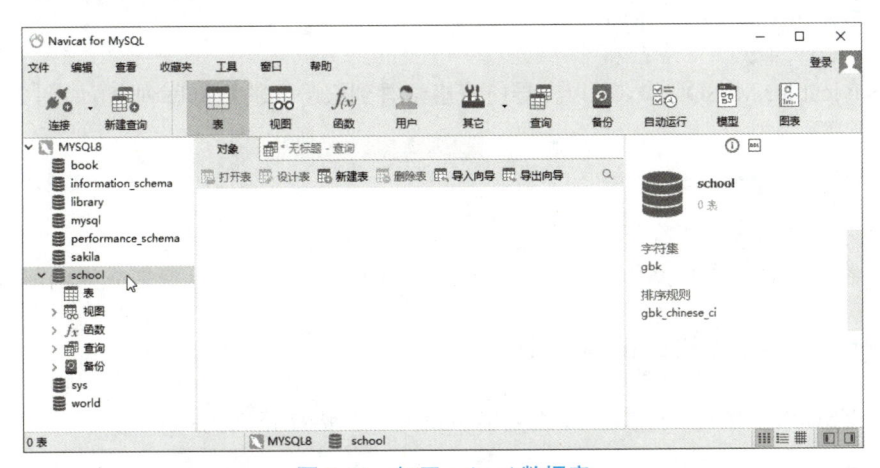

图 2-11　打开 school 数据库

2.4　查看数据库

查看数据库可以使用 SQL 语句或 Navicat for MySQL。

2.4.1　使用 SQL 语句查看数据库

查看当前数据库服务器中的所有数据库列表使用 SHOW DATABASES 语句,其语法格式为:

```
SHOW DATABASES;
```

SHOW DATABASES 语句只会列出在当前用户权限范围内能查看的数据库。

【例 2-4】查看当前用户（root）权限范围内的数据库列表。

SQL 语句如下：

```
SHOW DATABASES;
```

在 MySQL Command Line Client 命令行客户端程序中查看 root 用户权限范围内数据库服务器中的所有数据库列表，运行结果如图 2-12 所示。

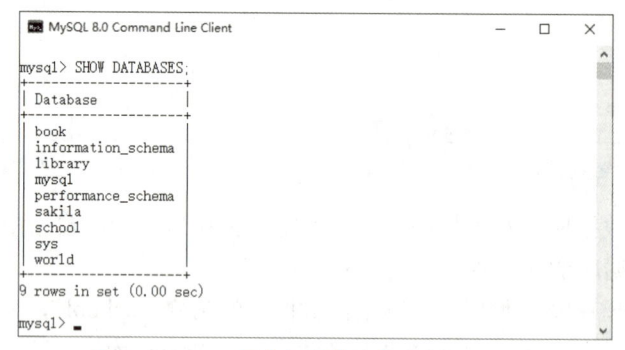

图 2-12　root 用户权限范围内的数据库列表

2.4.2　使用 Navicat for MySQL 查看数据库

在 Navicat for MySQL 中，可以在导航窗格中看到服务器的数据库列表，如图 2-11 所示。

2.5　选择数据库

在对数据库对象进行操作时，需要先选择或打开一个数据库，使之成为当前数据库。

2.5.1　使用 SQL 语句选择数据库

使用 USE 语句指定一个数据库为当前数据库，其语法格式为：

```
USE db_name;
```

语法说明如下：
（1）db_name 参数表示要选择（打开）的数据库的名称。
（2）只有在使用 USE 语句指定某个数据库为当前数据库后，才能对该数据库及其存储的对象执行各种操作。

【例 2-5】执行 USE 语句，选择名为 library 的数据库。

SQL 语句如下：

```
USE library;
```

在命令行客户端程序中执行上面的 SQL 语句，其结果如图 2-13 所示。

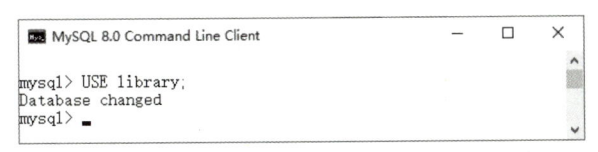

图 2-13 选择 library 数据库

2.5.2 使用 Navicat for MySQL 选择数据库

使用 Navicat for MySQL，在导航窗格中双击要打开的数据库的名称，则该数据库的名称显示为绿色，表示选择了该数据库，此时，该数据库节点自动展开。

也可以单击工具栏中的"新建查询"按钮，窗口中部显示"查询"窗格，在如图 2-14 所示的下拉列表中选择使用的数据库的名称。

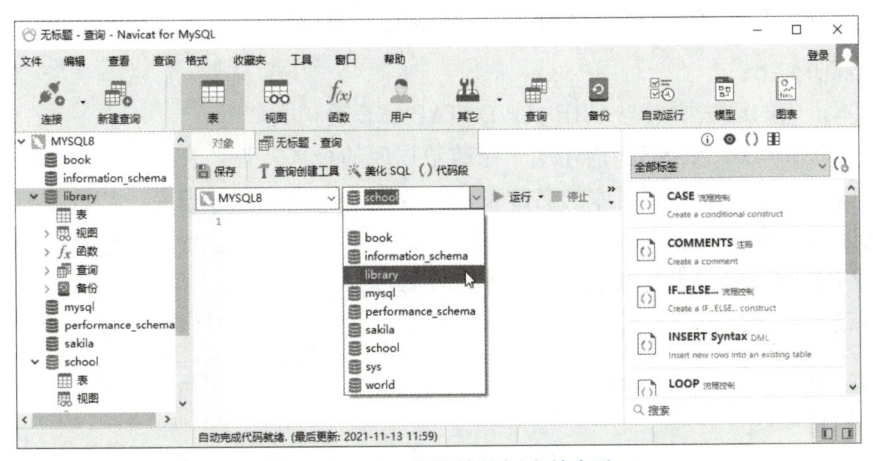

图 2-14 选择使用的数据库的名称

还可以在"查询"窗格中输入 SQL 语句，例如：

```
USE library;
```

在 SQL 语句输入完成后，单击"运行"按钮，在"信息"窗格中显示运行结果，如图 2-15 所示。

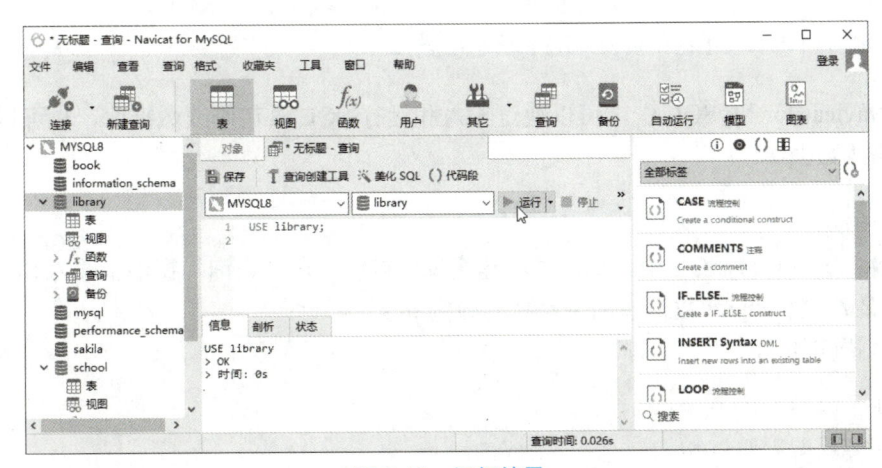

图 2-15 运行结果

2.6 修改数据库

只能修改数据库的字符集和校对规则。

2.6.1 使用 SQL 语句修改数据库

使用 ALTER DATABASE 语句可以修改数据库的默认字符集和字符集的校对规则，其语法格式为：

```
ALTER DATABASE [ db_name ]
[ DEFAULT ] CHARACTER SET [ = ] charset_name
[ [ DEFAULT ] COLLATE [ = ] collation_name ];
```

语法说明如下：
（1）本语句的语法要素与 CREATE DATABASE 语句类似。
（2）ALTER DATABASE 语句用于修改数据库的全局特性，在执行本语句时必须具有修改数据库的权限。省略数据库的名称表示修改当前（默认）数据库。修改字符集的风险较高，请谨慎修改字符集。

【例 2-6】将 library 数据库的字符集修改为 gbk。
SQL 语句如下：

```
ALTER DATABASE library
CHARACTER SET gbk;
```

在命令行客户端程序中执行上面的 SQL 语句，其结果如图 2-16 所示。

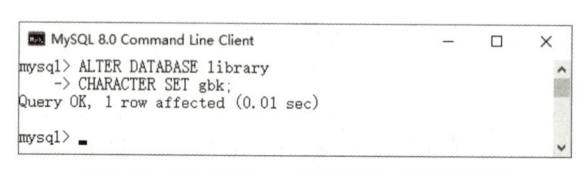

图 2-16 修改 library 数据库字符集的结果

2.6.2 使用 Navicat for MySQL 修改数据库

在 Navicat for MySQL 中，可以通过输入和运行 SQL 语句修改数据库，也可以使用菜单命令修改数据库。

1. 输入和运行 SQL 语句修改数据库

在 Navicat for MySQL 中，单击"新建查询"按钮，在"查询"窗格中输入 SQL 语句。
【例 2-7】将 school 数据库的字符集修改为 gbk。
SQL 语句如下：

```
ALTER DATABASE school
CHARACTER SET gbk;
```

如果要运行"查询"窗格中的所有代码，则单击"运行"按钮。如果要运行"查询"窗格中的部分代码，则选中需要运行的代码，然后单击"运行已选择的"按钮。运行后，在"信息"窗格中显示运行结果，如图 2-17 所示。

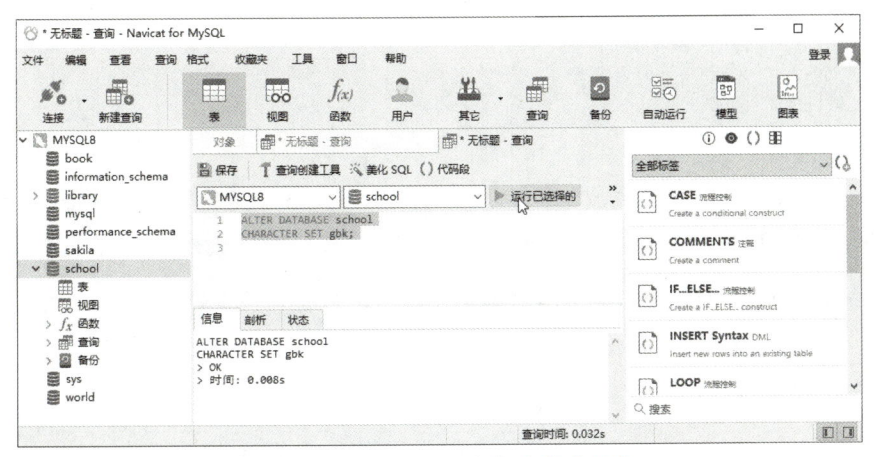

图 2-17　修改 school 数据库的字符集

2. 使用 Navicat for MySQL 菜单命令修改数据库

在 Navicat for MySQL 中，使用菜单命令修改数据库的方法为：在导航窗格中，右击需要修改的数据库的名称，在快捷菜单中选择"编辑数据库"命令，如图 2-18 所示。

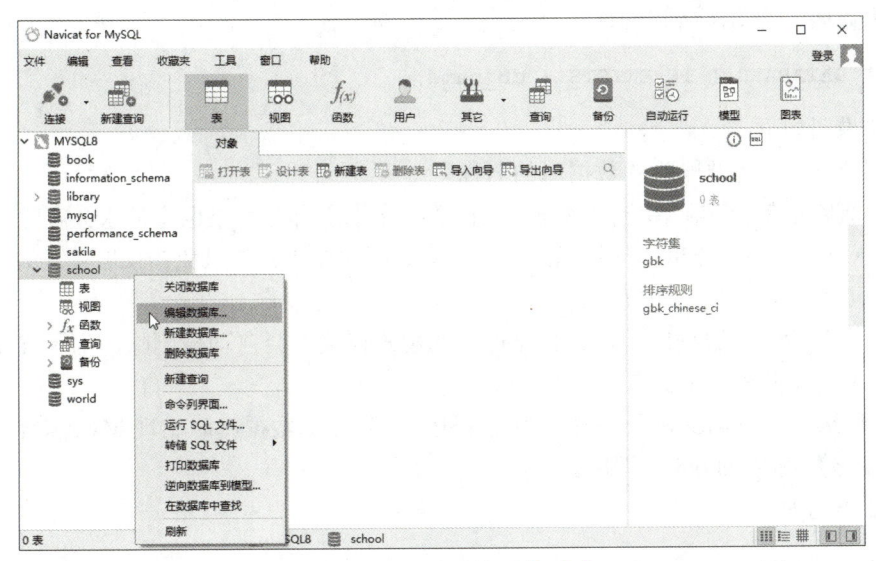

图 2-18　"编辑数据库"命令

"编辑数据库"对话框的"常规"选项卡如图 2-19 所示，其中，"数据库名"显示为灰色，不可修改。单击"字符集"和"排序规则"后面的下拉按钮，选择对应的选项。

在"SQL 预览"选项卡中，显示修改后自动生成的修改数据库的 SQL 语句，如图 2-20 所示。

图 2-19　"常规"选项卡　　　　图 2-20　自动生成的修改数据库的 SQL 语句

在"编辑数据库"对话框中单击"确定"按钮，执行修改。

2.7　删除数据库

删除数据库是将已创建的数据库文件从磁盘空间中删除。在删除数据库时，会删除数据库中所有的对象，因此，在删除数据库时需要慎重考虑。

2.7.1　使用 SQL 语句删除数据库

删除数据库的语法格式为：

DROP DATABASE [IF EXISTS] db_name;

语法说明如下：

（1）db_name 是要删除的数据库的名称。

（2）删除语句会删除指定的数据库，该数据库中所有的对象也将被永久删除。使用该语句时，MySQL 不会给出任何提示或确认信息，因此要小心，以免错误删除。另外，使用该语句需要用户具有相应的权限。

（3）在删除某个数据库后，该数据库上的用户权限不会自动被删除，为了方便数据库的维护，应手动删除它们。

（4）可选项 IF EXISTS 子句可以避免在删除不存在的数据库时出现 MySQL 错误信息。

【例 2-8】删除 school 数据库。

SQL 语句如下：

```
DROP DATABASE library;
```

在命令行客户端程序中执行上面的 SQL 语句，其结果如图 2-21 所示。

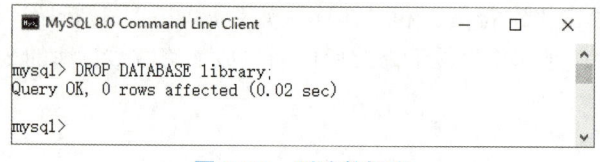

图 2-21　删除数据库

2.7.2 使用 Navicat for MySQL 删除数据库

在 Navicat for MySQL 中，可以输入和运行 SQL 语句删除数据库，也可以使用菜单命令删除数据库。

1. 输入 SQL 语句删除数据库

在 Navicat for MySQL 中，单击"新建查询"按钮，在"查询"窗格中输入的 SQL 语句如下：

```
DROP DATABASE school;
```

单击"运行"按钮，在"信息"选项卡中显示运行结果。在导航窗格中，右击服务器的名称"mysql8"，在快捷菜单中选择"刷新"命令，可以看到，数据库列表中已经没有名为 school 的数据库了。在文件资源管理器中查看 MySQL 默认安装路径下的 school 文件夹，会发现该文件夹也被删除了。

2. 使用 Navicat for MySQL 菜单命令删除数据库

在 Navicat for MySQL 的导航窗格中，右击要删除的数据库的名称，在快捷菜单中选择"删除数据库"命令。

注意：不能删除系统数据库，否则 MySQL 将不能正常工作。

2.8 习题 2

一、在线测试（单项选择题）

1. 以下创建数据库 book 的语句错误的是（　　）。
   A．CREATE DATABASE book　　　　B．CREATE DATABASE sh.book
   C．CREATE DATABASE sh_book　　　D．CREATE DATABASE _book

2. 在创建数据库时，可以使用（　　）子句确保如果数据库不存在就创建它，如果数据库存在就直接使用它。
   A．IF NOT EXISTS　　　　　　　　B．IF EXISTS
   C．IF NOT EXIST　　　　　　　　　D．IF EXIST

3. SQL 语句"DROP DATABASE book;"的功能是（　　）。
   A．将数据库的名称修改为 book　　　B．删除数据库 book
   C．使用数据库 book　　　　　　　　D．创建数据库 book

4. SQL 语句"USE book;"的功能是（　　）。
   A．修改数据库 book　　　　　　　　B．删除数据库 book
   C．使用数据库 book　　　　　　　　D．创建数据库 book

5. SQL 语句"DROP DATABASE book;"的功能是（　　）。
   A．将数据库的名称修改为 book　　　B．删除数据库 book
   C．使用数据库 book　　　　　　　　D．创建数据库 book

二、技能训练

1. 使用 MySQL Command Line Client 登录 MySQL，用 SQL 语句创建数据库 studentinfo，然后查看 MySQL 中存在哪些数据库。

2. 使用 Navicat for MySQL 登录 MySQL，使用 SQL 语句创建数据库 student2022，使用菜单命令创建数据库 student2023，然后使用 SQL 语句删除数据库 student2023，使用菜单命令删除数据库 student2022。

单元 3　表的创建和管理

学习目标

通过本单元的学习，学生能够掌握表、数据类型、数据的完整性约束的知识；掌握表的创建和管理，包括表的创建、查看、修改和删除；掌握数据完整性约束的定义。

3.1　表的概述

数据表（简称表）是数据库中最重要的对象。在关系型数据库中，每一个关系都描述为一张二维表，二维表由行、列和表头组成。表的主要内容包括：

（1）表名。每一个表必须有一个名字，以标识该表。表名在某一个数据库中必须唯一。

（2）列名。任何列必须有一个名字。在一个表中，列名必须唯一，而且必须指明数据类型。

（3）行或记录。每行表示一条唯一的记录，行的顺序是任意的，一般按插入的先后顺序存储。其中，第一行是表的列名称部分，又称为表头。

（4）列或属性。列的顺序可以是任意的，每一列称为一个属性，且出自同一个域。

（5）数据项。行和列的交叉称为数据项。

（6）数据的完整性约束。包括表的主码和外码，表中哪些列允许为空，哪些列需要约束、默认值等。

3.2　数据类型

在创建表时，需要定义表中每列的数据类型（Data Type）。在 MySQL 中，基本的数据类型分为数值类型、字符串类型和日期时间类型三大类。

3.2.1　数值类型

数值分为整数和小数。其中，整数用整数类型表示。小数用浮点数类型或定点数类型表示。

1. 整数类型及其取值范围

整数类型按取值范围分为 TINYINT、SMALLINT、MEDIUMINT、INT 和 BIGINT 五种。MySQL 支持的整数类型如表 3-1 所示。

表 3-1 MySQL 支持的整数类型及其取值范围

整数类型	占用字节数	无符号数的取值范围	有符号数的取值范围	说明
TINYINT	1	0～255	−128～127	极小整数类型
SMALLINT	2	0～65535	−32768～32767	较小整数类型
MEDIUMINT	3	0～16777215	−8388608～8388607	中型整数类型
INT 或 INTEGER	4	0～4294967295	−2147483648～2147483647	常规（平均）大小的整数类型
BIGINT	8	0～18446744073709551615	−9233372036854775808～9223372036854775807	较大整数类型

说明：

（1）如果要声明无符号整数，则在整数类型后面加上 UNSIGNED 属性。例如，声明一个 INT UNSIGNED 数据列，表示声明的是无符号数，其取值从 0 开始。

（2）在声明整数类型时，可以为它指定一个显示宽度（1～255），例如 INT(5)，指定显示宽度为 5 个字符。如果没有给它指定显示宽度，MySQL 会为它指定一个默认值。显示宽度只用于显示，并不能限制取值范围，例如，可以把 123456 存入 INT(3) 数据列。

（3）在整数类型后面加上 ZEROFILL 属性，表示在数值之前自动用 0 补齐不足的位数。例如，将 5 存入一个声明为 INT(3) ZEROFILL 的数据列，在查询输出时，输出的数据是"005"。当使用 ZEROFILL 属性修饰时，自动应用 UNSIGNED 属性。

2. 浮点数类型和定点数类型及其取值范围

小数按存储精度分类，分为近似小数和精确小数，在 MySQL 中，分别使用浮点数类型和定点数类型表示。浮点数类型有 FLOAT（单精度浮点数类型）和 DOUBLE（双精度浮点数类型）两种。定点数类型只有 DECIMAL 一种。浮点数类型和定点数类型及其取值范围如表 3-2 所示。

表 3-2 浮点数类型和定点数类型及其取值范围

浮点数/定点数类型	占用字节数	非负数的取值范围	负数的取值范围	说明
FLOAT	4	0 和 1.175494351E−38～3.402823466E+38	−3.402823466E+38～−1.175494351E−38	小型单精度浮点数
DOUBLE	8	0 和 2.2250738585072014E−308～1.7976931348623157E+308	−1.7976931348623157E+308～−2.2250738585072014E−308	常规双精度浮点数
DEC(M,D)或 DECIMAL(M,D)	M+2	同 DOUBLE 型	同 DOUBLE 型	精确小数

说明：

（1）在声明浮点数类型和定点数类型时，可以为它指定一个显示宽度指示器和一个小数点指示器，用(M, D)来表示，其中 M 称为精度，表示总共的位数，D 称为标度，表示小数的位数。例如，FLOAT(7,2)表示显示的值不超过 7 位数字，小数点后保留两位数字，存入的数据会被四舍五入，比如，3.1415 存入后的结果是 3.14。建议在定义浮点数时，如果不是实际情况需要，最好不要使用指示器，否则，可能会影响数据库的迁移。

（2）对定点数而言，DEC(M,D)是定点数的标准格式，可以准确地确定小数点后的位数，一般情况下可以选择这种数据类型。

（3）在 MySQL 中，定点数以字符串的形式存储，因此，其精度比浮点数高。如果对数据的精度要求比较高，应该选择定点数 DECIMAL。

3.2.2 字符串类型

字符串类型可以存储任何一种值，所以它是最基本的数据类型之一。MySQL 支持用单引号或双引号将字符串引起来，例如，"MySQL"和'MySQL'表示同一个字符串。字符串类型及其取值范围如表 3-3 所示。

表 3-3 字符串类型及其取值范围

字符串类型	占用字节数	取值范围	说明
CHAR(size)	size	0～255	固定长度为 size 的字符串
VARCHAR(size)	size+1	0～65535	可变长度字符串，最常用的字符串类型
TINYTEXT	size+1	0～255	可变长度字符串，微小文本字符串
TEXT(size)	size+2	0～65535	可变长度字符串，小文本字符串
MEDIUMTEXT	size+3	0～16777215	可变长度字符串，中等长度文本字符串
LONGTEXT	size+4	0～4294967295	可变长度字符串，大文本字符串

说明：

（1）CHAR(size)、VARCHAR(size)和 TEXT(size)表示可以存储 size 个字符（size 个中文字符或 size 个英文字符）。在使用 CHAR 和 VARCHAR 类型时，当传入的实际值的长度大于指定的长度时，字符串会被截取至指定长度。

（2）在使用 CHAR 类型时，如果传入的实际值的长度小于指定长度，则使用空格将其填补至指定长度。而在使用 VARCHAR 类型时，如果传入的实际值的长度小于指定长度，则实际长度就是传入字符串的长度，不会使用空格填补。

（3）字符串按其长度是否固定分为固定长度字符串和可变长度字符串，只有 CHAR 是固定长度字符串，其他字符串都是可变长度字符串。

（4）对于可变长度字符串类型来说，其长度取决于实际存放在数据列中的值的长度，该长度在表 3-3 中用 size 表示，需要加上存放 size 本身的长度所需要的字节数。例如，一个 VARCHAR(10)列能保存最大长度为 10 个字符的字符串，实际占用的字节数是字符串的长度加 1。字符串"MySQL"，字符个数是 5，而存储该字符串占用 6 字节。

3.2.3 日期和时间类型

日期和时间类型存储日期、时间的值，日期和时间类型及其取值范围如表 3-4 所示。

表 3-4 日期和时间类型及其取值范围

日期和时间类型	字节数	格式	取值范围	说明
DATE	4	YYYY-MM-DD	1000-01-01～9999-12-31	日期值
TIME	3	HH:mm:ss	-838:59:59～838:59:59	时间值
YEAR	1	YYYY	1901～2155	年份值
DATETIME	8	YYYY-MM-DD HH:mm:ss	1000-01-01 00:00:00～ 9999-12-31 23:59:59	日期值和时间值
TIMESTAMP	4	YYYY-MM-DD HH:mm:ss	19700101080001～ 20380119031407	时间戳

说明：

（1）YYYY 表示年，MM 表示月，DD 表示日；HH 表示小时，mm 表示分钟，ss 表示秒。在给 DATETIME 类型的字段赋值时，可以使用字符串类型或数值类型的数据，符合 DATETIME 的日期格式即可。

（2）TIMESTAMP 与 DATETIME 默认的显示格式相同，显示宽度固定为 19 个字符，格式为 YYYY-MM-DD HH:mm:ss。

TIMESTAMP 可以自动进行时区转换，存储的是毫秒数，以 4 字节存储。DATETIME 不支持时区，以 8 字节存储。TIMESTAMP 列的取值范围小于 DATETIME 的取值范围，如表 3-4 所示。

（3）TIMESTAMP 和 DATETIME 除存储字节和支持的范围不同外，最大的区别是 DATETIME 在存储日期数据时，按实际输入的格式存储，即输入什么就存储什么，和读者所在的时区无关。而 TIMESTAMP 在存储日期数据时，是以 UTC（世界标准时间）格式保存的，存储时对当前时区进行转换，检索时再转换回当前时区。在进行查询时，读者所在的时区不同，查询结果显示的日期时间值也不同。

（4）从形式上来说，MySQL 日期类型的表示方法与字符串的表示方法相同（使用单引号引起来）。从本质上来说，MySQL 日期类型的数据是一个数值类型，可以参与简单的加、减运算。每一个类型都有取值范围，当取值不合法时，系统取值为 0。

（5）在存储日期和时间类型的值时，也可以使用整数类型存储 UNIX 时间戳，这样便于日期的计算。

3.2.4　二进制类型

MySQL 支持两类字符型数据：文本字符串和二进制字符串。二进制字符串类型也称为二进制类型，MySQL 中的二进制字符串有 BIT、BINARY、VARBINARY、TINYBLOB、BLOB、MEDIUMBLOB 和 LONGBLOB。由于在实际应用中基本不使用二进制类型，本书不介绍。

3.2.5　复合类型

MySQL 数据库支持两种复合数据类型 SET 和 ENUM，它们扩展了 SQL 规范。这些类型是基于字符串类型的集合，但是可以被视为不同的数据类型，本书不介绍。

3.2.6 NULL

NULL 称为空值，通常用于表示未知、没有值、不可用或将在以后添加的数据。可以将 NULL 插入表并从表中检索，也可以测试某个值是否为 NULL，也能对 NULL 进行算术运算。如果对 NULL 进行算术运算，其结果还是 NULL。在 MySQL 中，0 或 NULL 都是假，而其余值都是真。

需要注意的是：不要将 NULL 与数字 0 或空字符串混淆，NULL 是没有值，它不是空字符串。因为空字符串是一个有效的值，所以 NULL 用关键字 NULL 表示。

3.3 表的操作

表必须在某一数据库中创建。表的基本操作包括创建、查看、修改、复制、删除等。

3.3.1 创建表

创建表的实质是定义表的结构，是规定列的属性的过程，也是实施数据完整性（包括实体完整性、引用完整性和域完整性）约束的过程。创建表使用数据定义语言（Data Definition Language，DDL），数据定义语言是用来创建数据库中的各种对象（表、视图、索引等）的 SQL 语言。

1. 使用 SQL 语句创建表

创建表使用 CREATE TABLE 语句，其基本语法格式为：

```
CREATE [TEMPORARY] TABLE [IF NOT EXISTS] [db_name.]tb_name(
    column_name1 data_type1 [列的其他定义1] [列级完整性约束条件1],
    column_name2 data_type2 [列的其他定义2] [列级完整性约束条件2],
    [ ... ],
    column_nameN data_typeN [列的其他定义N] [列级完整性约束条件N],
    [表级完整性约束条件]
) [table_option];
```

语法说明如下：

（1）表属于数据库，在创建表之前，应使用语句 USE db_name 指定创建表的数据库，如果没有指定数据库，而直接创建表，将显示 "No database selected"。

（2）tb_name：表的名称，必须符合标识符命名规则，不区分大小写，不能使用 SQL 语言中的关键字。

（3）表中每个列的定义以列名开始，列名后跟该列的数据类型以及可选参数。如果创建多列，则各列用逗号分隔。列名在表中必须唯一。列的定义包括列名、数据类型、默认值、注释等，各项之间用空格分隔。

- column_name：列名。
- data_type：该列的数据类型。

- DEFAULT default_value：该列的默认值。
- AUTO_INCREMENT：设置自增属性，可以给行记录一个唯一的 ID 号，该属性可以唯一标识表中的每行记录，只有整型列才能设置此属性。

（4）table_option：对表的操作，包括存储引擎、默认字符集、校对规则等，各项之间用空格分隔。语法格式为：

`[ENGINE= engine_name] [DEFAULT CHARSET= characterset_name] [COLLATE= collation_name]`

- ENGINE：指定表的存储引擎，如果不指定，则采用默认的存储引擎。
- DEFAULT CHARSET：指定字符集，如果不指定，则采用默认的字符集。
- COLLATE：指定校对规则，如果不指定，则采用默认的校对规则。

（5）完整性约束条件。完整性约束的内容将在下一节详细介绍。

【例 3-1】在 library 数据库中，创建图书表 book，book 表的定义如表 3-5 所示。要求使用 InnoDB 存储引擎，将该表的字符集设置为 gbk，对应校对规则设置为 gbk_chinese_ci。

表 3-5 book 表的定义

列名	数据类型	约束	说明
BookID	固定长度字符串，长度为 13，CHAR(13)	主键	图书号，图书唯一的 ISBN
BookName	可变长度字符串，长度为 30，VARCHAR(30)	非空值	书名，图书的书名
Author	可变长度字符串，长度为 20，VARCHAR(20)	空值	作者，图书编著者的姓名
PublishingHouse	可变长度字符串，长度为 30，VARCHAR(30)	空值	出版社，出版社
Price	浮点型，FLOAT(10,2)	空值	定价，图书的定价

创建 book 表的 SQL 语句如下：

```
USE library;
CREATE TABLE book (
    BookID CHAR(13) PRIMARY KEY,
    BookName VARCHAR(30) NOT NULL,
    Author VARCHAR(20),
    PublishingHouse VARCHAR(30),
    Price FLOAT(10,2)
) ENGINE=InnoDB DEFAULT CHARSET=gbk COLLATE=gbk_chinese_ci;
```

在 Navicat for MySQL 的"查询"窗格中，输入上面 SQL 语句，然后单击"运行"按钮，如图 3-1 所示。"信息"窗格中显示"OK"，表示代码正确，完成运行。为了方便修改、复制、粘贴较长的 SQL 语句，最好在"查询"窗格中输入和运行 SQL 语句。

在导航窗格中，右击"library"数据库下的"表"子节点，在快捷菜单中选择"刷新"命令，双击"表"子节点，就可以看到新创建的表的名称"book"。

对于 InnoDB 存储引擎，MySQL 服务实例会在数据库目录 C:\ProgramData\MySQL\MySQL Server 8.0\Data\library 中创建一个名为 book，后缀为.ibd 的表文件 book.ibd。

（6）使用"CREATE TEMPORARY TABLE 表名"语句可以创建一个临时表。临时表存储在内存中，不需要指定数据库。SHOW TABLES 不会列出临时表。当断开 MySQL 连

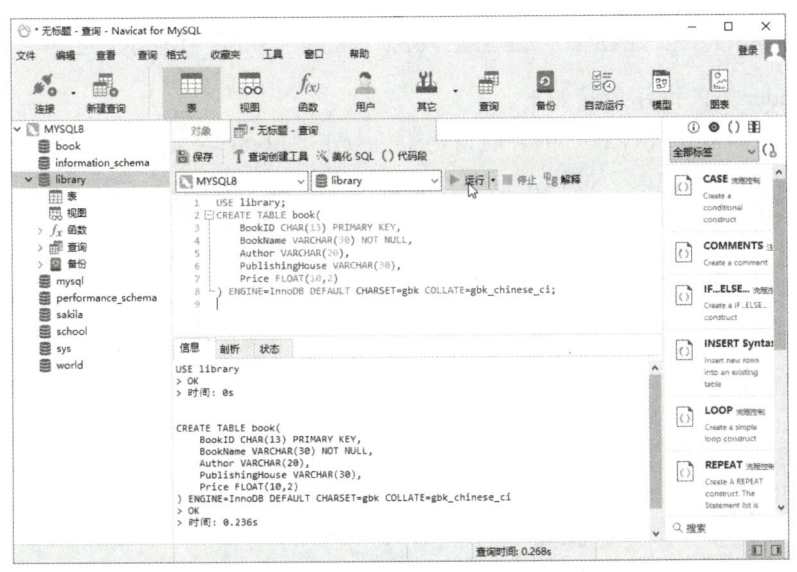

接时，系统将自动删除临时表并释放所用的空间。

图 3-1　创建 book 表

【例 3-2】创建临时表 temp_table。

SQL 语句如下：

```
CREATE TEMPORARY TABLE temp_table (
    ID INT NOT NULL,
    Name VARCHAR(10),
    Value INT NOT NULL
);
```

2. 使用 Navicat for MySQL 菜单命令创建表

下面使用 Navicat for MySQL 的菜单命令创建表。

【例 3-3】使用 Navicat for MySQL 菜单命令在 library 数据库中创建读者表 reader，该表的定义如表 3-6 所示。

表 3-6　读者表 reader 的定义

列名	数据类型	约束	说明
ReaderID	固定长度字符串，长度为 6，CHAR(6)	主键	读者号，读者的唯一编号
ReaderName	可变长度字符串，长度为 20，VARCHAR(20)	非空值	读者的姓名
Sex	可变长度字符串，长度为 2，CHAR(2)	空值	性别，读者的性别
Phone	可变长度字符串，长度为 14，CHAR(14)	空值	读者的手机号码

SQL 语句如下：

```
USE library;
CREATE TABLE reader (
    ReaderID CHAR(6) PRIMARY KEY,
    ReaderName VARCHAR(20) NOT NULL,
```

```
    Sex CHAR(2),
    Phone CHAR(14)
) ENGINE=InnoDB DEFAULT CHARSET=gbk COLLATE=gbk_chinese_ci;
```

创建 reader 表的操作步骤如下。

（1）在 Navicat for MySQL 的导航窗格中，双击"library"数据库节点打开该数据库。在工具栏上单击"新建表"按钮，或在导航窗格中右击"library"数据库节点下的"表"子节点，在快捷菜单中选择"新建表"命令，如图 3-2 所示。

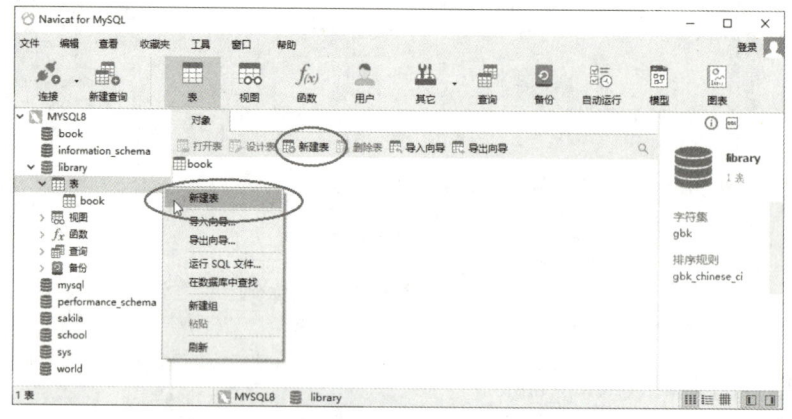

图 3-2 "新建表"按钮和"新建表"命令

（2）此时，窗口中会显示表设计窗格，在"字段"选项卡中，可以通过工具栏上的"添加字段""插入字段""删除字段"等按钮添加、插入或删除字段。

例如，在定义读者号列 ReaderID 时，在"名"下的文本框中输入"ReaderID"；在"类型"下拉列表中选择"char"选项；在"长度"下的文本框中输入 6；在"不是 null"下勾选复选框，表示该字段不允许为空；在"键"下单击，出现钥匙图标，表示把该列设为主键；在"注释"下的文本框中输入文字。如果该列有默认值，则在"默认"后的文本框中输入默认值。如果需要为该列设置字符集和排序规则，则在对应的下拉列表中选择相应的选项。表设计窗格如图 3-3 所示。

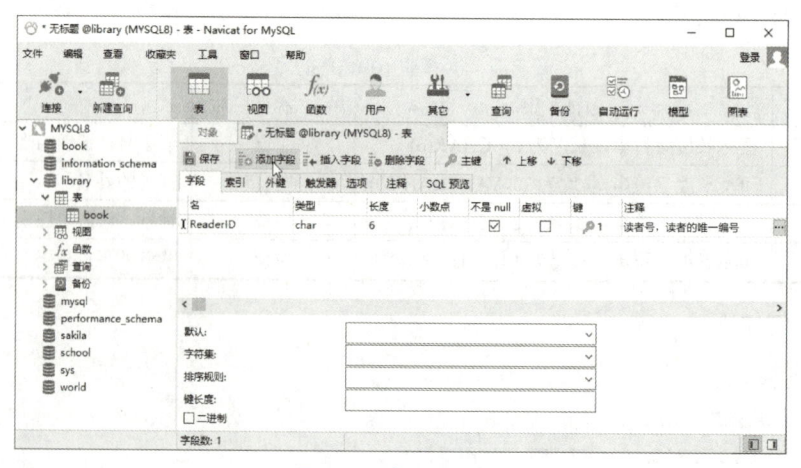

图 3-3 表设计窗格

单击"添加字段"按钮，把其他字段添加到表设计窗格中，添加所有字段后如图 3-4 所示。

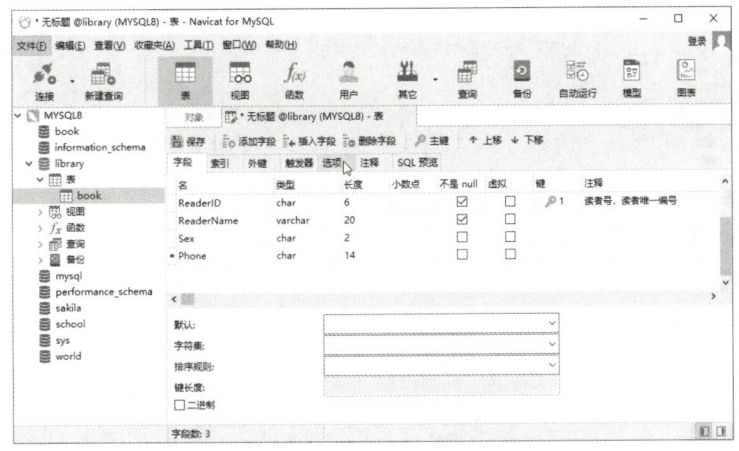

图 3-4　添加所有字段

（3）在"选项"选项卡中，可以设置表的存储引擎、字符集、排序规则等，如图 3-5 所示。

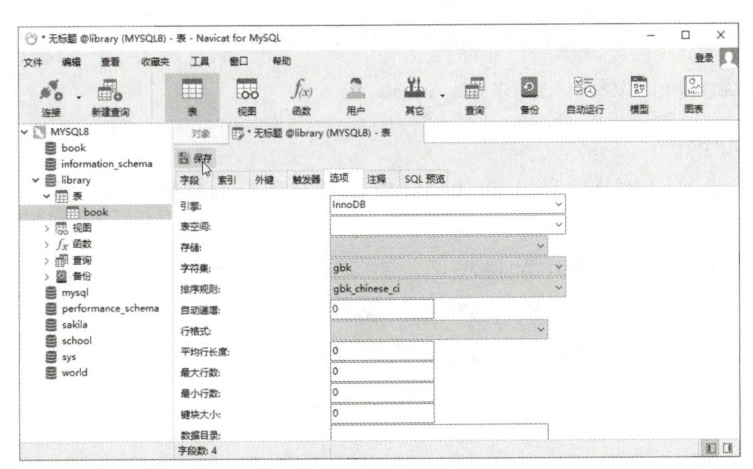

图 3-5　"选项"选项卡

（4）在完成表的设置后，单击工具栏上的"保存"按钮，会弹出"表名"对话框，如图 3-6 所示，在"输入表名"文本框中输入"reader"，单击"确定"按钮。

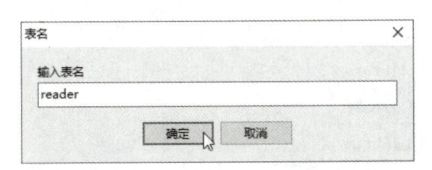

图 3-6　"表名"对话框

（5）单击图 3-5 中表设计窗格的"关闭"按钮，可以关闭表设计窗格。
（6）在导航窗格中双击展开"表"子节点，就可以看到创建的表的名称"reader"了，如图 3-7 所示。

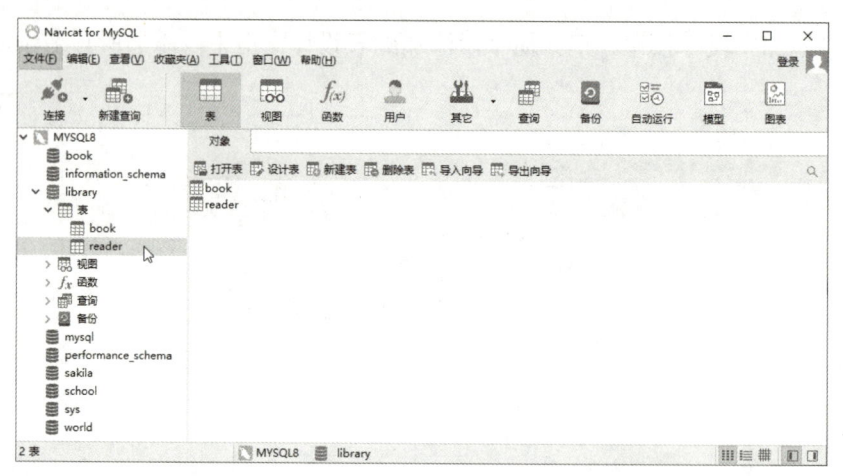

图 3-7 创建的 reader 表

3.3.2 查看表

在使用 SQL 语句创建表后，可以查看表的名称和表的结构定义。

1. 查看表的名称

查看指定数据库中的所有表的名称使用 SHOW TABLES 语句，其语法格式为：

```
SHOW TABLES [{ FROM | IN } db_name ];
```

语法说明如下：

（1）使用可选项{ FROM | IN } db_name 可以查看非当前数据库中的表的名称。db_name 是数据库的名称。

（2）"|"用于分隔花括号中的选择项，表示可任选其中一项与花括号外的语句成分共同组成 SQL 语句，即选项之间是"或"的关系。

【例 3-4】在 library 数据库中，查看所有表的名称。

查看当前数据库中所有表的名称的 SQL 语句如下：

```
USE library;
SHOW TABLES;
```

在 MySQL Command Line Client 中的 mysql>提示符后输入 SQL 语句，按 Enter 键后显示运行结果，如图 3-8 所示。

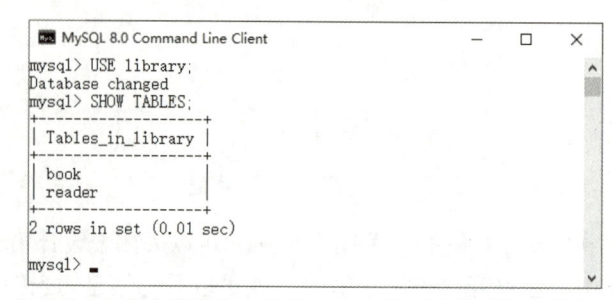

图 3-8 在客户端程序中显示 library 数据库中所有表的名称

在 Navicat for MySQL 的"查询"窗格中输入 SQL 语句，同样可以显示运行结果。

2. 查看表的基本结构

查看指定表的结构使用 DESCRIBE/DESC 语句或 SHOW COLUMNS 语句，查看的内容包括字段名、字段的数据类型、字段值是否允许为空、是否为主键、是否有默认值等。

DESCRIBE/DESC 语句的语法格式为：

`{ DESCRIBE | DESC } tb_name;`

SHOW COLUMNS 语句的语法格式为：

`SHOW COLUMNS FROM tb_name;`

说明：tb_name 是表的名称。MySQL 支持用 DESCRIBE 作为 SHOW COLUMNS FROM 的一种快捷方式。

【例 3-5】在 library 数据库中，查看 book 表的结构。

SQL 语句如下：

```
USE library;
SHOW COLUMNS FROM book;
```

或

```
DESC book;
```

在 Navicat for MySQL 窗口中，也可以像 MySQL Command Line Client 一样，在 mysql> 提示符后输入命令，按 Enter 键后显示运行结果。操作步骤如下：

（1）在 Navicat for MySQL 的导航窗格中，右击"library"数据库节点，在快捷菜单中选择"命令列界面"命令，如图 3-9 所示。

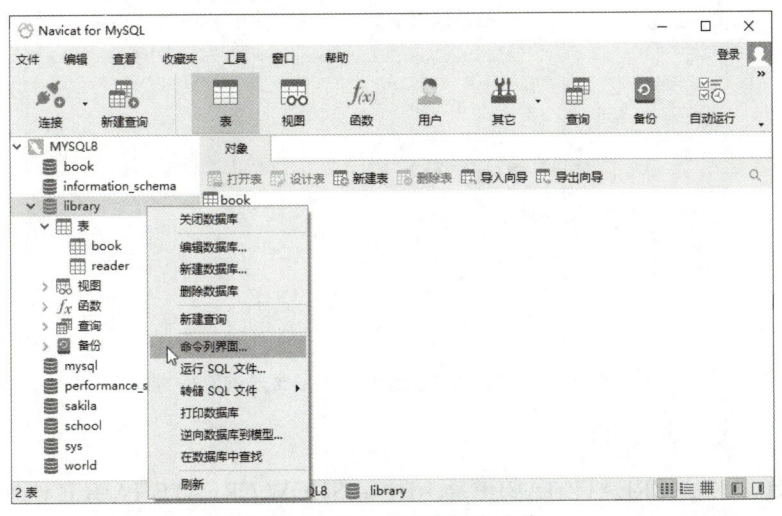

图 3-9 "命令列界面"命令

（2）此时，在 Navicat for MySQL 窗口中部会显示"命令列界面"窗格，在 mysql> 提示符后分别输入上面的 SQL 语句并按 Enter 键，运行结果如图 3-10 所示。

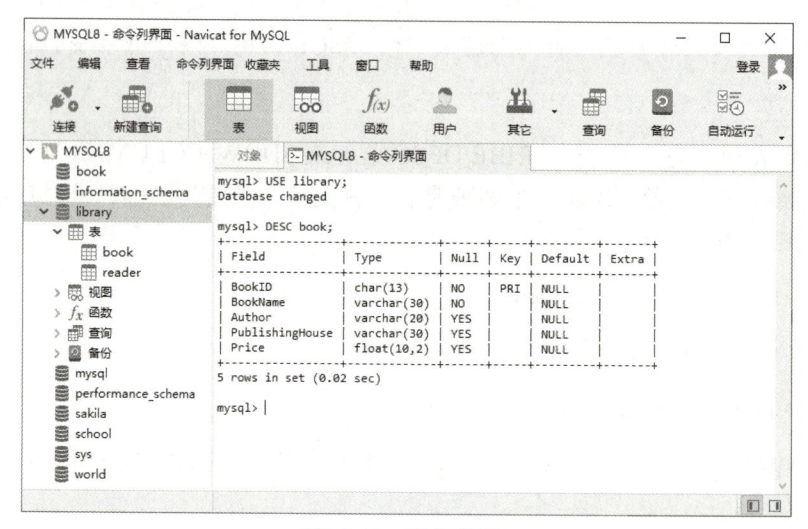

图 3-10 运行结果

也可以在"查询"窗格中输入上面 SQL 语句，运行结果显示在"结果"窗格中。

【例 3-6】查看 library 数据库中 reader 表的结构。

SQL 语句如下：

```
USE library;
SHOW COLUMNS FROM reader;
```

在"查询"窗格中输入上面 SQL 语句，运行结果显示在"结果"窗格中，如图 3-11 所示。

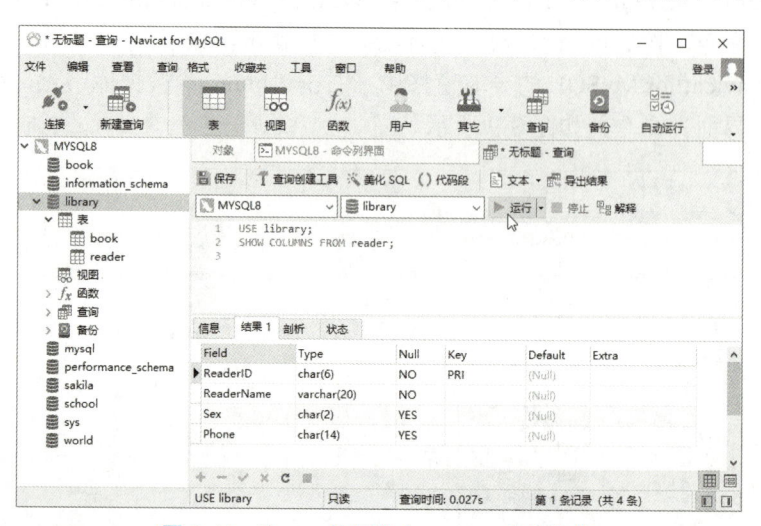

图 3-11 library 数据库中 reader 表的结构

3. 查看表的创建语句

查看创建表时的 CREATE TABLE 语句使用 SHOW CREATE TABLE 语句，其语法格式为：

SHOW CREATE TABLE tb_name;

使用 SHOW CREATE TABLE 语句不仅可以查看创建表时的创建语句，还可以查看表的存储引擎、字符编码和校对规则等。

【例 3-7】查看 library 数据库中 reader 表的创建语句。

SQL 语句如下：

```
USE library;
SHOW CREATE TABLE reader \G
```

\G 的作用是将查到的结果旋转 90 度变成纵向，\G 后面不能加分号，因为\G 在功能上等同于分号。在 MySQL Command Line Client 中输入上面语句，其运行结果如图 3-12 所示。

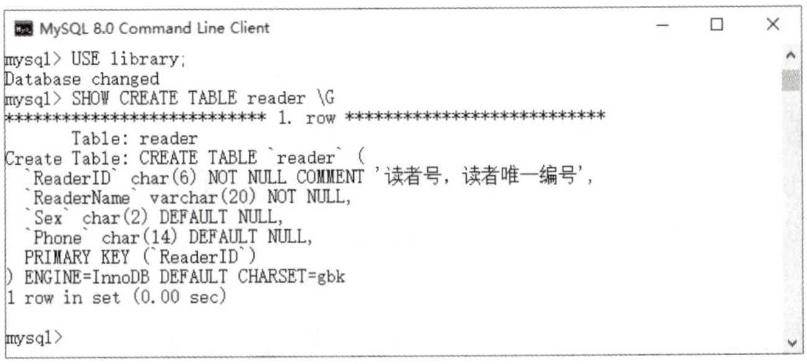

```
MySQL 8.0 Command Line Client
mysql> USE library;
Database changed
mysql> SHOW CREATE TABLE reader \G
*************************** 1. row ***************************
       Table: reader
Create Table: CREATE TABLE `reader` (
  `ReaderID` char(6) NOT NULL COMMENT '读者号，读者唯一编号',
  `ReaderName` varchar(20) NOT NULL,
  `Sex` char(2) DEFAULT NULL,
  `Phone` char(14) DEFAULT NULL,
  PRIMARY KEY (`ReaderID`)
) ENGINE=InnoDB DEFAULT CHARSET=gbk
1 row in set (0.00 sec)

mysql>
```

图 3-12　library 数据库中 reader 表的创建语句

Navicat for MySQL 不支持\G，如果要在 Navicat for MySQL 中运行上面的 SQL 语句，则需要删掉\G，语句结尾改用分号。

3.3.3　修改表

修改表的操作包括修改列的数据类型或列名、增加或删除列、修改列的排列位置、更改表的存储引擎、删除表的外键约束、修改表名等。

1. 使用 SQL 语句修改表的结构

修改表使用 ALTER TABLE 语句，包括修改表的结构、修改表名、添加列、修改列的类型、修改列名、删除列，其 SQL 语句的语法格式为：

```
ALTER TABLE tb_name
    ADD new_col_name data_type [列级完整性约束条件] [{ FIRST | AFTER } 已有列名] |
    MODIFY col_name data_type [列级完整性约束条件] [{ FIRST | AFTER } 已有列名] |
    CHANGE col_name new_col_name type [列级完整性约束条件] |
    ALTER col_name { SET | DROP } DEFAULT |
    DROP col_name |
    AUTO_INCREMENT [=n] |
    RENAME TO new_tb_name;
```

语法说明如下：

（1）db_name 是表的名称，必须先打开表所在的数据库。

（2）ADD 子句在表中添加一个新列。其中，约束条件与创建新表时的列定义相同，用于指定列取值不为空、列的默认值、主键以及唯一键约束等。可选项[{ FIRST | AFTER } 已有列名]指定新增列在表中的位置。FIRST 表示将新添加的列设置为表的第一个列，AFTER

表示将新添加的列添加到指定的列的后面，如果语句中没有这两个参数，则默认将新添加的列设置为表的最后一列。

（3）MODIFY 子句修改指定列的数据类型、约束条件，还可以通过 FIRST 或 AFTER 关键字修改指定列在表中的位置。

（4）CHANGE 子句修改指定列的列名、数据类型、约束条件。CHANGE 子句可以有多个，同时修改多个列属性，子句之间用逗号分隔。

（5）ALTER 子句修改或删除指定列的默认值。

（6）DROP 子句删除指定列。

（7）AUTO_INCREMENT[=n]子句设置自增列及初始值，省略 n 则默认初始值为 1，步长为 1。

（8）RENAME 重命名表，new_tb_name 是新的表名。

【例 3-8】在 library 数据库中，向 book 表中添加出版日期列 PublicationDate，数据类型为 DATE，并将该列添加到原表的 PublishingHouse 列之后。把 Author 列的数据类型和宽度改为 CHAR(10)。

由于使用 ALTER TABLE 语句一次只能添加、修改或删除一列，所以使用两个 SQL 语句实现题目要求，SQL 语句如下：

```
USE library;
ALTER TABLE book
    ADD PublicationDate DATE AFTER PublishingHouse;
ALTER TABLE book
    MODIFY Author CHAR(10);
DESC book;
```

在"查询"窗格中输入上面 SQL 语句并运行，运行结果如图 3-13 所示。

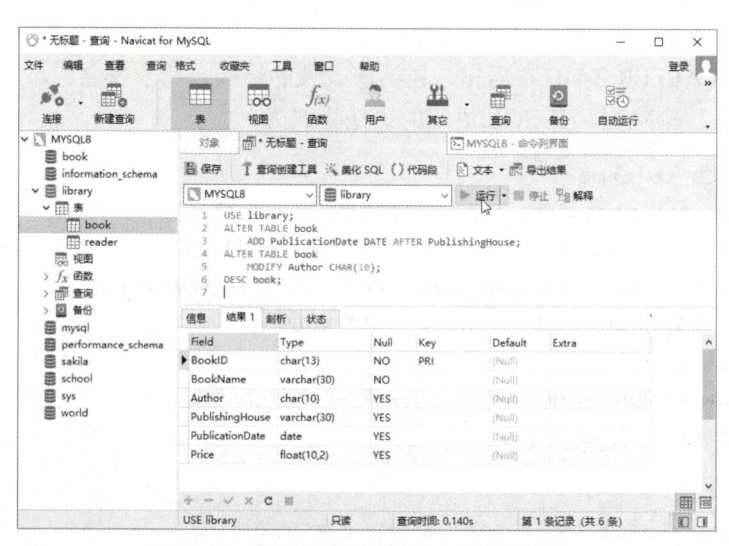

图 3-13　添加和修改列后 book 表的结构

也可以在 Navicat for MySQL 的"命令列界面"窗格或 MySQL Command Line Client 中输入上面语句。

2. 使用 Navicat for MySQL 菜单命令修改表的结构

在 Navicat for MySQL 中，在表设计窗格中可以修改表的结构。

【例 3-9】使用 Navicat for MySQL 菜单命令修改 library 数据库中 book 表的结构，操作步骤如下。

（1）在 Navicat for MySQL 的导航窗格中，展开 library 数据库中的表，右击"book"选项，在快捷菜单中选择"设计表"命令或单击工具栏上的"设计表"按钮。

（2）此时，在 Navicat for MySQL 窗口中部会显示表设计窗格的"字段"选项卡，如图 3-14 所示。

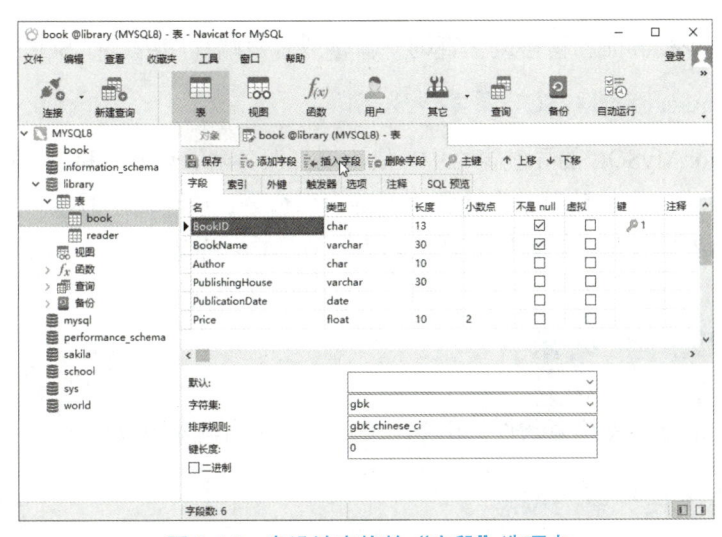

图 3-14　表设计窗格的"字段"选项卡

（3）在"字段"选项卡中，单击工具栏中"添加字段""删除字段"等按钮可以进行相应的操作。

（4）在"字段"选项卡中，可以修改某字段的名称、数据类型、数据长度、是否允许为空值、键、默认值等。

（5）在"选项"选项卡中，可以更改存储引擎等选项。

（6）分别在其他选项卡中完成相应的设置。

（7）修改完成后，单击工具栏中的"保存"按钮。

3.3.4　删除表

1. 使用 SQL 语句删除表

删除表使用 DROP TABLE 语句，其语法格式为：

```
DROP TABLE [ IF EXISTS ] tb_name1[, tb_name2] …;
```

语法说明如下：

（1）db_name 是表的名称，必须先打开数据库。

（2）DROP TABLE 语句可以同时删除多个表，表名之间用逗号分隔。

（3）IF EXISTS 用于在删除表之前判断要删除的表是否存在。如果要删除的表不存在，且删除表时不加 IF EXISTS，则会显示一条错误信息。加上 IF EXISTS 后，如果要删除的表不存在，SQL 语句可以顺利执行，不显示错误信息。

注意：在删除表的同时，表的定义和表中所有的数据都会被删除，所以使用该语句需要格外谨慎。但是，用户在被删除的表上的权限并不会自动被删除。

【例 3-10】在 library 数据库中，删除 book 表。

SQL 语句如下：

```
DROP TABLE IF EXISTS book;
```

可以在"命令列界面"窗格或"查询"窗格或客户端程序中运行 SQL 语句。

2. 使用 Navicat for MySQL 菜单命令删除表

在 Navicat for MySQL 的导航窗格中，依次展开服务器、数据库和表，右击要删除的表的名称（如 reader），在快捷菜单中选择"删除表"命令，或者在"对象"选项卡的工具栏中，单击"删除表"按钮，会弹出"确认删除"对话框，单击"删除"按钮。

3.4 数据的完整性约束

可以对表中的列设置约束条件，由 MySQL 自动检测输入的数据是否满足约束条件。

3.4.1 数据完整性约束的概念

在 MySQL 中，数据的完整性约束条件分为以下 3 类。

（1）实体完整性约束：实体的完整性强制表的列或主键的完整性。通过主键（PRIMARY KEY）约束、唯一键（UNIQUE KEY）约束实现。

（2）参照完整性约束：在删除和输入记录时，引用完整性保持表之间已定义的关系，引用完整性确保键值在所有表中一致。这样的一致性要求不能引用不存在的值。如果一个键值更改了，那么在整个数据库中，对该键值的引用要进行一致的更改。通过外键（FOREIGN KEY）约束实现。

（3）用户自定义完整性约束：用户自己定义的约束规则。通过非空（NOT NULL）约束、默认值（DEFAULT）约束、检查（CHECK）约束、自增（AUTO_INCREMENT）约束实现。

在 MySQL 中，各种完整性约束作为定义表的一部分，可以使用 CREATE TABLE 或 ALTER TABLE 语句定义。如果完整性约束条件涉及该表的多列，则必须定义在表级上。如果完整性约束条件仅涉及该表的某一列，则既可以定义在表级上，也可以定义在列级上。

3.4.2 定义实体完整性

在 MySQL 中，实体完整性是通过主键约束和唯一键约束实现的。

1. 主键约束

主键（PRIMARY KEY）是表中某一列或某些列的组合。其中，由多个列组合而成的主键也被称为复合主键。可以在创建表的时候创建主键，也可以对表已有的主键进行修改或者增加新的主键。设置主键有两种方式：列级完整性约束和表级完整性约束。

1）列级完整性约束

如果使用列级完整性约束，则在表中该列的定义后加上 PRIMARY KEY 关键字，将该列设置为主键约束。其语法格式为：

列名 数据类型 [其他约束] PRIMARY KEY

【例 3-11】在 library 数据库中，重新创建 reader 表，要求以列级完整性约束的方式将 ReaderID 列定义为主键。

SQL 语句如下：

```
USE library;
DROP TABLE IF EXISTS reader;
CREATE TABLE reader (
    ReaderID CHAR(6) PRIMARY KEY,
    ReaderName VARCHAR(20) NOT NULL,
    Sex CHAR(2),
    Phone CHAR(14)
);
```

在重新创建 reader 表之前，必须删除原来的 reader 表。SQL 语句在 Navicat for MySQL 中的运行结果如图 3-15 所示。

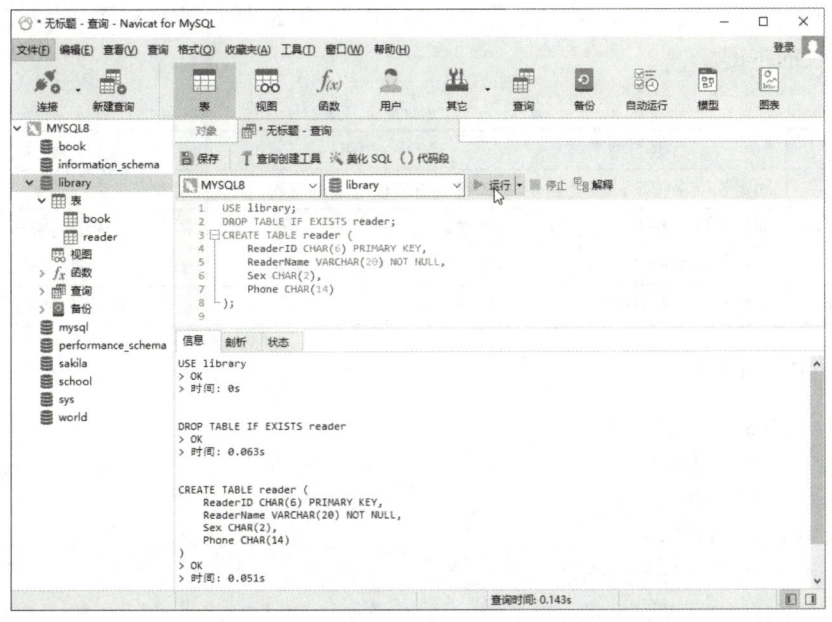

图 3-15 使用列级完整性约束创建表

在导航窗格中，右击"表"子节点，选择"刷新"命令，右击"reader"选项，在快捷菜单中选择"设计表"命令，在"键"列下看到 ReaderID 上出现一个钥匙图标，表示该列是主键，如图 3-16 所示。

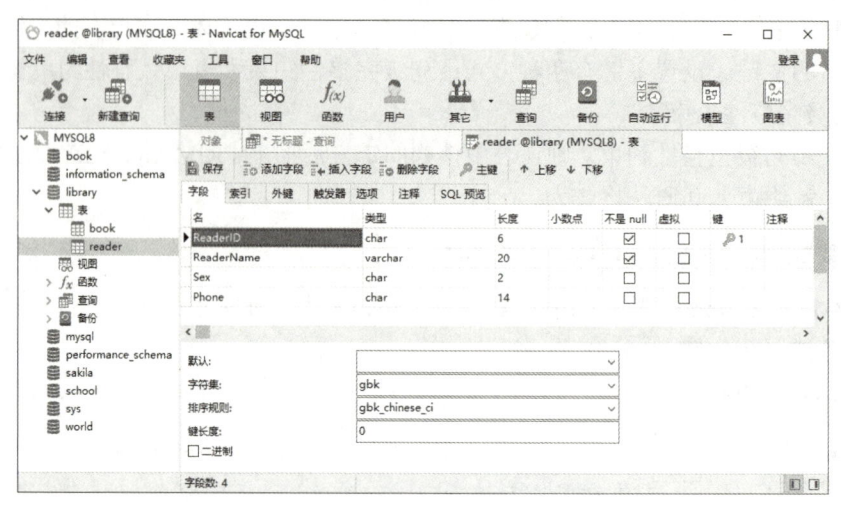

图 3-16　在表设计窗格中查看主键

2）表级完整性约束

如果表的主键是多个列的组合，则使用表级完整性约束。在定义表中所有列后，添加 PRIMARY KEY 子句，设置复合主键的语法格式为：

PRIMARY KEY(列名，…)

"列名"是作为主键的列的名称。表级完整性约束也适合单个列定义主键的完整性约束。

【例 3-12】在 library 数据库中，创建 borrow 表，表的结构如表 3-7 所示，要求以表级完整性约束的方式定义主键，将读者号（ReaderID）和图书号（BookID）两列的组合设置为 borrow 表的主键。

表 3-7　borrow 表的结构

列名	数据类型	约束	说明
ReaderID	固定长度字符串，长度为 6	外键，引用读者表的主键	读者号，读者的唯一编号
BookID	固定长度字符串，长度为 13	外键，引用图书表的主键	图书号，图书的唯一编号
BorrowDate	日期时间 DATETIME	非空值	借出日期，图书借出的日期
RefundDate	日期时间 DATETIME	空值	归还日期，图书归还的日期

SQL 语句如下：

```
USE library;
CREATE TABLE borrow (
    ReaderID CHAR(6),
    BookID CHAR(13),
    BorrowDate DATETIME,
    RefundDate DATETIME,
    PRIMARY KEY(ReaderID, BookID)
);
```

在 Navicat for MySQL 的表设计窗格中查看设置的主键,可以看到 ReaderID 和 BookID 都有钥匙图标,如图 3-17 所示,表示这两列被设置为复合主键。

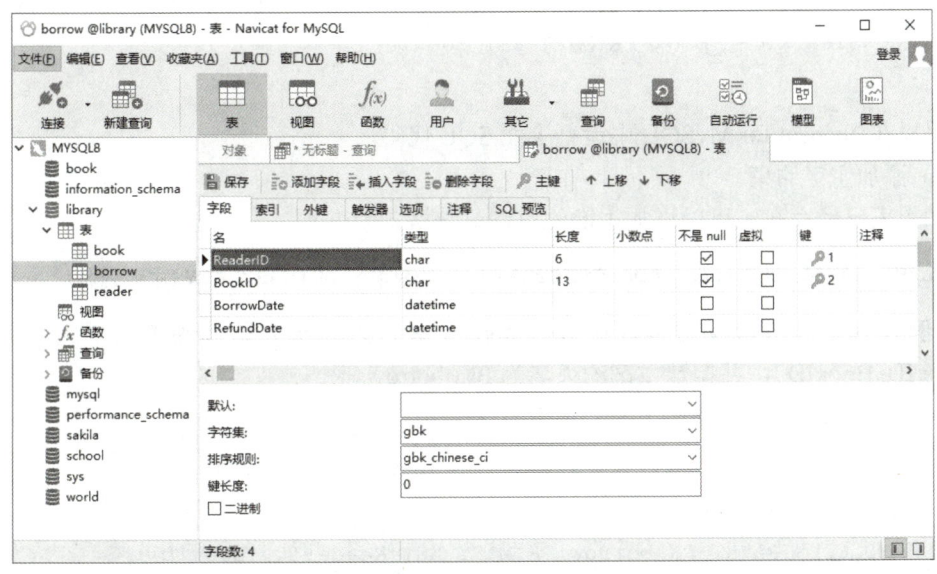

图 3-17　复合主键

3)完整性约束的命名

删除和修改完整性约束需要在定义约束的同时对其命名。在使用 CREATE TABLE 语句定义完整性约束时,使用 CONSTRAINT 约束命名子句对完整性约束命名。命名完整性约束的方法是,在完整性约束的定义说明之前加上关键字 CONSTRAINT 和该约束的名字,其语法格式为:

```
CONSTRAINT <约束名>
    { PRIMARY KEY(主键列的列表) | UNIQUE KEY(唯一键列的列表)
    | FOREIGN KEY(外键列的列表) REFERENCES 被参照关系的表(主键列的列表)
    | CHECK(约束条件表达式) };
```

语法说明如下:

(1)约束名在数据库中必须是唯一的。如果没有明确给出约束的名称,则 MySQL 会自动为其创建一个名称。

(2)CONSTRAINT 约束命名子句适合主键约束、唯一键约束、外键约束和检查约束。

【例 3-13】在 library 数据库中,重新创建 book 表,要求以表级完整性约束的方式定义主键 BookID 列,并创建名为 PK_book 的约束。

SQL 语句如下:

```
USE library;
DROP TABLE IF EXISTS book;
CREATE TABLE book (
    BookID CHAR(13),
    BookName VARCHAR(30) NOT NULL,
```

```
    Author VARCHAR(20),
    PublishingHouse VARCHAR(30),
    Price FLOAT(10,2),
    CONSTRAINT PK_book PRIMARY KEY(BookID)
);
```

可以在 Navicat for MySQL 中运行上面 SQL 代码。

4）添加主键约束

如果表已经存在，可以添加主键约束，语法格式为：

ALTER TABLE tb_name ADD CONSTRAINT <约束名> PRIMARY KEY(主键列名);

【例 3-14】在 library 数据库中修改 borrow 表，以表级完整性约束的方式定义主键（ReaderID, BookID），并指定主键约束名为 PK_borrow。

SQL 语句如下：

```
ALTER TABLE borrow
    DROP PRIMARY KEY,
    ADD CONSTRAINT PK_borrow PRIMARY KEY(ReaderID, BookID);
```

因为 borrow 表的主键已经定义，所以在添加新的主键前，要删除该主键。

2．唯一键约束

唯一键（UNIQUE KEY）约束也称候选约束。与主键约束不同，一张表中可以有多个唯一键约束，并且满足唯一键约束的列可以取 NULL。唯一键约束有列级完整性约束和表级完整性约束两种方式。

1）列级唯一键约束

若将某列设置为唯一键约束，则直接在该列数据类型后加上 UNIQUE KEY 关键字。语法格式为：

列名 数据类型 [其他约束] UNIQUE KEY

【例 3-15】在 library 数据库中，重新创建 reader 表。reader 表中 ReaderID、ReaderName、Phone 三列的值都是唯一的，在 ReaderID 列上定义主键约束，在 ReaderName 和 Phone 列上定义唯一键约束，将主键约束和唯一键约束都定义为列级的完整性约束。

SQL 语句如下：

```
USE library;
DROP TABLE IF EXISTS reader;
CREATE TABLE reader (
    ReaderID CHAR(6) PRIMARY KEY,
    ReaderName VARCHAR(20) NOT NULL UNIQUE KEY,
    Sex CHAR(2),
    Phone CHAR(14) NOT NULL UNIQUE KEY
);
```

2）表级唯一键约束

若设置表级唯一键约束，需要在表中所有列定义完后，添加一条 UNIQUE KEY 子句，语法格式为：

CONSTRAINT <约束名> UNIQUE KEY(列名，…)

"列名"是作为唯一键的列的名称。表级唯一键约束也适合单个列定义唯一键的完整性约束。

【例 3-16】把 reader 表的主键、唯一键约束定义为表级完整性约束。

SQL 语句如下：

```
DROP TABLE IF EXISTS reader;
CREATE TABLE reader (
    ReaderID CHAR(6) NOT NULL,
    ReaderName VARCHAR(20) NOT NULL,
    Sex CHAR(2),
    Phone CHAR(14) NOT NULL,
    CONSTRAINT PK_reader PRIMARY KEY(ReaderID),
    CONSTRAINT UQ_reader_Phone UNIQUE KEY(Phone)
);
```

唯一键约束实质上是通过唯一索引实现的，因此一旦在某列创建唯一键约束，该列将自动创建唯一索引。在 Navicat for MySQL 表设计窗格的"索引"选项卡中可以看到唯一索引，如图 3-18 所示。

使用显示索引语句可以显示创建的唯一键约束的名称，语句为：

`SHOW INDEX FROM tb_name;`

例如，显示 reader 表上定义的唯一键约束，SQL 语句如下：

`SHOW INDEX FROM reader;`

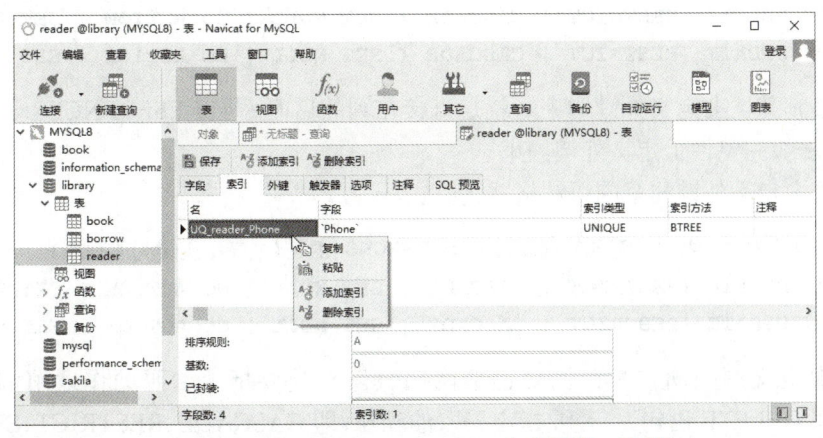

图 3-18　在 Navicat for MySQL 中查看唯一索引

3）添加唯一键约束

如果表已经存在，也可以添加列的属性。添加唯一键约束的语法格式为：

ALTER TABLE tb_name ADD CONSTRAINT <约束名> UNIQUE KEY(列名,…);

如果使用 CONSTRAINT 子句给唯一键约束命名，使用 ADD 子句添加的是约束名。

【例 3-17】在 reader 表中，为 ReaderName 列添加唯一键约束。

SQL 语句如下：

ALTER TABLE reader ADD CONSTRAINT UQ_reader_ReaderName UNIQUE KEY(ReaderName);

3.4.3 定义参照完整性

1. 外键的概念

外键（FOREIGN KEY）不是本表的主键，却是另外一个表的主键。外键用来在两个表的数据之间建立连接，外键可以是一列或多列。一个表可以有一个或多个外键。

例如，借阅表与图书表这两个表之间存在着属性的引用，即借阅表引用了图书表的主键"图书号"。也就是说，在图书表中必须有借阅表中"图书号"的记录。

外键的主要作用是保证数据引用的完整性，定义外键（借阅表）后，不允许删除外键引用的另一个表（图书表）中具有关联关系的行。其中，外键（图书号）所属的表（借阅表）称为从表（参照关系）。相关联列中主键（图书号）所在的表（图书表）称为主表（被参照关系）。参照完整性规则定义的是外键与主键之间的引用规则，即外键的取值或者为空，或者等于被参照关系中某个主键的值。

2. 定义外键约束

在从表中设置外键有两种方式：一种是在列级完整性上定义外键约束；另一种是在表级完整性上定义外键约束。

1）在列级完整性上定义外键约束

在从表中的列上定义外键约束的语法格式为：

列名 数据类型 [其他约束] REFERENCES 主表(主表中主键列的列表)
    [ON DELETE {RESTRICT | CASCADE | SET NULL | NO ACTION | SET DEFAULT}]
    [ON UPDATE {RESTRICT | CASCADE | SET NULL | NO ACTION | SET DEFAULT}]

在列级完整性上定义外键约束，就是直接在列的后面添加 REFERENCES 子句。

2）在表级完整性上定义外键约束

在从表中定义外键约束的语法格式为：

FOREIGN KEY(从表中外键列的列表) REFERENCES 主表(主表中主键列的列表)
    [ON DELETE {RESTRICT | CASCADE | SET NULL | NO ACTION | SET DEFAULT}]
    [ON UPDATE {RESTRICT | CASCADE | SET NULL | NO ACTION | SET DEFAULT}]

给外键定义参照动作时，需要包括两部分。一是要指定参照动作适用的语句，即 UPDATE 和 DELETE 语句。二是要指定采取的动作，即 CASCADE、RESTRICT、SET NULL、NO ACTION 和 SET DEFAULT，其中 RESTRICT 为默认值。具体参照动作如下。

（1）RESTRICT：限制策略，即在删除（DELETE）或修改（UPDATE）主表中被参照列上且在外键中出现的值时，系统拒绝对主表的删除或修改操作。

（2）CASCADE：级联策略，即在删除或修改主表中的记录时，自动删除或修改从表中与之匹配的记录。

（3）SET NULL：置空策略，即在删除或修改主表中的记录时，将从表中与之对应的外键列的值设置为 NULL。这个策略需要主表中的外键列没有声明限定词 NOT NULL。

（4）NO ACTION：不采取实施策略，即在删除或修改主表中的记录时，如果从表存在与之对应的记录，那么删除或修改不被允许(操作将失败)。该策略的动作语义与 RESTRICT 相同。

（5）SET DEFAULT：默认值策略，即在删除或修改主表中的记录行，将从表中与之对应的外键列的值设置为默认值。这个策略要求已经为该列定义了默认值。

【例 3-18】在 library 数据库中，重新创建 borrow 表，要求以列级完整性约束的方式定义两个外键 ReaderID、BookID 列，参照动作采用默认的 RESTRICT。

在前面例子中已经定义了 reader 表（主键 ReaderID）和 book 表（主键 BookID）。在 borrow 表中，分别在 ReaderID 列和 BookID 列上定义外键约束，其值分别参照 reader 表、book 表的主键 ReaderID 列、BookID 列的值。SQL 语句如下：

```
USE library;
DROP TABLE IF EXISTS borrow;
CREATE TABLE borrow (
    ReaderID CHAR(6) REFERENCES reader(ReaderID) ON UPDATE RESTRICT ON DELETE RESTRICT,
    BookID CHAR(13) REFERENCES book(BookID) ON UPDATE RESTRICT ON DELETE RESTRICT,
    BorrowDate DATETIME,
    RefundDate DATETIME,
    PRIMARY KEY(ReaderID, BookID)
);
```

如果要查看 borrow 表的结构，可以在表设计窗格中查看，或在"命令列界面"窗格中输入下面的 SQL 语句：

```
SHOW CREATE TABLE borrow;
```

【例 3-19】在 library 数据库中，重新创建 borrow 表，要求以表级完整性约束的方式定义外键。

SQL 语句如下：

```
DROP TABLE IF EXISTS borrow;
CREATE TABLE borrow (
    ReaderID CHAR(6) REFERENCES reader(ReaderID) ON UPDATE RESTRICT ON DELETE RESTRICT,
    BookID CHAR(13) REFERENCES book(BookID) ON UPDATE RESTRICT ON DELETE RESTRICT,
    BorrowDate DATETIME,
    RefundDate DATETIME,
```

```
    CONSTRAINT PK_borrow PRIMARY KEY(ReaderID, BookID),
    CONSTRAINT FK_reader FOREIGN KEY(ReaderID) REFERENCES reader(ReaderID),
    CONSTRAINT FK_book FOREIGN KEY(BookID) REFERENCES book(BookID)
);
```

以表级完整性约束的方式定义外键，可以在 Navicat for MySQL 中查看、添加和删除外键。在导航窗格中右击"borrow"选项，在快捷菜单中选择"设计表"命令。打开表设计窗格，单击"外键"选项卡，会显示定义的外键，如图 3-19 所示。可以单击工具栏中的"添加外键"按钮或"删除外键"按钮添加或删除外键，然后单击"保存"按钮。

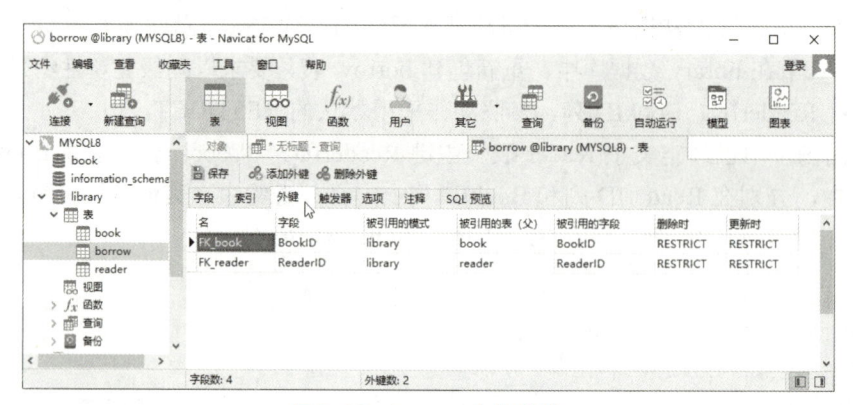

图 3-19　borrow 表的外键

3. 添加外键约束

在从表中添加外键约束的语法格式为：

**ALTER TABLE tb_name
    ADD CONSTRAINT <约束名> FOREIGN KEY(外键列名) REFERENCES 主表(主键列名);**

【例 3-20】在 borrow 表中，先删除原来定义的外键约束，再添加新的外键约束。
SQL 语句如下：

```
ALTER TABLE borrow
    DROP FOREIGN KEY  FK_book;
ALTER TABLE borrow
    ADD CONSTRAINT FK_book FOREIGN KEY(BookID) REFERENCES book(BookID);
```

3.4.4　用户定义的完整性

MySQL 支持的用户定义的完整性约束分别是非空约束、默认约束、检查约束、自增约束和触发器。其中，触发器将在后面章节介绍。

1. 非空约束

非空（NOT NULL）约束限制列的值不能为空，但列的值可以是空白。定义非空约束可以使用 CRETE TABLE 或 ALTER TABLE 语句，在某个列数据类型的定义后面加上关键字 NOT NULL 作为限定词，语法格式为：

列名 数据类型 NOT NULL [其他约束]

NULL 为默认设置，如果不指定 NOT NULL，则认为指定的是 NULL。

如果表已经存在，把列修改为非空约束的语法格式为：

ALTER TABLE tb_name MODIFY 列名 数据类型 NOT NULL;

【例 3-21】在 library 数据库中，将 reader 表的 ReaderName 列和 Sex 列修改为非空约束。SQL 代码如下：

```
USE library;
ALTER TABLE reader
    MODIFY ReaderName CHAR(20) NOT NULL,
    MODIFY Sex CHAR(2) NOT NULL;
```

2. 默认值约束

如果某列满足默认值（DEFAULT）约束要求，就可以向该列添加默认值约束，语法格式为：

列名 数据类型 [其他约束] DEFAULT 默认值

即若将某列设置为默认值约束，需要在该列数据类型及约束条件后加上"DEFAULT 默认值"。

如果表已经存在，添加默认值约束的语法格式为：

ALTER TABLE tb_name ALTER 列名 SET DEFAULT 值;

【例 3-22】将 reader 表的 Sex 列的默认值修改为"女"。

SQL 语句如下：

```
ALTER TABLE reader ALTER Sex SET DEFAULT '女';
```

3. 检查约束

检查（CHECK）约束是检查表中列值有效性的一个手段。前面讲述的非空约束和默认值约束可以看作特殊的检查约束。检查约束也是在创建表（CREATE TABLE）或修改表（ALTER TABLE）的同时，根据完整性要求来定义的。检查约束需要指定限定条件，在创建表时设置列的检查约束有列级和表级两种。列级检查约束定义的是单个字段需要满足的要求，表级检查约束定义的是表中多个字段之间应满足的条件。检查约束子句的语法格式为：

CONSTRAINT <检查约束名> CHECK(expr)

语法说明：expr 是一个表达式，指定需要检查的限定条件。

【例 3-23】创建 reader1 表，将 Sex 列定义为非空，只能取值"男"或"女"，默认值为"男"。

SQL 语句如下：

```
DROP TABLE IF EXISTS reader1;
```

```
CREATE TABLE reader1 (
    ReaderID CHAR(6) NOT NULL,
    ReaderName VARCHAR(20) NOT NULL,
    Sex CHAR(2) DEFAULT '男' NOT NULL,
    Phone CHAR(14) NOT NULL,
    CONSTRAINT CK_reader CHECK(Sex='男' OR Sex='女'),
    CONSTRAINT PK_reader PRIMARY KEY(ReaderID),
    CONSTRAINT UQ_reader_Phone UNIQUE KEY(Phone)
);
```

如果要查看定义 reader1 表的语句，可以在"命令列界面"窗格中输入以下 SQL 语句：

```
SHOW CREATE TABLE reader1;
```

在修改表时添加检查约束的语法格式如下：

ALTER TABLE tb_name ADD CONSTRAINT <检查约束名> CHECK(expr)

【例 3-24】为 reader1 表的 Sex 列添加检查约束。先创建一个 Sex 列没有检查约束的 reader1 表，再添加 Sex 列的检查约束。

SQL 语句如下：

```
DROP TABLE IF EXISTS reader1;
CREATE TABLE reader1 (
    ReaderID CHAR(6) NOT NULL,
    ReaderName VARCHAR(20) NOT NULL,
    Sex CHAR(2) DEFAULT '男' NOT NULL,
    Phone CHAR(14) NOT NULL,
    CONSTRAINT PK_reader PRIMARY KEY(ReaderID),
    CONSTRAINT UQ_reader_Phone UNIQUE KEY(Phone)
);
ALTER TABLE reader1 ADD CONSTRAINT CK_reader1 CHECK(Sex='男' OR Sex='女');
```

4. 自增约束

自增（AUTO_INCREMENT）约束就是被定义的列在默认情况下，值从 1 开始，每增加一条记录，记录中该列的值就会在前一条记录的基础上加 1。一个表只能有一个列使用自增约束，且该列必须为主键的一部分。使用自增约束的列可以是任何整数类型（TINYINT、SMALLINT、INT、BIGINT 等）。由于设置自增约束的列会生成唯一的 ID，所以经常会将该列设置为主键。设置自增约束通过 AUTO_INCREMENT 语句实现，其语法格式为：

列名 数据类型 [其他约束] AUTO_INCREMENT

语法说明：列名表示要设置自增约束的列的名称。

【例 3-25】在 library 数据库中，创建临时表 temp1，将 ID 列设置为 INT 类型，并将其设置为主键，自动增加。Name 列为 CHAR(10)。

SQL 语句如下：

```
CREATE TABLE temp1
(
    ID INT PRIMARY KEY AUTO_INCREMENT,
    Name CHAR(10) NOT NULL
);
```

在 Navicat for MySQL 中运行 SQL 语句，在导航窗格中刷新"表"子节点后，双击"temp1"选项，打开表记录窗格，在 ID 列下可以输入一个初始值，在 Name 列下随意输入，单击窗格下方的✓按钮确认，单击+按钮添加一行新的空记录，可以看到，ID 值是自增的，如图 3-20 所示。

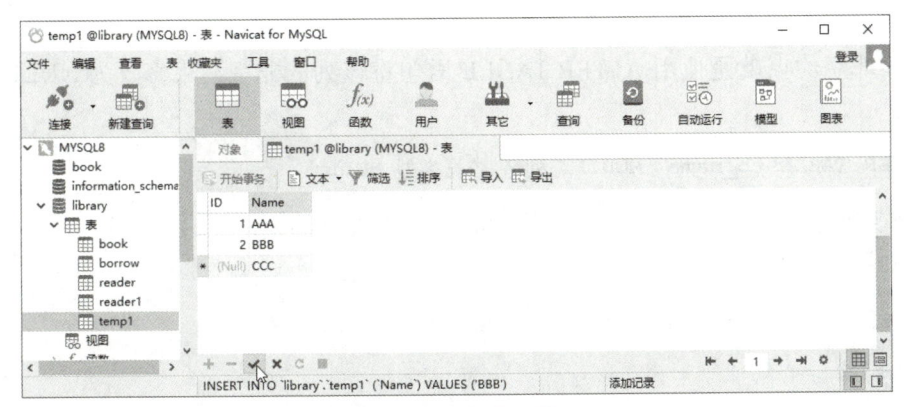

图 3-20 自增记录

把现有列修改为自增约束的语法格式为：

ALTER TABLE tb_name MODIFY 列名 INT AUTO_INCREMENT；

【例 3-26】在 temp1 表中，重新将 ID 列定义为自增约束。

SQL 语句如下：

```
ALTER TABLE temp1 MODIFY ID INT AUTO_INCREMENT;
```

3.4.5 删除完整性约束

如果使用 DROP TABLE 语句删除表，则该表上定义的完整性约束都将被自动删除。使用 ALTER TABLE 语句可以独立地删除完整性约束，而不会删除表本身。

1. 删除主键约束

因为一个表只能定义一个主键，所以在删除主键约束时，无论有没有给主键约束命名，都使用 DROP PRIMARY KEY 删除主键约束，其语法格式为：

ALTER TABLE tb_name DROP PRIMARY KEY；

【例 3-27】删除 reader1 表上定义的主键约束。

SQL 语句如下：

```
ALTER TABLE reader1 DROP PRIMARY KEY;
```

2. 删除唯一键约束

删除唯一键约束实际删除的是唯一索引，应使用 DROP INDEX 子句删除。其语法格式为：

`ALTER TABLE tb_name DROP INDEX {约束名 | 唯一键约束列名};`

【例 3-28】在 reader1 表中，删除 Phone 列上定义的唯一键约束 UQ_reader_Phone。
SQL 语句如下：

`ALTER TABLE reader1 DROP INDEX UQ_reader_Phone;`

3. 删除非空约束

删除非空约束就是使用 ALTER TABLE 语句将该列的非空约束修改为 NULL，语法格式为：

`ALTER TABLE tb_name MODIFY 列名 数据类型 NULL;`

【例 3-29】在临时表 temp1 中，删除 Name 列的非空约束。
SQL 语句如下：

`ALTER TABLE temp1 MODIFY Name CHAR(10) NULL;`

4. 删除检查约束

删除检查约束就是使用 ALTER TABLE 语句修改约束，语法格式为：

`ALTER TABLE tb_name DROP CHECK <约束名>;`
`ALTER TABLE tb_name DROP CONSTRAINT <检查约束名>;`

【例 3-30】删除 reader1 表中定义的检查约束。
SQL 语句如下：

`ALTER TABLE reader1 DROP CHECK CK_reader1;`

或者，用以下 SQL 语句：

`ALTER TABLE reader1 DROP CONSTRAINT CK_reader1;`

5. 删除自增约束

删除自增约束就是将该列修改为没有自增约束，删除自增约束的语法格式为：

`ALTER TABLE tb_name MODIFY 列名 INT;`

【例 3-31】在临时表 temp1 中，删除 ID 列上定义的自增约束。
SQL 语句如下：

`ALTER TABLE temp1 MODIFY ID INT;`

6. 删除默认值约束

删除默认值约束的语法格式为：

```
ALTER TABLE tb_name  ALTER 列名  DROP DEFAULT;
```

【例 3-32】在 reader1 表中，删除 Sex 列的默认值。
SQL 语句如下：

```
ALTER TABLE reader1 ALTER Sex DROP DEFAULT;
```

7. 删除外键约束

一旦删除外键，就会解除从表和主表之间的关联关系。在删除外键约束时，如果外键约束是使用 CONSTRAINT 子句命名的表级完整性约束，则删除外键约束的语法格式为：

```
ALTER TABLE tb_name  DROP FOREIGN KEY foreign_key_name;
```

语法说明：foreign_key_name 是外键约束的名称，是在定义表时 CONSTRAINT <foreign_key _name>关键字后面的参数。

【例 3-33】在 borrow 表中，删除定义的外键约束。
SQL 语句如下：

```
ALTER TABLE borrow
    DROP FOREIGN KEY FK_book;
ALTER TABLE borrow
    DROP FOREIGN KEY FK_reader;
```

3.5 习题 3

一、在线测试（单项选择题）

1. 数据库管理系统中负责数据模式定义的语言是（   ）。
   A．数据定义语言   B．数据管理语言
   C．数据操纵语言   D．数据控制语言
2. 下列适用于描述商品详情的数据类型是（   ）。
   A．SET   B．VARCHAR(20)   C．TEXT   D．CHAR
3. SQL 语句中修改表结构的关键字是（   ）。
   A．MODIFY TABLE   B．MODIFY STRUCTURE
   C．ALTER TABLE   D．ALTER STRUCTURE
4. 下列关于主键的说法中，正确的是（   ）。
   A．主键允许为 NULL   B．主键允许有重复值
   C．主键必须来自另一个表中的值 D．主键具有非空性、唯一性
5. 若规定工资表中的基本工资不得超过 5000 元，则这个规定属于（   ）。
   A．关系完整性约束   B．实体完整性约束
   C．参照完整性约束   D．用户定义完整性
6. 根据关系模式的完整性规则，一个关系中的主键（   ）。
   A．不能有两个   B．不能成为另一个关系的外键
   C．不允许空值   D．可以取空值

7. 在关系型数据库中，外码（Foreign Key）是（ ）。
   A．在一个关系中定义了约束的一个或一组属性
   B．在一个关系中定义了默认值的一个或一组属性
   C．在一个关系中的一个或一组属性是另一个关系的主码
   D．在一个关系中用于唯一标识元组的一个或一组属性

二、技能训练

在学生信息数据库 studentinfo 中有 4 个表，分别是 student、class、course 和 selectcourse。

学生表 student 的定义如表 3-8 所示。要求使用 InnoDB 存储引擎，将该表的字符集设置为 utf8，其对应校对规则设置为 utf8_bin。

表 3-8　学生表 student 的定义

列名	数据类型	约束	说明
StudentID	CHAR(12)	主键	学号，12 位数字编号=4 位入学的年份+2 位系编号+2 位专业编号+2 位班级顺序号+2 位顺序号。例如，202211210103 表示 2022 年入学，11 系，21 专业，01 班，第 03 号
StudentName	VARCHAR(20)		姓名
Sex	CHAR(2)	默认"男"	性别
Birthday	DATE		出生日期
Address	VARCHAR(30)		家庭地址
ClassID	CHAR(10)		班级编号

班级表 class 的定义如表 3-9 所示。

表 3-9　班级表 class 的定义

列名	数据类型	约束	说明
ClassID	CHAR(10)	主键	班级编号，10 位数字编号=4 位该班入学的年份+2 位系编号+2 位专业编号+2 位班级顺序号。例如，2022112101 表示 2022 年入学，11 系，21 专业，01 班
ClassName	VARCHAR(20)	NOT NULL	班级名称
ClassNum	TINYINT		班级人数
Grade	SMALLINT		年级

课程表 course 的定义如表 3-10 所示。

表 3-10　课程表 course 的定义

列名	数据类型	约束	说明
CourseID	CHAR(6)	PRIMARY KEY	课程编号，6 位数字编号=2 位系编号+2 位专业编号+2 位顺序号。例如，512304 表示 51 系，23 专业，第 04 号
CourseName	VARCHAR(30)	NOT NULL	课程名称
Credit	SMALLINT	NOT NULL	学分
CourseHour	SMALLINT	NOT NULL	课时数
PreCourseID	CHAR(6)		先修课程编号，自参照
Term	TINYINT		开课学期，1 位数字

选课表 selectcourse 的定义如表 3-11 所示，将学号（StudentID）、课程编号（CourseID）两列的组合设置为 selectcourse 表的主键。

表 3-11 选课表 selectcourse 的定义

列名	数据类型	约束	说明
StudentID	CHAR(12)	主键	学号
CourseID	CHAR(6)	主键	课程编号
Score	DECIMAL(4,1)		成绩
SelectCourseDate	DATE		选课日期

1．使用 SQL 语句创建 studentinfo 数据库。

2．使用 SQL 语句创建 student、class、course 和 selectcourse 四个表。

3．对 studentinfo 数据库中的 4 个表，使用 SQL 语言完成以下操作：

（1）给 student 表增加一列手机号码 Phone，字符型，添加到 Address 列后。

（2）在 student 表中，把 Sex 列的默认值改为"默认"女""。

（3）在 selectcourse 表中定义外键约束。

单元 4　记录的操作

学习目标

通过本单元的学习，学生能够掌握表记录的操作，包括插入记录、修改记录和删除记录。

4.1　插入记录

使用 INSERT 语句向表中插入新的记录，可以插入完整的记录、插入记录的一部分、插入多条记录、插入另一个查询的结果等。

本单元将以 library 数据库中的 book 表、reader 表和 borrow 表为例，介绍插入记录的各种方式。book 表、reader 表和 borrow 表中的记录如图 4-1、图 4-2 和图 4-3 所示。

BookID	BookName	Author	PublishingHouse	Price
9787111636222	Java程序设计基础	王琳娜	机械工业出版社	73.80
9787115545444	JavaScript高级程序设计	李辉	人民邮电出版社	82.00
9787121198666	MySQL数据库应用	刘鑫	电子工业出版社	63.20
9787121412777	算法分析与设计	陈尚文	电子工业出版社	58.60
9787121419111	Python程序设计基础	张宏伟	电子工业出版社	68.50
9787302531555	数据库原理与应用	赵利辉	清华大学出版社	89.70
9787517071333	Web前端开发技术	胡方强	中国水利水电出版社	59.90

图 4-1　book 表中的记录

ReaderID	ReaderName	Sex	Phone
112208	李嘉欣	女	13033334444
112219	王宇航	男	13655556666
112235	刘雨轩	男	1351111222
225531	张雅丽	女	13377778888
225532	丁思婷	女	15899992222
337783	白浩杰	男	13844445555

图 4-2　reader 表中的记录

ReaderID	BookID	BorrowDate	RefundDate
112208	9787111636222	2021-09-25 00:00:00	2021-12-18 00:00:00
112219	9787121198666	2021-10-17 00:00:00	2022-01-20 00:00:00
112219	9787302531555	2021-10-17 00:00:00	(Null)
112235	9787121198666	2021-09-12 00:00:00	2021-12-10 00:00:00
112235	9787121419111	2021-09-12 00:00:00	2021-12-10 00:00:00
225531	9787121412777	2021-11-09 00:00:00	(Null)

图 4-3　borrow 表中的记录

4.1.1 插入完整记录

使用 INSERT 语句向表中插入记录，其基本的语法格式为：

`INSERT INTO tb_name[(column1, column2, …)] VALUES(value1, value2, …);`

语法说明如下：

（1）tb_name 指定要插入数据的表名。

（2）column 指定要插入数据的列。

（3）value 指定每个列对应插入的数据，即 column1=value1，column2=value2，…。

注意：使用该语句时，列名 column 和值 value 的数量必须相同，并且要保证每个插入的值的类型与对应列定义的数据类型匹配。

使用 INSERT 语句向表中所有列插入值的方法有两种，即指定列名和不指定列名。

1. 在 INSERT 语句中指定列名

在 INSERT 语句中指定表的列名，在这些列中插入数据，语法格式为：

`INSERT INTO tb_name(column1, column2, …) VALUES(value1, value2, …);`

语法说明如下：

（1）column 是表中已有列的名称，列的顺序可以不是定义表时的顺序。

（2）value 表示每个列的值，值的列表与列的列表对应，把值插入对应位置的列，即 column1=value1 等。

【例 4-1】在 library 数据库中，按图 4-1 中的数据，向 book 表中插入一条新记录，包括所有列。

SQL 语句如下：

```
USE library;
INSERT INTO book(BookID, BookName, Author, PublishingHouse, Price) VALUES
('9787121198666', 'MySQL 数据库应用', '刘鑫', '电子工业出版社', 63.20);
```

在 INSERT 语句中，列的顺序可以与表的定义中的顺序不同，但是列与值的顺序要对应。值的数据类型要与列的数据类型一致，其中字符串类型的值必须加上引号。

在 Navicat for MySQL 的"查询"窗格中输入上面 SQL 语句，运行结果如图 4-4 所示。

如果再次运行 SQL 语句，则显示"1062 - Duplicate entry '9787121198666' for key 'book.PRIMARY'"，说明 book 表定义了主键约束，不能插入重复的主键值"9787121198666"。

在 Navicat for MySQL 左侧的导航窗格中双击"book"选项，则窗口中部会显示 book 表中的记录，如图 4-5 所示。

2. INSERT 语句中不指定列名

在 INSERT 语句中不指定列名时，语法格式为：

`INSERT INTO tb_name VALUES(value1, value2, …);`

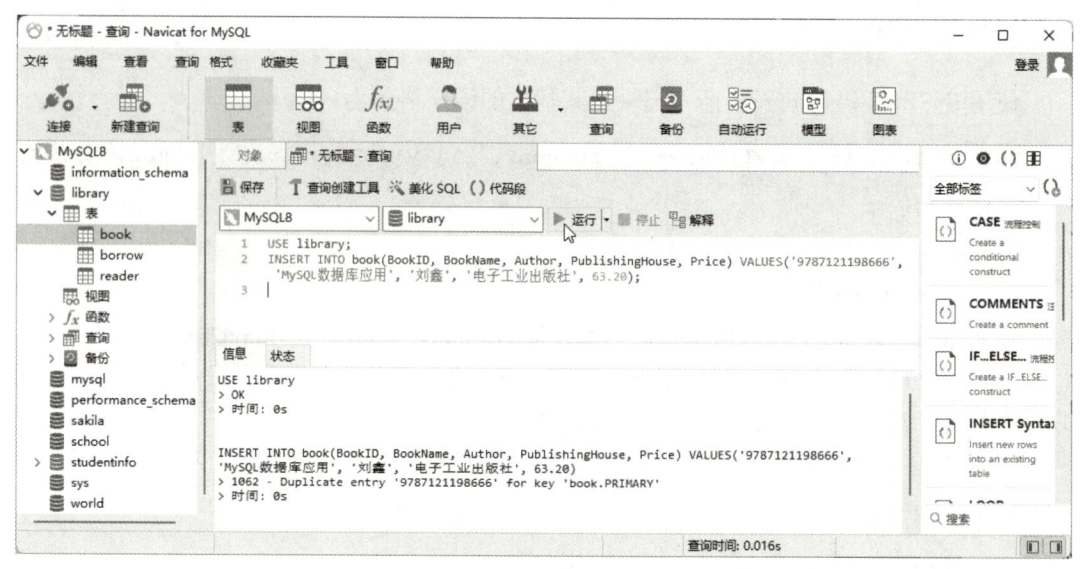

图 4-4 在 book 表中插入新记录

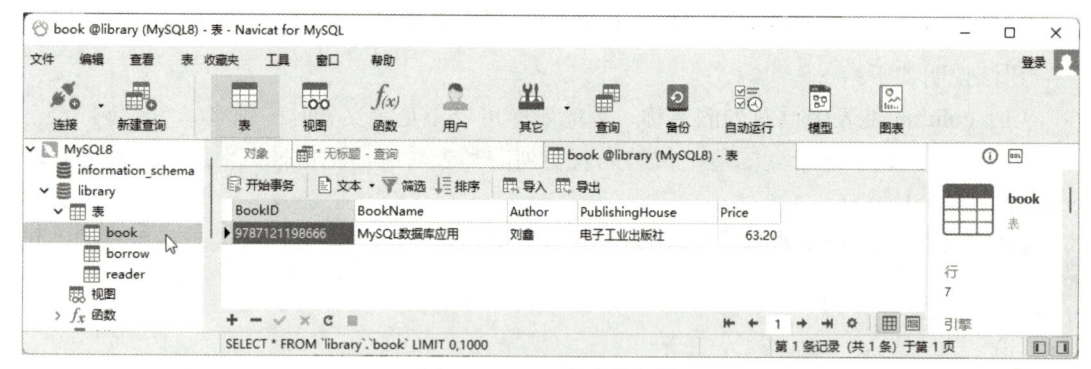

图 4-5 book 表中的记录

语法说明：value 列表需要为表的每一个列指定值，值的顺序必须与表中定义列时的顺序完全相同，并且值的数据类型要与表中对应列的数据类型一致。

【例 4-2】在 library 数据库中，按图 4-1 中的数据，向 book 表中插入一条新记录。

SQL 语句如下：

```
INSERT INTO book VALUES('97871214419111', 'Python 程序设计基础', '张宏伟', '电子工业出版社', 68.5);
```

可以新建查询或在原来的"查询"窗格中输入上面 SQL 语句，选中要运行的 SQL 语句，单击"运行已选择的"按钮，运行结果如图 4-6 所示。

如果想在 Navicat for MySQL 中查看新插入的记录，Navicat for MySQL 不会自动更新已打开的表的记录，需要先关闭这个表的记录。单击✖按钮，关闭表记录窗格，然后在导航窗格中双击"book"选项，就会显示新的记录。

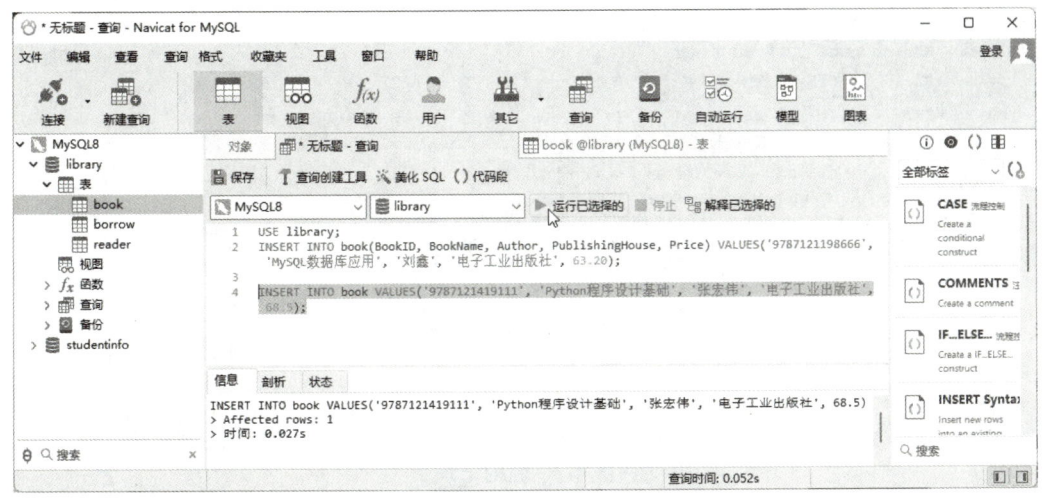

图 4-6 运行已选择的 SQL 语句的结果

4.1.2 插入多条记录

虽然可以使用多条 INSERT 语句插入多条记录，但是这种方法比较烦琐。插入多条记录是指使用一条 INSERT 语句同时插入多条记录，语法格式为：

```
INSERT INTO tb_name[(column1, column2, …, columnn)]
    VALUES (value11, value21, …, valuen1),
           (value12, value22, …, valuen2),
                    … ,
           (value1m, value2m, …, valuenm);
```

语法说明：tb_name 指定插入记录的表。column 为可选项，如果省略列名，则必须为所有列依次提供数据。如果指定列名，则只需为指定的列提供数据。"(value1m, value2m, …, valuenm)"是要插入的 1 条记录，每条记录之间用逗号隔开。n 表示 1 条记录有 n 列，m 表示 1 次插入 m 条记录。

【例 4-3】在 library 数据库中，向 book 表中插入 5 条新记录。

SQL 语句如下：

```
INSERT INTO book(BookID, BookName, Author, PublishingHouse, Price)
    VALUES ('9787111636222','Java 程序设计基础','王琳娜','机械工业出版社',73.8),
           ('9787115545444','JavaScript 高级程序设计','李辉','人民邮电出版社',82),
           ('9787121412777','算法分析与设计','陈尚文','电子工业出版社',58.6),
           ('9787302531555','数据库原理与应用','赵利辉','清华大学出版社',89.7),
           ('9787517071333','Web 前端开发技术','胡方强','中国水利水电出版社',59.9);
```

在 Navicat for MySQL 中，先关闭之前打开的 book 表的记录，然后在导航窗格中双击"book"选项，重新打开的表记录窗格中将显示新的记录，如图 4-7 所示。book 表中的记录不是按插入记录的顺序排序的，而是默认按主键（BookID）升序排序的。

图 4-7　新的记录

4.1.3　使用 Navicat for MySQL 菜单命令添加记录

在 Navicat for MySQL 中使用菜单命令可以向表中添加记录。

【例 4-4】使用 Navicat for MySQL 菜单命令，输入图 4-2 中读者表 reader 中的记录。操作步骤如下。

（1）在导航窗格中，展开"library"数据库节点下的"表"子节点，双击"reader"选项。

（2）窗口中部打开 reader 表的记录，由于该表中没有记录，显示如图 4-8 所示。

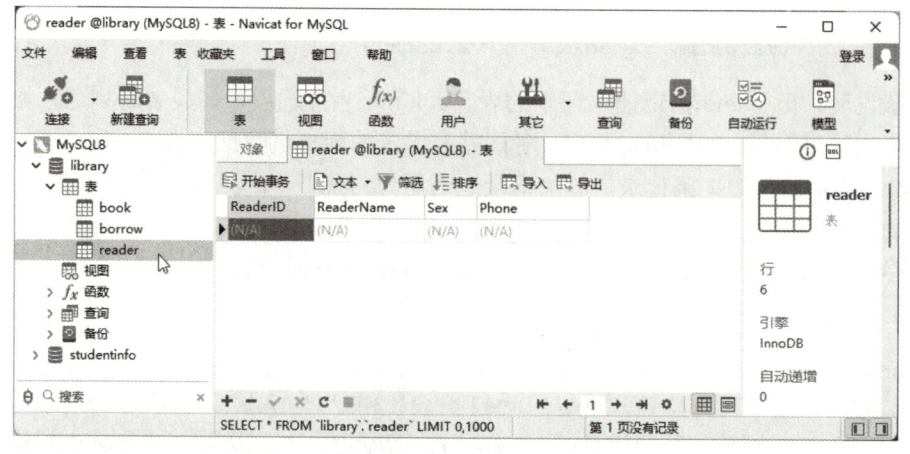

图 4-8　reader 表的记录

单击列名下的单元格或按 Tab 键设置插入点，然后分别输入对应的列值。

（3）一行记录输入完成后，单击窗格底部的"应用更改"按钮✔或者按 Enter 键，确认输入。如果要添加新的记录，单击"添加记录"按钮➕或者按 Insert 键，在原有记录的下方将显示一行空白记录，输入新的记录。

（4）重复上面的操作，输入所有的记录。输入记录后的表记录窗格如图 4-9 所示。在表记录窗格中，可以添加、修改和删除记录。最后，关闭表记录窗格。

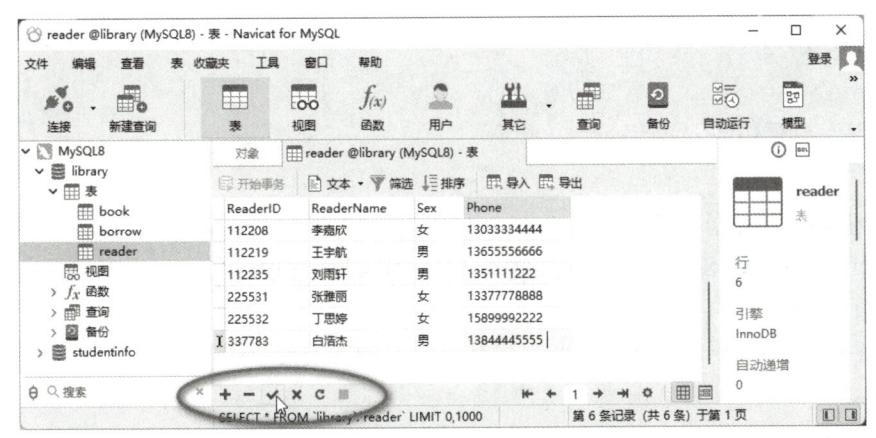

图 4-9 输入记录后 reader 表的记录

请读者参照图 4-3，在 borrow 表中输入记录，完成所有记录的输入。

由于接下来将学习修改、删除记录的操作，这些记录在后面章节还会用到。因此，请读者先备份 library 数据库，以便在以后用到这个数据库时还原数据。

4.2 修改记录

使用 UPDATE 语句修改表中已经存在的记录中的值，UPDATE 语句的基本语法格式为：

```
UPDATE tb_name
    SET column1=value1, column2=value2, …, columnN=valueN
    [WHERE conditions];
```

语法说明如下：

（1）SET 子句指定表中要修改的列及其值，column 表示需要更新的列名，value 表示为对应列更新后的值。

（2）在修改多个列时，每个 column=value 之间用逗号分隔。

（3）每个指定的列值可以是表达式，也可以是该列对应的默认值。

（4）如果指定的是默认值，则使用关键字 DEFAULT 表示值，即 column=DEFAULT。

（5）WHERE 子句为可选项，用于限定表中要修改的行，conditions 是条件表达式，指定更新满足条件的特定记录。如果没有 WHERE 子句，则更新表中的所有记录。

（6）该 SQL 语句可以更新特定记录，也可以更新所有记录。

4.2.1 修改特定记录

在使用 UPDATE 语句修改特定记录时，需要使用 WHERE 子句指定被修改的记录需要满足的条件。如果表中满足条件表达式的记录不止一条，使用 UPDATE 语句会更新所有满足条件的记录。

【例 4-5】在 library 数据库中，将 book 表中 BookID 为"9787302531555"的作者名 Author 修改为"赵立辉"，定价 Price 修改为 86.7。

SQL 语句如下：

```
UPDATE book
    SET Author='赵立辉', Price=86.7
    WHERE BookID='9787302531555';
```

运行上面语句，显示"Affected rows: 1"（受影响的行: 1），表示更新 1 行记录。

在 Navicat for MySQL 的导航窗格中，双击"book"选项，在打开的表记录窗格中可以看到记录已经更新。

【例 4-6】将 book 表中电子工业出版社出版的图书的定价提高 10%。

SQL 语句如下：

```
UPDATE book
    SET Price=Price+Price*0.1
    WHERE PublishingHouse='电子工业出版社';
```

运行上面语句，显示"Affected rows: 3"，表示更新 3 行记录。

对于这类问题，要分清哪些是条件，哪些是要修改的列。

4.2.2 修改所有记录

在使用 UPDATE 语句修改所有记录时，不需要指定 WHERE 子句。

【例 4-7】将 book 表中所有图书的定价提高 15%。

SQL 语句如下：

```
UPDATE book
    SET Price=Price*1.15;
```

如果不使用修改记录的限制条件，修改后的值有可能违反约束或其他规则，所以，即使修改所有记录，通常也会加上条件。

4.3 删除记录

对于表中不再使用的记录可以将其删除，可以删除特定的记录，也可以删除表中所有的记录。表中的记录删除后无法恢复，因此在删除记录时必须慎重。

4.3.1 删除特定记录

使用 DELETE 语句删除表中的一行或多行记录，其语法格式为：

DELETE FROM tb_name [WHERE conditions];

语法说明如下：

（1）tb_name 指定要删除记录的表的名称。

（2）WHERE 子句为可选项，指定删除条件，如果不指定 WHERE 子句，将删除表中的所有记录。

（3）在使用 DELETE 语句删除特定记录时，要使用 WHERE 子句指定被删除的记录要满足的条件。

【例 4-8】在 borrow 表中，删除 ReaderID 为 112219，并且 BookID 为 9787302531555 的记录。

SQL 语句如下：

`DELETE FROM borrow WHERE ReaderID='112219' AND BookID='9787302531555';`

运行上面语句，显示"Affected rows: 1"，表示删除 1 条记录。

4.3.2 删除所有记录

删除某个表的所有记录也称清空表。在删除表中的所有记录后，表的定义仍然存在。删除表中所有记录可以使用 TRUNCATE 语句或 DELETE 语句。在使用 DELETE 语句时，省略 WHERE 子句。TRUNCATE 语句的语法格式为：

TRUNCATE [TABLE] tb_name;

语法说明如下：
（1）tb_name 指定要删除记录所在的表的名称。
（2）TRUNCATE 语句将直接删除原来的表并重新创建一个表，而不是逐行删除表中的记录，因此执行速度比 DELETE 更快。

注意：如果表之间具有外键参照关系，则不能使用 TRUNCATE 语句清空记录，只能使用 DELETE 语句。

【例 4-9】删除 borrow 表和 reader 表中所有的记录。

SQL 语句如下：

`TRUNCATE borrow;`

执行上面语句，显示"OK"。

`DELETE FROM reader;`

执行上面语句，显示"Affected rows: 6"。可见 TRUNCATE 语句与 DELETE 语句在运行机制上是不同的。

4.3.3 使用 Navicat for MySQL 菜单命令删除记录

使用 Navicat for MySQL 菜单命令可以对表中的记录进行添加、修改、删除等操作。下面以 library 数据库中的 book 表为例，介绍如何使用 Navicat for MySQL 删除记录。

（1）在导航窗格中展开"library"数据库节点，在该数据库下双击"book"选项，窗口中部会显示 book 表中的记录。

（2）选中记录。单击某行最左端一列，或单击某行中的单元格，或按键盘的上、下光标键，该行最左端显示一个箭头▶，表示选中该行。

（3）在行的最左端列右击，或在单元格上右击（没有把插入点设置到单元格中），就会显示该行的快捷菜单，如图 4-10 所示。选择快捷菜单中的命令，可以执行相应的操作，如"删除记录"等。

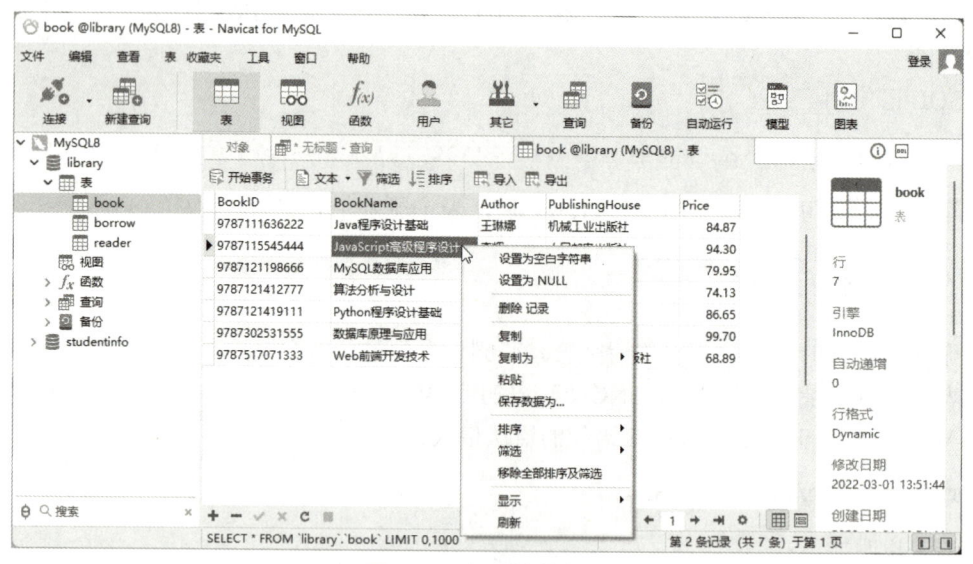

图 4-10 行的快捷菜单

（4）在导航窗格中右击"book"选项，会显示快捷菜单，如图 4-11 所示，选择快捷菜单中的"清空表"命令，可以清空 book 表中的记录。

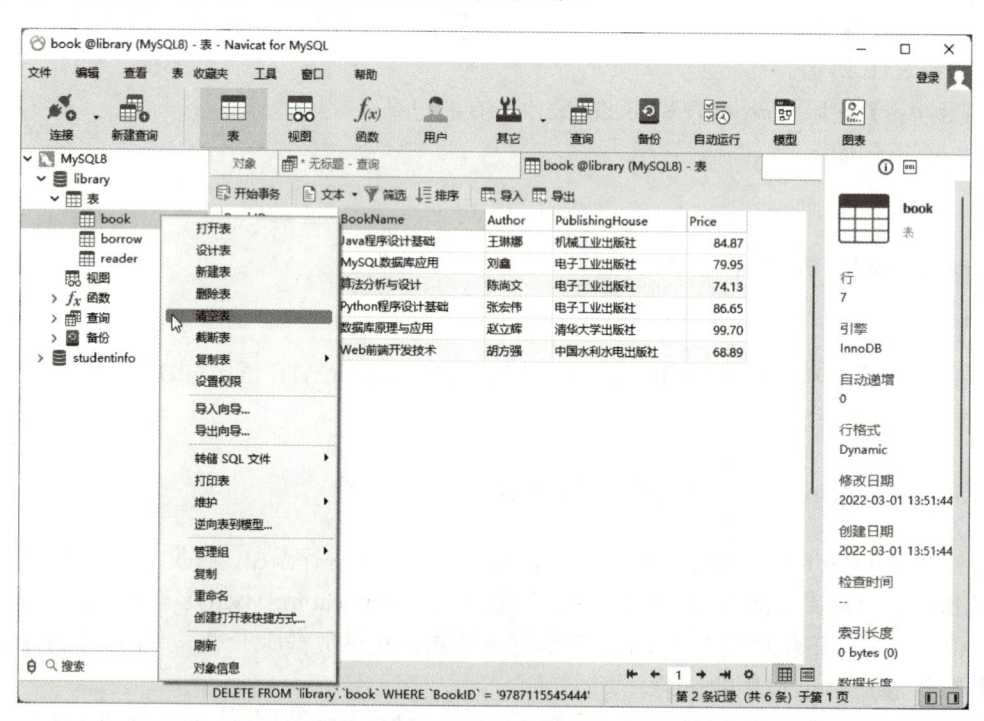

图 4-11 表的快捷菜单

注意，在执行操作后，必须先关闭该表的表记录窗格，然后重新打开该表的表记录窗格，才能显示该表的最新记录。

至此，library 数据库中的 3 个表中的记录都被清空。在进行下一章的学习前，请先还原该数据库。

4.4 习题 4

一、在线测试（单项选择题）

1. SQL 语言集数据查询、数据操作、数据定义和数据控制功能于一体，语句 INSERT、DELETE、UPDATE 可以实现（　　）功能。

　　A．数据查询　　　B．数据操作　　　C．数据定义　　　D．数据控制

2. 修改操作的语句"UPDATE student SET s_name='张三';"该语句执行后的结果是（　　）。

　　A．只将姓名为王军的记录进行更新　　B．只将字段名 s_name 修改为王军
　　C．表中的所有人姓名都更新为王军　　D．更新语句不完整，不能执行

3. 在 SQL 语言中，删除 emp 表中全部记录的语句正确的是（　　）。

　　A．DELETE·* FROM emp;　　　　　　B．DROP TABLE emp;
　　C．DELETE TABLE emp;　　　　　　　D．没有正确答案

4. 要快速删除一张表中的全部记录可以使用（　　）语句。

　　A．TRUNCATE TABLE　　　　　　　B．DELETE TABLE
　　C．DROP TABLE　　　　　　　　　　D．CLEAR TABLE

二、技能训练

1. 基于前一单元习题中的学生信息数据库 studentinfo 的 4 张表（表 3-8、表 3-9、表 3-10 和表 3-11），按图 4-12、图 4-13、图 4-14 和图 4-15 中的内容，向表中添加数据。

StudentID	StudentName	Sex	Birthday	Address	ClassID
202210010108	刘雨轩	男	2003-05-22	北京	2022100101
202210010123	李嘉欣	女	2003-03-15	上海	2022100101
202240010215	王宇航	男	2002-12-28	北京	2022400102
202260010306	张雅丽	女	2003-04-19	浙江	2022600103
202260010307	丁思婷	女	2002-11-24	广东	2022600103
202260010309	白浩杰	男	2003-08-23	广西	2022600103
202263050132	徐东方	男	2003-07-17	云南	2022630501
202263050133	范慧	女	2003-08-08	贵州	2022630501
202263050135	邓健辉	男	2003-06-11	河南	2022630501
202270010103	孙丽媛	女	2003-04-21	湖南	2022700101
202270010104	董杨	男	2003-02-13	湖北	2022700101

图 4-12　student 表的内容

ClassID	ClassName	ClassNum	Grade
2022100101	哲学2022-1班	40	2022
2022400102	法律2022-2班	40	2022
2022600103	数学2022-3班	40	2022
2022630501	软件2022-1班	40	2022
2022700101	物理2022-1班	40	2022

图 4-13　class 表的内容

CourseID	CourseName	Credit	CourseHour	PreCourseID	Term
100101	哲学基础	2	32	(Null)	1
400121	法律基础	2	32	(Null)	1
600131	数学1	4	64	(Null)	1
630572	数据结构	6	96	(Null)	2
630575	算法	6	96	630572	3
700131	物理基础	4	64	(Null)	2

图 4-14 course 表的内容

StudentID	CourseID	Score	SelectCourseDate
202210010108	100101	88.0	(Null)
202210010123	100101	66.0	(Null)
202240010215	400121	100.0	(Null)
202260010306	600131	99.0	(Null)
202260010307	600131	87.0	(Null)
202260010309	600131	69.0	(Null)
202263050132	630572	81.0	(Null)
202263050132	630575	90.0	(Null)
202263050133	630572	39.0	(Null)
202263050133	630575	48.0	(Null)
202263050135	630572	73.0	(Null)
202263050135	630575	89.0	(Null)
202270010103	700131	78.0	(Null)
202270010104	700131	51.0	(Null)

图 4-15 selectcourse 表的内容

2. 使用 SQL 语句完成以下数据更新操作。

（1）向 course 表中添加记录，该记录为：('700152', '逻辑学', 4, 64, 3)。

（2）在 class 表中，将 ClassID 为 2022700101 的 ClassNum 修改为 35。

（3）在 selectcourse 表中，删除 StudentID 为 202270010104，并且 CourseID 为 700131 的记录。

单元 5　记录的查询

学习目标

通过本单元的学习，学生能够掌握表记录的查询操作，包括单表查询、聚合函数查询、连接查询和子查询等。

5.1　单表查询

单表查询是指从一个表中查询需要的数据，也称简单查询。

5.1.1　单表查询语句

单表查询语句的主要功能是输出列或表达式的值，SELECT 语句的语法格式为：

```
SELECT [ALL | DISTINCT] selection_list1[, selection_list2 …]
    FROM table_source;
```

语法说明如下：

（1）ALL | DISTINCT 为可选项，指定是否返回结果集中的重复行。若没有指定这个选项，则默认为 ALL，即返回 SELECT 操作中所有匹配的行，包括存在的重复行。若指定选项 DISTINCT，则消除结果集中的重复行，应用于 SELECT 语句中指定的所有列。

（2）SELECT selection_list 子句描述结果集的列，指定要查询的内容，包括列名、表达式、常量、函数和列别名等，之间用逗号分隔。在返回查询结果时，结果集中各列依照查询次序显示。本子句是必选项。

在 SELECT 语句中要查询所有列时，用星号"*"代表表中所有的列。在返回查询结果时，结果集中各列的次序与这些列在表的定义中的顺序相同，查询结果从表中依次取出每条记录。

（3）FROM table_source 子句指定要查询的数据源，包括表、视图等。

（4）在 SELECT 语句中，所有可选子句必须依照 SELECT 语句的语法格式罗列的顺序使用。

1. 查询所有的列

【例 5-1】在 library 数据库中，查询图书表 book 中的所有记录。

SQL 代码如下：

```
USE library;
SELECT * FROM book;
```

在 Navicat for MySQL 的"查询"窗格中编辑和运行 SQL 语句，查询结果如图 5-1 所示。

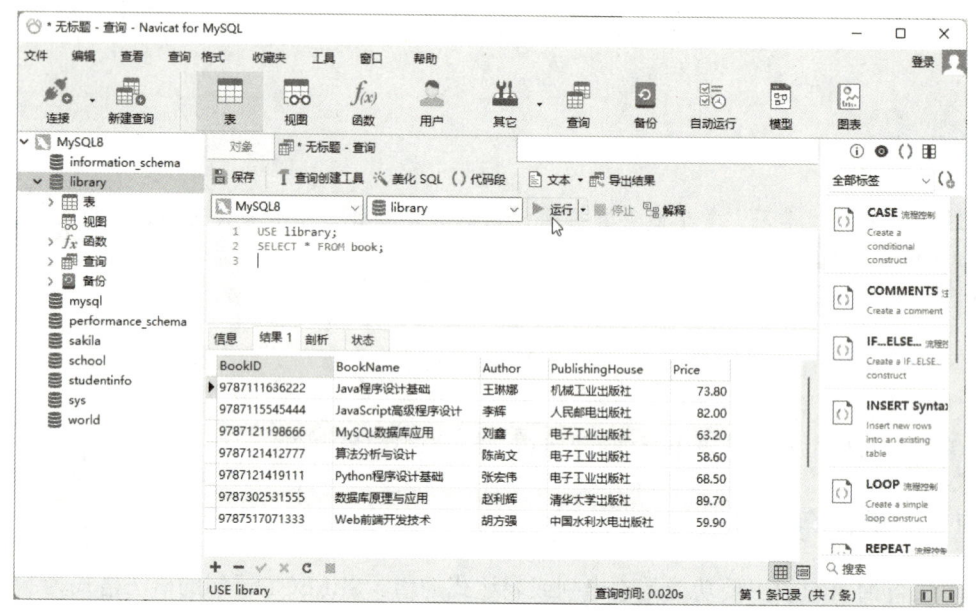

图 5-1　查询结果

2．查询指定的列

如果不需要将表中所有的列显示出来，只需在 SELECT 后面列出要在结果集中显示的列的名称，列的名称之间用","分隔。此时，结果集中行的顺序从指定表中依次取出每条记录，列的顺序按指定的列的顺序，形成并输出新的记录。

【例 5-2】在 library 数据库中，查询 book 表中的 BookName、BookID、Author 和 Price 列。

SQL 代码如下：

```
SELECT BookName, Price, BookID, Author
    FROM book;
```

在 Navicat for MySQL 的"查询"窗格中编辑上面代码，然后选中要运行的 SQL 语句，原来的"运行"按钮变为"运行已选择的"按钮，单击该按钮，运行结果如图 5-2 所示。

3．查询计算的值

SELECT 子句的 selection_list 不仅可以是表中列的名称，也可以是表达式，还可以是常量、函数等。

【例 5-3】在 library 数据库中，查询 reader 表中的读者姓名、性别等信息。

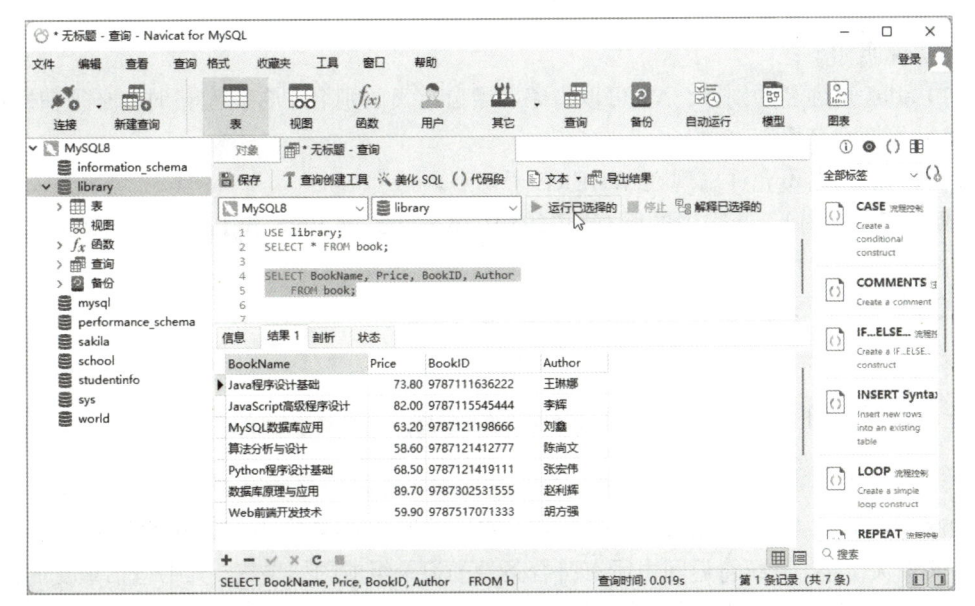

图 5-2　查询 library 数据库的指定列

SQL 语句如下：

SELECT '读者姓名:', ReaderName, Sex, '读者' FROM reader;

在 Navicat for MySQL 的"查询"窗格中编辑上面代码，运行结果如图 5-3 所示。

上面 SELECT 语句中的 ReaderName、Sex 是表中列的名称，'读者姓名:'和'读者'是字符串常量。从查询结果可以看出，表中列的名称就是结果集中列的名称。

如果要计算值的表达式中不涉及表，可以省略 FORM 子句。

【例 5-4】计算表达式的值。

SQL 语句如下：

SELECT 23+5*40/3-100, "abc"="ABC", 12>=30;

运行结果如图 5-4 所示。

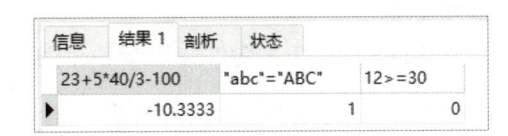

图 5-3　查询结果　　　　　　图 5-4　计算表达式的值

3. 为列取别名

在输出查询结果时，结果集中列的名称显示为 selection_list 名。可以为结果集中的列取一个别名，其语法格式为：

selection_list [AS] alias

语法说明如下：

（1）alias 是列名的别名，AS 可以省略。当自定义的别名中含有空格时，必须使用单引号或双引号把别名引起来。

（2）列的别名不允许出现在 WHERE 子句中。

【例 5-5】查询 book 表中的所有图书的 BookName、Author 和 Price，要求对应的列名显示为书名、作者和定价。

SQL 语句如下：

```
SELECT BookName AS '书    名', Author AS 作者, Price 定价  FROM book;
```

运行结果如图 5-5 所示，结果中的列名显示为别名。

4. 不显示重复记录

DISTINCT 关键字的功能是去掉 SELECT 语句的结果集中重复的记录。如果没有 DISTINCT 关键字，系统将返回由所有符合条件的记录组成的结果集，其中包括重复的记录。

【例 5-6】查询 reader 表中的性别。

显示 reader 表中 Sex 列的所有记录，SQL 语句如下：

```
SELECT Sex FROM reader;
```

运行结果如图 5-6 所示。

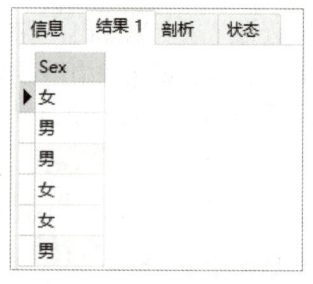

图 5-5　查询结果　　　　　　　图 5-6　reader 表中的性别

表中的记录都是唯一的，不会重复，但是由于在结果集中只显示需要的列（只显示有男、女的记录），就造成显示出来的记录是重复的。因此，结果集中是否有重复记录，取决于列的组合。

使用 DISTINCT 关键字，显示 Sex 列不重复的记录，SQL 语句如下：

```
SELECT DISTINCT Sex FROM reader;
```

运行结果如图 5-7 所示。

如果在结果集中同时显示 ReaderName 列和 Sex 列，则结果集记录不重复，SQL 语句如下：

```
SELECT ReaderName, Sex FROM reader;
```

运行结果如图 5-8 所示。

图 5-7　Sex 列中不重复的记录　　　　图 5-8　同时显示 ReaderName 列和 Sex 列

5.1.2　使用 WHERE 子句过滤结果集

在 SELECT 语句中，根据 WHERE 子句中指定的查询条件（也称搜索条件或过滤条件），从 FROM 子句的中间结果中选取适当的记录行，实现记录的过滤。其语法格式为：

```
SELECT [ALL | DISTINCT] selection_list1[, selection_list2 …]
    FROM table_source
    [WHERE search_condition];
```

语法说明：WHERE search_condition 子句为可选项，指定记录的过滤条件，即查询的条件。如果有 WHERE 子句，就按照条件表达式 search_condition 指定的条件查询。如果没有 WHERE 子句，就查询所有记录。

1. 使用关系表达式和逻辑表达式的条件查询

使用 WHERE 子句可以实现很复杂的条件查询。在使用 WHERE 子句时，需要使用关系运算符和逻辑运算符来编写条件表达式。条件表达式中字符型和日期类型的值要使用单引号引起来，数值类型的值直接出现在表达式中。

关系运算符有"<""<=""="">"">=""<>""!=""!<""!>""<=>"。其中，"<>"表示不等于，等价于"!="；"!>"表示不大于，等价于"<="；"!<"表示不小于，等价于">="。

逻辑运算符有 NOT 或"!"，AND 或"&&"，OR 或"||"，XOR。其中，AND 和 OR 连接多个条件。

【例 5-7】在 borrow 表中查询借书时间超过 60 天的读者。

SQL 语句如下：

```
SELECT *, TIMESTAMPDIFF(DAY, BorrowDate, RefundDate) AS '借阅天数'
    FROM borrow
    WHERE TIMESTAMPDIFF(DAY, BorrowDate, RefundDate)>60;
```

运行结果如图 5-9 所示。

图 5-9　借书时间超过 60 天的读者

MySQL 的内置日期函数 TIMESTAMPDIFF()计算两个日期相差的秒数、分钟数、小时数、天数、周数、季度数、月数、年数等。该函数的语法格式为：

SELECT TIMESTAMPDIFF(类型,开始时间,结束时间)

2. 使用 BETWEEN...AND 关键字的范围查询

当查询的条件被限定在某个取值范围时，使用 BETWEEN...AND 关键字最方便。BETWEEN...AND 关键字在 WHERE 子句中的语法格式为：

expression [NOT] BETWEEN expression1 AND expression2

语法说明如下：

（1）表达式 expression1 的值不能大于表达式 expression2 的值。

（2）当不使用关键字 NOT 时，如果表达式 expression 的值在表达式 expression1 与 expression2 之间（包括这两个值），则返回真 1，否则返回假 0。如果使用关键字 NOT BETWEEN...AND 语句，则限定取值范围在两个指定值的范围之外，并且不包括这两个值。

【例 5-8】在 book 表中，查询定价不在 30～70 范围内的图书。

SQL 语句如下：

```
SELECT * FROM book
    WHERE Price NOT BETWEEN 30 AND 70;
```

【例 5-9】在 borrow 表中，查询在 2021-09-01 到 2021-10-31 期间借阅图书的读者。
SQL 语句如下：

```
SELECT readerID, BorrowDate FROM borrow
    WHERE BorrowDate BETWEEN '2021-09-01' AND '2021-10-31';
```

3. 使用 IN 关键字的集合查询

IN 关键字可以判定某个列的值是否在指定的集合中，如果列的值在集合中，则返回真 1，则满足查询条件，该记录将在结果集中显示。如果不在集合中，返回假 0，则不满足查询条件。IN 关键字在 WHERE 子句中的语法格式为：

expression [NOT] IN (value1, value2, …)

语法说明如下：

（1）expression 为表达式或列名。

（2）NOT 是可选参数，表示不在集合内时满足条件。

（3）value 为集合中的值，用逗号分隔。

（4）字符型的值要使用单引号或双引号引起来。

（5）尽管关键字 IN 可用于集合判定，但其最主要的用途是子查询，将在子查询中详细介绍。

【例 5-10】在 book 表中，查询电子工业出版社和机械工业出版社的图书记录。

SQL 语句如下：

```
SELECT * FROM book
```

```
    WHERE PublishingHouse IN('电子工业出版社', '机械工业出版社');
```

4. 使用 IS NULL 关键字查询空值

当需要查询某列的值是否为空值时，可以使用关键字 IS NULL。如果列的值为空值，则满足条件，否则不满足条件。IS NULL 关键字在 WHERE 子句中的语法格式为：

```
expression IS [NOT] NULL;
```

语法说明如下：

（1）IS NULL 不能用“=NULL”代替，“IS NOT NULL”也不能用“!=NULL”代替。

（2）虽然在使用“=NULL”或“!=NULL”设置查询条件时不会有语法错误，但查询不到结果集，会返回空集。

【例 5-11】 在 borrow 表中，查询未还书的读者记录。

SQL 语句如下：

```
SELECT * FROM borrow
    WHERE RefundDate IS NULL;
```

运行结果如图 5-10 所示。

信息　结果 1　剖析　状态

ReaderID	BookID	BorrowDate	RefundDate
112219	9787302531555	2021-10-17 00:00:00	(Null)
225531	9787121412777	2021-11-09 00:00:00	(Null)

图 5-10　未还书的读者记录

5. 使用 LIKE 关键字的字符匹配查询

LIKE 关键字使用通配符在字符串内查找指定模式的字符串，LIKE 关键字可以匹配字符串，如果列的值与指定的字符串相匹配，则满足条件，否则不满足条件。通过字符串的比较选择符合条件的行。LIKE 关键字在 WHERE 子句中的语法格式为：

```
expression [NOT] LIKE '模式字符串' [ESCAPE '换码字符']
```

语法说明如下：

（1）expression 为表达式或列名。

（2）NOT 是可选参数，表示与指定的模式字符串不匹配时满足条件。

（3）LIKE 主要用于字符型数据，可以是 CHAR、VARCHAR、TEXT、DATETIME 等数据类型。字符串内的英文字母和汉字都视为一个字符。

（4）模式字符串表示用来匹配的字符串，该字符串必须使用单引号或者双引号引起来。模式字符串中的所有字符都有意义，包括开头和结尾的空格。

模式字符串可以是一个完整的字符串，也可以使用通配符实现模糊查询。模式字符串有两种通配符，它们是“%”和“_”。

- “%”可以匹配 0 个或多个字符的任意长度的字符串。例如，st%y 表示以字母 st 开头，以字母 y 结尾的任意长度的字符串，该字符串可以代表 sty、stuy、staay、studenty 等。

- “_”表示任意单个字符，该符号只能匹配一个字符。例如，st_y 表示以字母 st 开头，以字母 y 结尾的 4 个字符，中间的“_”可以代表任意一个字符，其可以代表 stay、stby 等。

（5）如果要匹配的字符串本身就含有通配符“%”或“_”，就要使用 ESCAPE 子句对通配符进行转义，把通配符“%”或“_”转换为普通字符。

（6）在使用通配符时需要注意，MySQL 默认不区分大小写，如果需要区分大小写，则需更换字符集的校对规则。另外，“%”不能匹配空值 NULL。

【例 5-12】在 book 表中，查询书名中有“程序设计”的图书。

SQL 语句如下：

```
SELECT * FROM book
   WHERE BookName LIKE '%程序设计%';
```

【例 5-13】在 book 表中，查询书名中含有“%的”的图书。

为了做 ESCAPE 练习，先向 book 表中添加一条记录，SQL 语句如下：

```
INSERT INTO book(BookID, BookName, Author, PublishingHouse, Price)
   VALUES('9787121777888', '从 0 到 90%的努力', '夏说', '文艺出版社', 32);
```

由于“%”是一个通配符，所以使用关键字 ESCAPE 指定一个转义字符“z”，SQL 语句如下：

```
SELECT * FROM book WHERE BookName LIKE '%z%的%' ESCAPE 'z';
```

运行结果如图 5-11 所示。

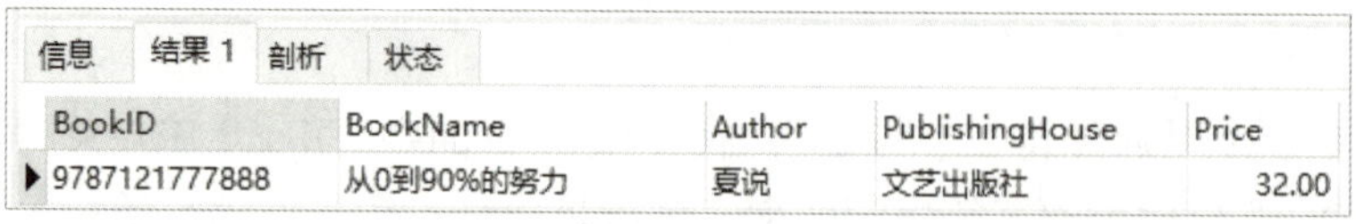

信息 结果 1 剖析 状态

BookID	BookName	Author	PublishingHouse	Price
9787121777888	从0到90%的努力	夏说	文艺出版社	32.00

图 5-11　书名中含有“%的”的图书

关键字 ESCAPE 后面跟着一个字符，该字符就是转义符，把这个字符写在需要转义的那个%号前。例如，“%z%的%”中的第一个和最后一个%是通配符，z%是要查询的%。

5.1.3　对查询结果集的处理

查询得到的记录，可以排序后再显示，或按某个关键字分组后再显示，或按要求的数量显示。

1. 使用 ORDER BY 子句对查询结果排序

使用 ORDER BY 子句可以将查询的结果按升序（ASC）或降序（DESC）排列。排序可以依照某一个或多个项的值。其语法格式为：

```
ORDER BY expression1 [ASC | DESC][, expression2 [ASC | DESC], …]
```

语法说明如下：

（1）expression 是排序的项，可以是列名、函数值或表达式的值，表示按照 expression 的值排序。其中包含的列可以不出现在选择列表 selection_list 中。

（2）可以同时指定多个 expression 项，若第 1 项的值相等，则根据第 2 项的值排序，以此类推，排序项之间用逗号分隔。

（3）如果不指定 ASC 或 DESC，则默认结果集按 ASC 升序排序。DESC 表示按降序排序。在对含有 NULL 的列排序时，如果按升序排列，则 NULL 出现在最前面，如果按降序排列，NULL 出现在最后，可以理解为 NULL 是最小值。

（4）ORDER BY 子句不可以使用 TEXT、BLOB、LONGTEXT 和 MEDIUMBLOB 等类型的列。

【例 5-14】在 book 表中，按图书定价降序排序。

SQL 语句如下：

SELECT * FROM book ORDER BY Price DESC;

运行结果如图 5-12 所示。

图 5-12　按图书定价降序排序

【例 5-15】在 borrow 表中，先按借书日期降序排列，再按读者编号升序排列。

SQL 语句如下：

SELECT ReaderID AS 读者编号, BookID AS 书号, BorrowDate AS 借阅日期
    FROM borrow
    ORDER BY BorrowDate DESC, ReaderID ASC;

运行结果如图 5-13 所示。

图 5-13　运行结果

在对日期排序时，系统先将日期值转换为数值，所以借书早的日期值小，借书晚的日

期值大。当用 DESC（降序）时，在得到的结果集中，借书晚的排在前面。

在排序过程中，先按 BorrowDate 列的值降序排序，在遇到 BorrowDate 列的值相等的情况时，再把 BorrowDate 列的值相等的记录按照 ReaderID 列的值升序排序。

2. 限制查询结果的数量

使用 LIMIT 子句限制 SELECT 语句返回的行数。LIMIT 子句的语法格式为：

LIMIT lines [OFFSET offset]

语法说明如下：

（1）lines 指定返回的记录数，必须是非负的整数，如果指定的行数大于实际能返回的行数，将返回它能返回的行数。

（2）offset 是位置偏移量，是一个可选参数，表示从哪一行开始显示，第 1 条记录的位置偏移量是 0，第 2 条记录的位置偏移量是 1，……，以此类推。如果不指定 offset 位置偏移量，则默认为 0，并从表中的第 1 条记录开始显示。

【例 5-16】在 book 表中，查询图书号以 9787 开头的图书，按出版社升序排序，显示 3 行记录，从第 5 行开始显示。

查询图书号以 9787 开头的全部图书的 SQL 语句如下：

```
SELECT * FROM book
    WHERE SUBSTR(BookID,1,4)='9787'
    ORDER BY PublishingHouse ASC;
```

运行结果如图 5-14 所示。

图 5-14　图书号以 9787 开头的图书

显示 3 行记录，从第 5 行开始显示的 SQL 语句如下：

```
SELECT * FROM book
    WHERE SUBSTR(BookID,1,4)='9787'
    ORDER BY PublishingHouse ASC
    LIMIT 3 OFFSET 4;
```

运行结果如图 5-15 所示。

信息	结果1	剖析	状态		
BookID	BookName		Author	PublishingHouse	Price
9787302531555	数据库原理与应用		赵利辉	清华大学出版社	89.70
9787115545444	JavaScript高级程序设计		李辉	人民邮电出版社	82.00
9787121777888	从0到90%的努力		夏说	文艺出版社	32.00

图 5-15　显示从第 5 行开始的 3 行记录

该查询语句先使用 ORDER BY PublishingHouse ASC 语句，按出版社升序排序，再使用 LIMIT 3 OFFSET 4 语句，限制返回的记录数，其中 3 是返回的记录数，4 是指从第 5 行记录开始输出。

5.2　聚合函数查询

聚合函数查询是在 SELECT 语句的 GROUP BY 分组子句中使用聚合函数（COUNT()、SUM()等）实现的一种查询。

5.2.1　聚合函数

聚合函数是 MySQL 提供的一类内置函数，它们可以实现数据统计等功能，用于计算一组值并返回一个单一的值。

1. COUND()函数

COUNT()函数的功能是统计记录的行数，返回表中的记录行数。COUNT()函数的语法格式有以下两种形式。

COUNT(*)：返回表中的记录数，包含值为 NULL 的行。

COUNT([DISTINCT | ALL] <列名>)：返回指定列中的所有非空值的记录数。

语法说明如下：

（1）如果使用参数 "*"，则返回所有行的数目，包含值为 NULL 的行。使用除 "*" 外的任何参数，返回非 NULL 的行的数目。对于其他聚合函数，也是这样的。

（2）如果指定关键字 DISTINCT，则在计算时取消指定列中的重复值。如果指定 ALL（默认值），则计算该列中的所有值。

注意：除函数 COUNT（*）外，其余聚合函数都会忽略空值。

【例 5-17】在 borrow 表中，查询借阅图书的记录数，分别查询所有借阅记录和已经归还图书的记录。

由于没有归还图书的 RefundDate 记录为 NULL，所以分别求包含 NULL 的行和 RefundDate 列不包含 NULL 的行的行数。SQL 语句如下：

```
SELECT COUNT(*) AS '所有借阅数', COUNT(RefundDate) AS '已经归还图书的记录数'
    FROM borrow;
```

运行结果如图 5-16 所示。

【例 5-18】在 book 表中，统计电子工业出版社出版的图书。

SQL 语句和如下：

```
SELECT COUNT(*) FROM book WHERE PublishingHouse='电子工业出版社';
```

运行结果如图 5-17 所示。

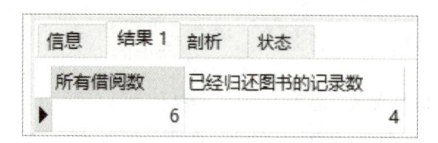

图 5-16 所有借阅图书的记录数和已经归还图书的记录数

图 5-17 统计结果

2. SUM()函数和 AVG()函数

SUM()函数表示求表中某个列中值的和。AVG()函数表示求表中某个列中值的平均值。其语法格式分别为：

SUM([DISTINCT | ALL] <列名>)：返回指定列中的所有非空值的和。

AVG([DISTINCT | ALL] <列名>)：返回指定列中的所有非空值的平均值。

【例 5-19】在 book 表中，计算图书的平均定价。

SQL 语句如下：

```
SELECT AVG(Price) 平均定价, SUM(Price)/COUNT(*) FROM book;
```

运行结果如图 5-18 所示。

3. MAX()函数和 MIN()函数

MAX()函数表示求表中某个列中值的最大值。MIN()函数表示求表中某个列中值的最小值。其语法格式分别为：

MAX([DISTINCT | ALL] <列名>)：返回指定列中的所有非空值的最大数值或最大的字符串或最近的日期时间。

MIN([DISTINCT | ALL] <列名>)：返回指定列中的所有非空值的最小数值或最小的字符串或最小的日期时间。

【例 5-20】在 book 表中，查询图书的最高定价、最低定价，并计算最高定价与最低定价之差。

SQL 语句如下：

```
SELECT MAX(Price) , MIN(Price), MAX(Price)-MIN(Price) FROM book;
```

运行结果如图 5-19 所示。

图 5-18 book 表中图书的平均定价

图 5-19 查询结果和计算结果

如果 Price 列某行的值为 NULL，在使用 COUNT(Price)、SUM(Price)、AVG(Price)、MAX(Price)和 MIN(Price)聚合函数计算时，都会忽略空值。

5.2.2 分组聚合查询

聚合函数常与 SELECT 语句的 GROUP BY 子句一起使用，使用 GROUP BY 子句将表中的记录分为不同的组。如果不将查询结果分组，聚合函数作用于整个查询结果。将查询结果分组后，聚合函数分别作用于每个组，查询结果按组聚合输出。GROUP BY 子句的语法格式为：

[GROUP BY 分组表达式 1，分组表达式 2，…][HAVING 条件表达式][WITH ROLLUP]

语法说明如下：

（1）GROUP BY 子句将查询结果按分组表达式列表分组，分组表达式的值相等的记录为一组。分组表达式可以有一个，也可以有多个，之间用逗号分隔。

（2）HAVING 子句过滤分组的结果，仅输出满足条件的组。

（3）WITH ROLLUP 子句在分组统计的基础上还包含汇总行。

1. GROUP BY 子句

在使用 GROUP BY 子句时，需要注意以下几点。

（1）GROUP BY 子句中列出的分组表达式必须是检索列或有效的表达式，不能是聚合函数。如果在 SELECT 语句中使用表达式，则必须在 GROUP BY 子句中指定相同的表达式，不能使用别名。

（2）除聚合函数外，GROUP BY 子句必须给出 SELECT 子句中的每个列，即使用 GROUP BY 子句后，SELECT 子句的目标列表达式中只能包含 GROUP BY 子句中列表中的列和聚合函数。

（3）如果用于分组的列中含有 NULL，则 NULL 将作为一个单独的分组返回。如果该列中存在多个 NULL，则将这些 NULL 所在的记录行分为一组。

（4）GROUP BY 子句的分组依据不可以使用 TEXT、BLOB、LONGTEXT 和 MEDIUMBLOB 等类型的列。

1）按单列分组

GROUP BY 子句可以基于指定的某一列的值将记录分为多个组，同一组内所有记录在分组属性上具有相同值。

【例 5-21】在 reader 表中，按性别统计读者的人数。

SQL 语句如下：

SELECT Sex 性别, COUNT(*) 人数 FROM reader GROUP BY Sex;

运行结果如图 5-20 所示。

2）按多列分组

GROUP BY 子句可以基于指定的多列的值将记录分为多个组。

【例 5-22】在 borrow 表中，按 ReaderID 列和 BookID 列分组。

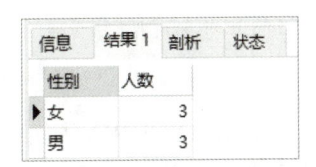

图 5-20 按性别统计读者的人数

SQL 语句如下：

```
SELECT COUNT(ReaderID), COUNT(BookID) FROM borrow
    GROUP BY ReaderID, BookID;
```

运行结果如图 5-21 所示。

图 5-21　按 ReaderID 列和 BookID 列分组

2. HAVING 子句

在分组之前，要使用 WHERE 关键字指定查询条件并筛选记录。如果在分组后还要求按一定的条件（如平均分大于 85）对每个组进行筛选，最终只输出满足筛选条件的组，则使用 HAVING 子句指定筛选条件。

【例 5-23】在 book 表中，计算所有图书的平均定价，但只有当平均定价大于 60 时才输出。

SQL 语句如下：

```
SELECT AVG(Price) 平均定价 FROM book
    HAVING AVG(Price)>=60;
```

运行结果如图 5-22 所示。

如果把输出条件改为 70，查询结果将为 Empty set（空集），运行结果如图 5-23 所示。

图 5-22　计算图书的平均定价（1）　　　图 5-23　计算图书的平均定价（2）

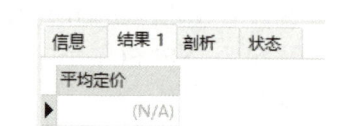

如果 SELECT 语句中既使用 WHERE 子句指定过滤条件，又使用 HAVING 子句指定筛选条件，则两者的主要区别在于作用对象不同。WHERE 子句作用于基本表或视图，主要用于过滤基本表或视图中的数据行，从中选择满足条件的记录；HAVING 子句作用于分组后的每个组，主要用于过滤分组，从中选择满足条件的组，即 HAVING 子句是基于分组的聚合值而不是特定行的值来过滤数据的。

此外，HAVING 子句中的条件可以包含聚合函数，而 WHERE 子句中不可以。WHERE 子句在数据分组前进行过滤。HAVING 子句在数据分组后进行过滤，因此，分组中不包含 WHERE 子句排除的行，这就可能改变聚合值，从而影响 HAVING 子句基于这些值过滤的分组。

如果一条 SELECT 语句拥有一个 HAVING 子句而没有 GROUP BY 子句，则会把表中的所有记录分为一个组。

3. GROUP BY 子句与 WITH ROLLUP 函数

在 GROUP BY 子句中，如果加上 WITH ROLLUP 函数，则在结果集内不仅包含由 GROUP BY 提供的正常行，还包含汇总行，汇总行显示在最后一行。

【例 5-24】在 book 表中，查询每一家出版社出版图书的平均定价和所有图书的平均定价。

SQL 语句如下：

```
SELECT PublishingHouse, ROUND(AVG(Price),2)  FROM book
    GROUP BY PublishingHouse WITH ROLLUP;
```

运行结果如图 5-24 所示。

PublishingHouse	ROUND(AVG(Price),2)
电子工业出版社	63.43
机械工业出版社	73.8
清华大学出版社	89.7
人民邮电出版社	82
文艺出版社	32
中国水利水电出版社	59.9
(Null)	65.96

图 5-24　运行结果

5.3　连接查询

如果一个查询涉及两个或多个表，则称为连接查询。要完成复杂的查询，必须将两个或两个以上的表连接起来。连接类型有交叉连接、内连接和外连接。

（1）交叉连接：结果集包含两个表中所有行的组合。

（2）内连接：结果集只包含满足条件的行，内连接包括等值连接、不等值连接和自然连接。

（3）外连接：包括左外连接和右外连接。左外连接的结果包含满足条件的行及左侧表中的全部行。右外连接的结果包含满足条件的行及右侧表中的全部行。

连接子句的语法格式如下：

```
FROM tb_name1 连接类型 tb_name2 [连接类型 tb_name3 […]]
[ON 连接条件]
```

语法说明如下：

（1）连接类型指定的连接方式的关键字包括 CROSS JOIN、INNER JOIN、LEFT JOIN、RIGHT JOIN 等。在 FROM 子句中指定连接类型，在 ON 子句中指定连接条件。

（2）ON 连接条件与 WHERE 和 HAVING 过滤条件组合使用，可以控制 FROM 子句中基表选定的行。采用这种方式，有助于将这些连接条件与 WHERE 子句中可能指定的其他过滤条件分开，在指定连接时建议使用这种方法。

5.3.1　交叉连接

交叉连接（CROSS JOIN）的结果集是把一张表的每一行与另一张表的每一行连接为新

的一行，返回两张表每一行连接后所有可能的搭配结果。交叉连接返回的查询结果集的记录行数等于连接的两张表记录行数的乘积。交叉连接产生的结果集一般是无意义的，所以实际上很少使用这种查询。交叉连接对应的 SQL 语句的语法格式为：

```
SELECT * FROM tb_name1 CROSS JOIN tb_name2;
```

语法说明：交叉连接对应的 SQL 语句是没有 WHERE 子句的语句。

【例 5-25】将 reader 表和 borrow 表进行交叉连接。

SQL 语句如下：

```
SELECT * FROM reader CROSS JOIN borrow;
```

运行结果如图 5-25 所示。

信息 结果 1 剖析 状态

ReaderID	ReaderName	Sex	Phone	ReaderID(1)	BookID	BorrowDate	RefundDate
337783	白浩杰	男	13844445555	112208	9787111636222	2021-09-25 00:00:00	2021-12-18 00:00:00
225532	丁思婷	女	15899992222	112208	9787111636222	2021-09-25 00:00:00	2021-12-18 00:00:00
225531	张雅丽	女	13377778888	112208	9787111636222	2021-09-25 00:00:00	2021-12-18 00:00:00
112235	刘雨轩	男	1351111222	112208	9787111636222	2021-09-25 00:00:00	2021-12-18 00:00:00
112219	王宇航	男	13655556666	112208	9787111636222	2021-09-25 00:00:00	2021-12-18 00:00:00
112208	李嘉欣	女	13033334444	112208	9787111636222	2021-09-25 00:00:00	2021-12-18 00:00:00

……

337783	白浩杰	男	13844445555	225531	9787121412777	2021-11-09 00:00:00	(Null)
225532	丁思婷	女	15899992222	225531	9787121412777	2021-11-09 00:00:00	(Null)
225531	张雅丽	女	13377778888	225531	9787121412777	2021-11-09 00:00:00	(Null)
112235	刘雨轩	男	1351111222	225531	9787121412777	2021-11-09 00:00:00	(Null)
112219	王宇航	男	13655556666	225531	9787121412777	2021-11-09 00:00:00	(Null)
112208	李嘉欣	女	13033334444	225531	9787121412777	2021-11-09 00:00:00	(Null)

图 5-25　交叉连接

在本例中，reader 表有 6 行记录，borrow 表有 6 行记录，这两张表交叉连接后结果集的记录行数是 6×6=36 行。

另外，也可以在 FROM 子句交叉连接的后面，使用 WHERE 子句设置过滤条件，减少返回的结果集的记录。

5.3.2　内连接

内连接（INNER JOIN）就是使用比较运算符进行表间某（些）列值的比较，并将与连接条件匹配的行组成新的记录。内连接对应的 SQL 语句为：

```
SELECT selection_list1, selection_list2, …, selection_listn
   FROM tb_name1 INNER JOIN tb_name2
   ON 连接条件
   [WHERE 过滤条件];
```

语法说明如下：

（1）selection_list 为需要检索的列的名称或别名。

(2) tb_name 是进行内连接的表名。

连接查询中用来连接两个表的条件称为连接条件，其一般格式为：

[表名1.]列名1 比较运算符 [表名2.]列名2

当两个或多个表中存在相同意义的列时，可以通过这些列对相关的表进行连接查询。虽然连接条件中用到的列不必具有相同的名称或相同的数据类型，但是如果数据类型不相同，就必须兼容或可隐性转换。

按照连接条件把内连接分为等值连接、不等值连接和自然连接。

1. 等值连接

在 ON 子句中连接两个表的条件称为连接条件，当连接条件中的比较运算符是"="时，称为等值连接，等值连接使用 INNER JOIN 关键字连接多表，其语法格式为：

```
SELECT selection_list1, selection_list2, …, selection_listn
    FROM tb_name1 INNER JOIN tb_name2
    ON tb_name1.column_name1=tb_name2.column_name2
    [WHERE 过滤条件];
```

语法说明：column_name 是列名。

【例 5-26】 查询借阅过图书号为 9787121198666 图书的读者号、书名、作者和借阅日期。

本例要求查询的列分别在 borrow 表和 book 表中，通过 BookID 列使用内连接的方式连接两个表，找出图书号为 9787121198666 的行。

SQL 语句如下：

```
SELECT borrow.BookID, book.BookName, Author, BorrowDate
    FROM borrow INNER JOIN book
    ON borrow.BookID = book.BookID
    WHERE borrow.BookID='9787121198666';
```

运行结果如图 5-26 所示。

BookID	BookName	Author	BorrowDate
9787121198666	MySQL数据库应用	刘鑫	2021-09-12 00:00:00
9787121198666	MySQL数据库应用	刘鑫	2021-10-17 00:00:00

图 5-26 查询结果（1）

在连接操作中，如果 SELECT 子句涉及多个表的相同列名（如 BookID），必须在相同的列名前加上表名（如 borrow.BookID、book.BookID）加以区分。

在查询语句中，ON 后面的 borrow.BookID = book.BookID 为连接条件，WHERE 后面的 borrow.BookID='9787121198666' 为过滤条件。

【例 5-27】 查询借阅过图书号为 9787121198666 图书的读者号、读者名、性别、书名、作者和借阅日期。

SQL 语句如下：

```
SELECT reader.ReaderID, ReaderName, Sex, borrow.BookID, book.BookName,
Author, BorrowDate
    FROM borrow INNER JOIN book INNER JOIN reader
    ON borrow.BookID = book.BookID AND reader.ReaderID = borrow.ReaderID
    WHERE borrow.BookID='9787121198666';
```

运行结果如图 5-27 所示。

ReaderID	ReaderName	Sex	BookID	BookName	Author	BorrowDate
112235	刘雨轩	男	9787121198666	MySQL数据库应用	刘鑫	2021-09-12 00:00:00
112219	王宇航	男	9787121198666	MySQL数据库应用	刘鑫	2021-10-17 00:00:00

图 5-27 查询结果（2）

在使用 INNER JOIN 实现多个表的内连接时，需要在 FROM 子句的多个表之间连续使用 INNER JOIN 关键字。

2. 不等值连接

在 ON 子句中，当连接条件中的连接运算符不是"="，而是其他的运算符时，是不等值连接。若查询多个表内的数据，不等值连接查询就是把两张表各自的列展现出来，没有任何关联。不等值连接通常没有意义。

【例 5-28】查询借阅过图书号为 9787121198666 的图书，但是借阅图书号与图书号不匹配的记录。

把上面例题中 ON borrow.BookID = book.BookID 改为 ON borrow.BookID != book.BookID。
SQL 语句如下：

```
SELECT borrow.BookID, book.BookName, Author, BorrowDate
    FROM borrow INNER JOIN book
    ON borrow.BookID != book.BookID
    WHERE borrow.BookID='9787121198666';
```

前 1 列 borrow.BookID 来自 borrow 表，后 3 列来自 book 表，并且 borrow 表的 BookID 列与 book 表的 BookID 列的值不相等。本 SQL 语句返回结果的数量较多。

5.3.3 外连接

外连接生成的结果集不仅包含符合连接条件的数据行，还包括左表（左外连接时的表）或右表（右外连接时的表）中所有的数据行。外连接的基本语法格式为：

```
SELECT selection_list1, selection_list2, …, selection_listn
    FROM tb_name1 LEFT | RIGHT JOIN tb_name2
    ON tb_name1.column_name1=tb_name2.column_name2;
```

外连接根据连接表的顺序，分为左外连接和右外连接两种。

1. 左外连接

左外连接（LEFT JOIN）是指将左表（LEFT JOIN 关键字左侧的表，也称基表）中的所有数据分别与右表（也称参考表）中的每条数据进行连接组合，返回的结果集中除内连接的数据外，还包括左表中的所有记录（包括不符合条件的记录），然后将左表的这些记录按照连接条件与该关键字右表中的记录连接匹配，并在右表的相应列中添加 NULL。

【例 5-29】利用左外连接，查询所有 book 表中的图书借阅情况。

因为要查询 book 表中所有图书的借阅情况，所以把 book 表作为左表，SQL 语句如下：

```
SELECT * FROM book LEFT JOIN borrow
    ON book.BookID = borrow.BookID;
```

运行结果如图 5-28 所示。

图 5-28　利用左外连接查询图书借阅情况

对于没有读者借阅的图书，因为右表中没有对应的借阅记录，所以被填充为 NULL。

2. 右外连接

右外连接（RIGHT JOIN）以右表（RIGHT JOIN 关键字右侧的表）为基表，将基表中的所有数据分别与左表中的每条数据进行连接组合，返回的结果集中除内连接的数据外，还包括右表的所有记录，然后将右表的这些记录按照连接条件与左表（参考表）中的记录匹配连接。如果左表中没有满足连接条件的记录，则结果集中来自左表的相应行的值为 NULL。

【例 5-30】利用右外连接，查询所有 book 表中的图书借阅情况。

SQL 语句和运行结果如下：

```
SELECT * FROM borrow LEFT JOIN book
    ON book.BookID = borrow.BookID;
```

运行结果如图 5-29 所示。

图 5-29　利用右外连接查询图书借阅情况

5.4 子查询

子查询是一个 SELECT 查询，它嵌套在 SELECT、INSERT、UPDATE、DELETE 语句或其他子查询的 WHERE 子句或 HAVING 子句中。子查询也称为内层查询，而包含子查询的语句称为外层查询，子查询可以嵌套。

嵌套查询先执行内层查询，内层查询查询出来的数据并不显示，而是传递给外层查询，作为外层查询的查询条件。嵌套查询可以用多个简单查询构成一个复杂的查询，增强 SQL 的查询能力。通过子查询，可以实现多表之间的查询。在整个 SELECT 语句中，先计算子查询，再将子查询的结果作为外层查询的过滤条件。

子查询中可以包括 IN、NOT IN、ANY、EXISTS 和 NOT EXISTS 等关键字。子查询中还可以包含 "<" "<=" ">" ">=" "=" "<>" "!=" 等比较运算符。

使用子查询时要注意以下几点。

（1）子查询需用圆括号( )括起来。

（2）子查询内还可以再嵌套子查询。

（3）子查询的 SELECT 语句中不能使用 TEXT、BLOB、LONGTEXT 和 MEDIUMBLOB 等类型的列。

（4）子查询返回结果的值的数据类型必须匹配新增列或 WHERE 子句中的数据类型。

5.4.1 使用带比较运算符的子查询

带比较运算符的子查询是指外层查询把一个表达式的值与子查询产生的值用比较运算符连接。当能确切地知道子查询返回的值时，可以用 "<" "<=" ">" ">=" "=" "<>" "!=" 等比较运算符构造子查询，最后返回比较结果为真的记录。

【例 5-31】在 book 表中，查询高于平均定价的图书。

SQL 语句如下：

```
SELECT * FROM book
    WHERE Price > (SELECT AVG(Price) FROM book);
```

运行结果如图 5-30 所示。

先执行子查询，查询 book 表中 Price 列的平均值，SQL 语句如下：

```
SELECT AVG(Price) FROM book;
```

运行结果如图 5-31 所示。

BookID	BookName	Author	PublishingHouse	Price
9787111636222	Java程序设计基础	王琳娜	机械工业出版社	73.80
9787115545444	JavaScript高级程序设	李辉	人民邮电出版社	82.00
9787121419111	Python程序设计基础	张宏伟	电子工业出版社	68.50
9787302531555	数据库原理与应用	赵利辉	清华大学出版社	89.70

图 5-30 高于平均定价的图书

AVG(Price)
65.962500

图 5-31 Price 列的平均值

再把子查询的结果 65.962500 与外层查询的 Price 列的值一一比较，查询在 book 表的 Price 列中，值大于平均值 65.962500 的行，SQL 语句如下：

```
SELECT * FROM book
    WHERE Price >65.962500;
```

5.4.2 使用带 IN 关键字的子查询

带 IN 关键字的子查询用于判定一个给定的值是否存在于子查询的结果集中。当子查询仅仅返回一个数据列时，适合使用带 IN 关键字的子查询。带 IN 关键字的子查询的语法格式为：

WHERE 查询表达式 IN （子查询语句）

在使用 IN 关键字进行子查询时，由子查询语句返回一个数据列，把查询表达式单个数据与子查询语句产生的一系列的值进行比较，如果数据值匹配一系列的值中的一个，则返回真。

【例 5-32】查询没有借阅过任何图书的读者，也就是在 borrow 表中没有记录的读者。

WHERE 子句检查主查询在 borrow 表中的值与子查询结果中的值不匹配的记录，就是没有借阅过任何图书的读者，SQL 语句如下：

```
SELECT * FROM reader
    WHERE ReaderID NOT IN (SELECT DISTINCT ReaderID FROM borrow);
```

运行结果如图 5-32 所示。

如果查询在 borrow 表中借阅过图书的读者，则在上面 SQL 语句中去掉 NOT。

其中，子查询用于查询在 borrow 表中有借阅记录的 ReaderID 的集合，子查询的 SQL 语句如下：

```
SELECT DISTINCT ReaderID FROM borrow;
```

运行结果如图 5-33 所示。

图 5-32 没有借阅过任何图书的读者

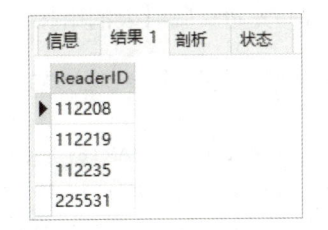

图 5-33 有借阅记录的 ReaderID

5.4.3 使用带 EXISTS 关键字的子查询

EXISTS 关键字表示存在。在使用 EXISTS 关键字时，内层查询语句不返回查询的记录，而是返回一个真或假值。如果内层查询语句查询到满足条件的记录，就会返回真 1，否则返回假 0。当返回真值时，外层查询进行查询，否则外层查询不进行查询。

【例 5-33】如果存在图书号为 9787121198666 的图书，就查询借阅这本书的所有读者。SQL 语句如下：

```
SELECT * FROM borrow
    WHERE EXISTS (SELECT * FROM book WHERE BookID='9787121198666')
    HAVING BookID='9787121198666';
```

运行结果如图 5-34 所示。

ReaderID	BookID	BorrowDate	RefundDate
112219	9787121198666	2021-10-17 00:0	2022-01-20 00:0
112235	9787121198666	2021-09-12 00:0	2021-12-10 00:0

图 5-34 运行结果

5.4.4 使用子查询插入、修改或删除记录

使用子查询插入、修改或删除记录就是使用一个嵌套在 INSERT、UPDATE 或 DELETE 语句中的子查询，批量添加、修改或删除表中的记录。

1. 使用子查询插入记录

在 INSERT 语句中，SELECT 子查询可以向目标表中插入记录。使用 SELECT 子查询可以同时插入多行记录。SELECT 语句返回的是一个查询的结果集，INSERT 语句将这个结果集插入目标表，结果集中记录的列数和列的类型要与目标表完全一致。其语法格式为：

INSERT INTO 表名[(列名列表 1)] SELECT 列名列表 2 FROM 表名；

语法说明：子查询的列名列表 1 必须与 INSERT 语句的列名列表 2 匹配。如果 INSERT 语句没有指定列名列表，则二者的列数、列的数据和顺序要完全一致。

【例 5-34】把 borrow 表中已经归还图书的读者记录添加到临时表 temp_borrow 中。

（1）先定义临时表的结构 temp_borrow，SQL 语句如下：

```
CREATE TABLE temp_borrow
(
    ReaderID CHAR(6) NOT NULL,
    BookID CHAR(13) NOT NULL,
    BorrowDate DATETIME,
    RefundDate DATETIME
);
```

（2）然后用子查询插入记录，SQL 语句如下：

```
INSERT INTO temp_borrow(ReaderID, BookID, BorrowDate, RefundDate)
    ( SELECT * FROM borrow
        WHERE RefundDate IS NOT NULL);
```

(3) 查询 temp_borrow 表中的记录，SQL 语句如下：

```
SELECT * FROM temp_borrow;
```

运行结果如图 5-35 所示。

图 5-35　temp_borrow 表中的记录（1）

2. 使用子查询修改记录

在 UPDATE 语句中，SELECT 子查询可以对一个或多个表或视图的值进行修改。SELECT 子查询可以同时修改多行数据。使用子查询修改记录实际上是将子查询的结果作为修改条件表达式中的一部分。

【例 5-35】 在 temp_borrow 表中，把男性读者的还书日期都修改为 2021-12-31。

SQL 语句如下：

```
UPDATE temp_borrow SET RefundDate='2021-12-31'
    WHERE ReaderID IN (SELECT ReaderID FROM reader  WHERE Sex='男');
```

查询 temp_borrow 表中的记录，SQL 语句如下：

```
SELECT * FROM temp_borrow;
```

运行结果如图 5-36 所示。

图 5-36　temp_borrow 表中的记录（2）

3. 使用子查询删除记录

在 DELETE 语句中，利用子查询可以删除符合条件的记录行。使用子查询删除记录实际上是将子查询的结果作为删除条件表达式中的一部分。

【例 5-36】 在 temp_borrow 表中，删除"刘雨轩"所有的借阅记录。

（1）在 reader 表中查询"刘雨轩"的读者号 ReaderID，SQL 语句如下：

```
SELECT ReaderID FROM reader
    WHERE ReaderName='刘雨轩';
```

（2）利用 DELETE 语句删除该读者号的记录，SQL 语句如下：

```
DELETE FROM temp_borrow
    WHERE ReaderID=(SELECT ReaderID FROM reader WHERE ReaderName='刘雨轩');
```

（3）查看该读者的借阅记录，可以看到"刘雨轩"所有的借阅记录已经被删除。

5.5　习题 5

一、在线测试（单项选择题）

1．下列选项中用于查询记录的语句是（　　）。

　　A．INSERT　　　　B．SELECT　　　　C．UPDATE　　　　D．DELETE

2．（　　）是查询语句 SELECT 选项的默认值。

　　A．ALL　　　　　　　　　　　　　　B．DISTINCT

　　C．DISTINCTROW　　　　　　　　　　D．以上答案都不正确

3．（　　）在 SELECT 语句中对查询数据进行排序。

　　A．WHERE　　　B．ORDER BY　　　C．LIMIT　　　D．GROUP BY

4．与"price>=399 && price<=1399"功能相同的选项是（　　）。

　　A．price BETWEEN 399 AND 1399　　　B．price IN(399,1399)

　　C．399<=price<=1399　　　　　　　　D．以上答案都不正确

5．下列选项中，是聚合函数的是（　　）。

　　A．DISTINCT　　　B．SUM　　　C．IF　　　D．TOP

6．以下连接查询中，（　　）仅会保留符合条件的记录。

　　A．左外连接　　　B．右外连接　　　C．内连接　　　D．自连接

7．对语句"SELECT * FROM city LIMIT 5,10;"的描述正确的是（　　）。

　　A．获取第 6 条到第 10 条记录　　　B．获取第 5 条到第 10 条记录

　　C．获取第 6 条到第 15 条记录　　　D．获取第 5 条到第 15 条记录

8．在语句"SELECT * FROM student WHERE name LIKE '%晓%';"中，WHERE 关键字的含义是（　　）。

　　A．条件　　　B．在哪里　　　C．模糊查询　　　D．逻辑运算

9．查询 tb_book 表中 userno 列的记录，并去除重复值的语句是（　　）。

　　A．SELECT DISTINCT userno FROM tb_book;

　　B．SELECT userno DISTINCT FROM tb_book;

　　C．SELECT DISTINCT(userno) FROM tb_book;

　　D．SELECT userno FROM DISTINCT tb_book;

二、技能训练

1．在学生信息数据库 studentInfo 中，查询学生表 student 中的所有女生记录。

2．在学生信息数据库 studentInfo 中，查询课程表 course 中课时数在 60~80 的所有记录。

3．在学生表 student 中，按性别分组，求出每组学生的平均年龄。

4．在学生表 student 中，输出年龄最大的女生的所有信息。

5．在选课表 selectcourse 中，统计每位学生的平均成绩。

6．查询计算机学院全体同学的学号、姓名、班号、班名和系名。

7．查询每位学生的基本信息及其选修课程的情况，要求显示学生的学号、姓名、选修的课程号和成绩。

单元 6　索引和视图

学习目标

通过本单元的学习，学生能够理解索引的基本概念、特点，掌握创建索引、查看索引和删除索引的方法；理解视图的概念，掌握视图的创建、修改和删除的方法，以及利用视图简化查询操作的方法。

6.1 索引

索引（Index）是对表中一列或多列的值进行排序，并建立索引表的一种数据结构。使用索引可以快速访问表中的特定数据。索引包含从表中生成的键，以及映射到指定记录行的存储位置指针，索引的属性由表中的一列或多列组合而成。使用索引查询表中的数据不需要遍历所有数据库中的所有数据，可以快速查询表中的特定记录，提高查询效率。

创建索引后，索引将由数据库自动管理和维护。例如，在向表中插入、修改和删除一条记录时，数据库会自动在索引中做出相应的修改。在编写 SQL 查询语句时，具有索引的表与不具有索引的表没有任何区别，索引只是提供一种快速访问指定记录的方法。

在 MySQL 中，当执行查询时，查询优化器会对可用的多种数据检索方法的成本进行估计，从中选用最高效的检索方法。

6.1.1 索引的分类

按照分类标准的不同，MySQL 的索引有多种分类方式。

1. 按用途分类

根据用途，在 MySQL 中的索引有以下几类。
1）普通（INDEX）索引

普通索引是最基本的索引类型。创建普通索引使用关键字 INDEX 或 KEY，不附加任何限制条件。

2）唯一（UNIQUE）索引

唯一索引与普通索引的区别仅在于唯一索引的列值不能重复，即索引的列值必须是唯一的，但可以是空值。创建唯一索引使用关键字 UNIQUE，限制该索引的值必须是唯一的。如果是组合索引，则列值的组合必须唯一。在一个表中可以创建多个唯一索引。通过唯一索引，可以更快速地确定某条记录。主键就是一种特殊的唯一索引。

3）主键（PRIMARY KEY）索引

主键索引是一种特殊的唯一索引，在创建表时，定义主键后，系统会自动创建主键索引，也可以通过修改表的方法增加主键。与唯一索引的不同在于主键索引的列值不能为空。在创建主键时，必须使用关键字 PRIMARY KEY，每个表只能有一个主键。

4）全文（FULLTEXT）索引

全文索引是指在定义索引的列上支持值的全文查找，允许在这些索引列中插入重复值和空值。全文索引只能在数据类型为 CHAR、VARCHAR 或 TEXT 的列上创建，并且只能在使用 MyISAM 存储引擎的表中应用，即只有 MyISAM 存储引擎支持全文索引。

5）空间（SPATIAL）索引

空间索引是在使用空间数据类型的列上建立的索引。空间数据类型有 4 种，分别是 GEOMETRY、POINT、LINESTRING 和 POLYGON。使用 SPATIAL 关键字将索引设置为空间索引。空间索引只能建立在空间数据类型上，创建空间索引的列必须将其声明为 NOT NULL，目前只有 MyISAM 存储引擎支持空间索引。

2. 按索引列的个数分类

索引可以建立在单一列上，也可以建立在多个列上。

1）单列索引

单列索引就是一个索引只包含表中的一个列。在一个表上可以建立多个单列索引。单列索引可以是普通索引，也可以是唯一索引，还可以是全文索引。只要保证该索引只对应一个列即可。

2）多列索引

多列索引也称组合索引或复合索引。多列索引是指在表的多个列上创建一个索引，该索引指向多个对应的列，可以通过这几个列查询。但是，只有查询条件中使用了这些列中的第一列时，索引才会被使用，也就是最左前缀法则。最左前缀法则是指先按照第一列（顺序排列位于最左侧的列）排序，在第一列的值相同的情况下再对第二列排序，以此类推。

3. 聚簇索引和非聚簇索引

聚簇索引是指索引表的索引顺序与表的物理顺序相同，这样能保证索引值相近的记录行存储的物理位置也相近。因为一个表的物理顺序只有一种情况，所以，对应的聚簇索引只能有一个。

并非 MySQL 的存储引擎都支持聚簇索引，目前只有 SQLidDB 存储引擎和 InnoDB 存储引擎支持聚簇索引。

非聚簇索引的索引顺序与数据表的物理顺序无关。非聚族索引就是普通索引，仅仅是对列创建相应的索引，不影响整个表的物理存储顺序。

4. 按数据结构分类

按数据库中快速查找记录的数据结构，可以将索引分为 B Tree（B 树）索引、B+ Tree（B+树）索引和 Hash（哈希）索引。

其中，B 树索引是系统默认的索引类型，InnoDB 存储引擎和 MyISAM 存储引擎支持 B 树索引，MEMORY 存储引擎支持 Hash 索引。

6.1.2 查看索引

使用 SHOW INDEX 语句查看表中索引的名称、类型及相关参数，其语法格式为：

`SHOW INDEX FROM db_name.tb_name;`

其中，db_name 是数据库名，tb_name 是表名。

【例 6-1】在 library 数据库中，查看图书表 book 和借阅表 borrow 上建立的索引。

SQL 语句如下：

```
USE library;
SHOW INDEX FROM book;
SHOW INDEX FROM borrow;
```

在 Navicat for MySQL 中，选中"SHOW INDEX FROM borrow;"语句，单击"运行已选择的"按钮，结果如图 6-1 所示。

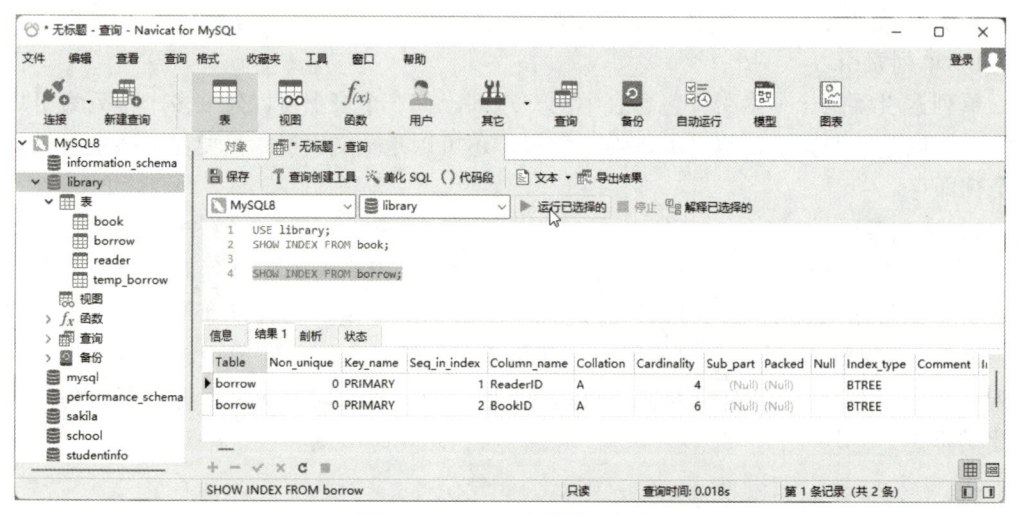

图 6-1 borrow 表的索引信息

索引信息以表格的形式显示，显示的索引信息主要有以下几项。

（1）Table：指定索引所在的表的名称，图中显示 borrow 表。

（2）Non_unique：该索引是否为唯一索引。如果是唯一索引，则该列值为 0。如果不是唯一索引，则该列值为 1。borrow 表上的索引是唯一索引。

（3）Key_name：索引的名称。若在创建索引的语句中使用 PRIMARY KEY 关键字，且没有给出索引名，则系统会为其指定一个索引名，即 PRIMARY。图中 borrow 表的索引是主键索引，索引的名称是 PRIMARY。

（4）Seq_in_index：索引中的列序列号，从 1 开始。

（5）Column_name：建立索引的列的名称。图中的两个主键索引分别建立在 ReaderID 和 BookID 列上。

（6）Collation：列以什么方式存储在索引中。值 A 表示升序，D 表示降序，NULL 表示无分类。

（7）Cardinality：索引中唯一值的估计值。基数根据被存储为整数的统计数据来计数，所以即使对于小型表，该值也没有必要是精确的。基数越大，使用该索引的机会就越大。

（8）Sub_part：如果列只有部分被编入索引，则其值为被编入索引的字符的数目；如果整列被编入索引，则为 NULL。

（9）Packed：指示关键字如何被压缩。如果没有被压缩，则为 Null。

（10）Null：如果列含有 NULL，则含有 YES。如果没有，则该列含有 NO。

（11）Index_type：索引方法（BTREE, FULLTEXT, HASH, RTREE）。

（12）Comment：多种评注。

6.1.3 创建索引

创建索引是指在某个表的一列或多列上建立一个索引。MySQL 提供了 4 种创建索引的方法。可以在创建表的同时创建索引，也可以在已经存在的表上使用 CREATE INDEX 语句创建索引，或使用 ALTER TABLE 语句添加索引，还可以自动创建索引。

1. 使用 CREATE TABLE 语句创建索引

使用 CREATE TABLE 语句可以在创建表的同时创建索引，其语法格式为：

```
CREATE [TEMPORARY] TABLE [db_name.]tb_name
(
    column_name data_type [列级完整性约束条件，]
    [ …, ]
    [表级完整性约束条件，]
    [CONSTRAINT index_name] [UNIQUE | FULLTEXT] [INDEX] [index_name] (index_column)
);
```

语法说明如下：

（1）UNIQUE | INDEX：创建的索引的类型。UNIQUE 是唯一索引，INDEX 是普通索引。

（2）index_name：创建的索引的名称。一个表上可以创建多个索引，每个索引的名称必须是唯一的。索引名可以不写，如果不写索引名，则默认与列名相同。

（3）index_column：索引列的定义，其语法格式如下。

```
index_column_name [(length)] [ASC|DESC]
```

- index_column_name：要创建索引的列的名称。通常将在查询语句中的 WHERE 子句和 JOIN 子句中出现的列作为索引列。
- length：指定使用列的前 length 个字符创建索引，length 小于列的实际长度。使用列值的一部分创建索引有利于减小索引文件的大小，节省磁盘空间。由于索引列的长度有上限，如果索引列的长度超过了这个上限，就需要利用前缀索引。另外，在 BLOB 或 TEXT 类型的列上创建索引时必须使用前缀索引。前缀最长为 255 字节，但对于使用 MyISAM 存储引擎或 InnoDB 存储引擎的表，前缀最长为 1000 字节。
- ASC|DESC：指定索引是按升序（ASC）还是降序（DESC）排列，默认为 ASC。

2．使用 CREATE INDEX 语句创建索引

使用 CREATE INDEX 语句能够在一个已存在的表上创建索引，其语法格式为：

```
CREATE [UNIQUE | FULLTEXT] [INDEX] index_name
    ON tb_name (index_column_name [(length)] [ASC | DESC]);
```

语法说明：与 CREATE TABLE 中相关选项的含义相同。可以指定索引的类型、唯一性和复合性，既可以在一个列上创建索引，也可以在两个或者两个以上的列上创建索引。

3．使用 ALTER TABLE 语句创建索引

使用 ALTER TABLE 语句可以添加索引，其语法格式为：

```
ALTER TABLE tb_name
    ADD [UNIQUE | FULLTEXT] [INDEX] [index_name] (index_column_name [(length)]
[ASC|DESC]);
```

4．自动创建索引

前面 3 种创建索引的方法可以使用 SQL 语句直接创建索引。另外，在表中定义主键约束、唯一键约束、外键约束的同时，系统会自动创建索引，就是说间接创建了索引。

在创建主键约束时，系统会自动创建一个唯一的聚簇索引。虽然，在逻辑上，主键约束是一种重要的结构，但是，在物理结构上，与主键约束对应的结构是唯一的聚簇索引。换句话说，在物理实现上，不存在主键约束，只存在唯一的聚簇索引。

同样，在创建唯一键约束的同时，也会创建索引，但这种索引是唯一的非聚簇索引。若建立外键，也会自动建立外键索引。

因此，在使用约束自动创建索引时，索引的类型和特征基本确定了，定制的余地比较小。

当在表上定义主键或唯一键约束时，如果表中已经有了使用 CREATE INDEX 语句创建的标准索引，那么由主键约束或唯一键约束创建的索引将覆盖以前创建的标准索引。也就是说，主键约束或唯一键约束创建的索引的优先级高于使用 CREATE INDEX 语句创建的索引。

6.1.4 创建索引实例

1．没有索引

在定义表结构时，如果没有添加建立索引的关键字，也没有定义主键、唯一键和外键，则该表没有索引。

【例 6-2】在 library 数据库中，创建 temp_tb1 表，表的列为 ID、Info。

SQL 语句如下：

```
CREATE TABLE temp_tb1
(
    ID INT NOT NULL,
```

```
    Info VARCHAR(30)
);
```

执行 SHOW INDEX 语句，查看该表上建立的索引，SQL 语句如下：

```
SHOW INDEX FROM temp_tb1;
```

结果如图 6-2 所示，该表中没有索引。

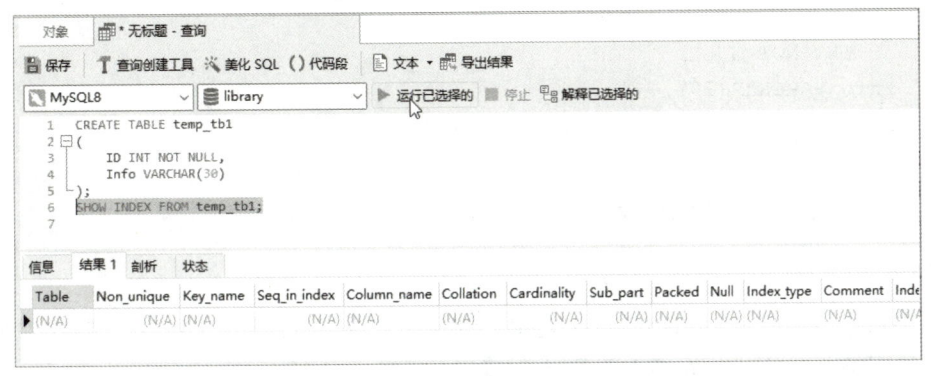

图 6-2 temp_tb1 表的索引信息-没有索引

2. 普通索引

普通索引是最基本的索引，它没有任何限制。普通索引可以建立在任何数据类型的列上，如果语句中没有指明排序的方式，则采用默认的排列方式，即 ASC（升序排列）。

【例 6-3】创建 temp_tb2 表，表的列为 ID、Info，在创建表的同时，在 Info 列创建普通索引，并按升序排列。

SQL 语句如下：

```
CREATE TABLE temp_tb2
(
    ID INT NOT NULL,
    Info VARCHAR(30),
    INDEX index_info (Info ASC)
);
```

执行 SHOW INDEX 语句，查看该表上建立的索引，SQL 语句如下：

```
SHOW INDEX FROM temp_tb2;
```

结果如图 6-3 所示，index_info 是用户创建的普通索引。

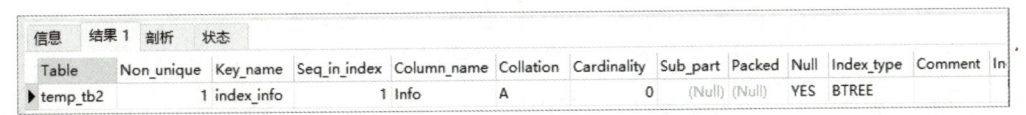

图 6-3 temp_tb2 表的索引信息-普通索引

3. 列值前缀索引

创建基于列值前缀字符的索引在列名后的小括号中指定。对字符进行排序，若是英文，按字母顺序排列；若是中文，不同的系统有不同的处理规则，在 MySQL 中按汉语拼音对应的英文字母顺序排序。

【例 6-4】创建 temp_tb3 表，表的列为 ID、Info，为 Info 列的前 3 个字符创建降序普通索引。

SQL 语句如下：

```
CREATE TABLE temp_tb3
(
    ID INT NOT NULL,
    Info VARCHAR(30),
    INDEX index_info3 (Info(3) DESC)
);
```

执行 SHOW INDEX 语句，查看该表上建立的索引，SQL 语句如下：

```
SHOW INDEX FROM temp_tb3;
```

结果如图 6-4 所示，index_info3 是用户创建的普通索引，Sub_part 列下的 3 就是前缀索引的字符数目。Collation 列下的 D 表示降序。

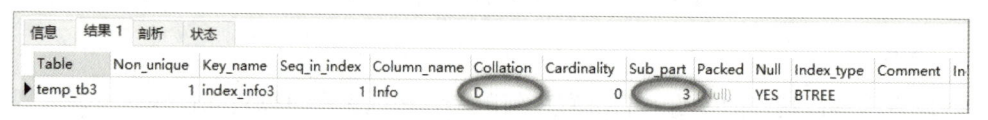

图 6-4　temp_tb3 表的索引信息-列值前缀索引

【例 6-5】在 temp_tb2 表中，为 Info 列创建列值前缀普通索引。

SQL 语句如下：

```
ALTER TABLE temp_tb2
    ADD INDEX index_info4 (Info(4) DESC);
```

执行 SHOW INDEX 语句，查看该表上建立的索引，SQL 语句如下：

```
SHOW INDEX FROM temp_tb2;
```

结果如图 6-5 所示，Info 列上有两个索引，第 1 行是原来添加的普通索引，第 2 行是本例添加的列值前缀普通索引，Sub_part 列下的 4 是前缀索引的字符数目，Collation 列下的 D 表示降序。

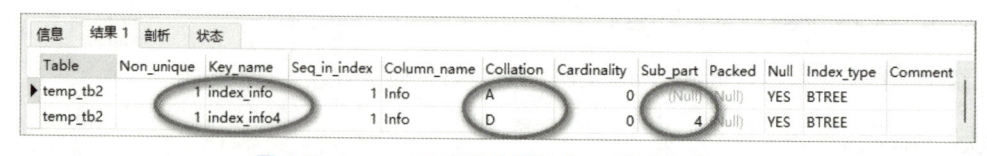

图 6-5　temp_tb2 表的索引信息-列值前缀索引

4. 唯一索引

创建唯一索引需要使用 UNIQUE 关键字。如果定义列为唯一键约束，系统会自动建立一个唯一索引。索引列的值必须唯一，但允许有空值。如果是组合索引，则列值的组合必须唯一。

【例 6-6】 创建 temp_reader 表,在表的 Phone 列上创建名为 phone_index 的唯一索引,以升序排列。

SQL 语句如下:

```
CREATE TABLE temp_reader (
    ReaderID CHAR(6) PRIMARY KEY,
    ReaderName VARCHAR(20) NOT NULL,
    Sex CHAR(2),
    Phone CHAR(14) UNIQUE KEY,
    UNIQUE INDEX phone_index (Phone ASC)
);
```

执行 SHOW INDEX 语句,查看该表上建立的索引,SQL 语句如下:

```
SHOW INDEX FROM temp_reader;
```

结果如图 6-6 所示。第 1 行是在创建唯一键约束时,系统自动创建的唯一索引。第 2 行是在定义 Phone 列为唯一键约束时,系统自动创建的唯一索引。第 3 行是使用 UNIQUE INDEX 子句创建的唯一索引。

Table	Non_unique	Key_name	Seq_in_index	Column_name	Collation	Cardinality	Sub_part	Packed	Null	Index_type
temp_reader	0	PRIMARY	1	ReaderID	A	0	(Null)	(Null)		BTREE
temp_reader	0	Phone	1	Phone	A	0	(Null)	(Null)	YES	BTREE
temp_reader	0	phone_index	1	Phone	A	0	(Null)	(Null)	YES	BTREE

图 6-6 temp_reader 表上创建的索引

由于在 Phone 列上创建索引时指定了索引名称 phone_index,与系统在该列上创建的索引名 Phone(图中的第 2 行)不同,所以不会发生冲突。如果使用 UNIQUE INDEX 子句在 Phone 列上创建的索引名也是 Phone,则发生 "Duplicate key name 'Phone'"(该列名重复)的错误。

【例 6-7】 使用 CREATE INDEX 语句在 temp_reader 表的 ReaderName 列上创建唯一索引。

SQL 语句如下:

```
CREATE UNIQUE INDEX name_index ON temp_reader (ReaderName);
```

执行 SHOW INDEX 语句,查看该表上创建的索引,SQL 语句如下:

```
SHOW INDEX FROM temp_reader;
```

结果如图 6-7 所示,第 2 行索引是新创建的 name_index 索引。

Table	Non_unique	Key_name	Seq_in_index	Column_name	Collation	Cardinality	Sub_part	Packed	Null	Index_type
temp_reader	0	PRIMARY	1	ReaderID	A	0	(Null)	(Null)		BTREE
temp_reader	0	name_index	1	ReaderName	A	0	(Null)	(Null)		BTREE
temp_reader	0	Phone	1	Phone	A	0	(Null)	(Null)	YES	BTREE
temp_reader	0	phone_index	1	Phone	A	0	(Null)	(Null)	YES	BTREE

图 6-7 temp_reader 表上创建的 name_index 索引

【例 6-8】使用 ALTER TABLE 语句在 temp_reader 表的 ReaderID 列上创建唯一索引。SQL 语句如下：

```
ALTER TABLE temp_reader ADD UNIQUE INDEX (ReaderID DESC);
```

执行 SHOW INDEX 语句，查看该表上创建的索引，SQL 语句如下：

```
SHOW INDEX FROM temp_reader;
```

结果如图 6-8 所示，本例的 SQL 语句中没有给出索引名，则用索引列的列名 ReaderID 作为索引名。

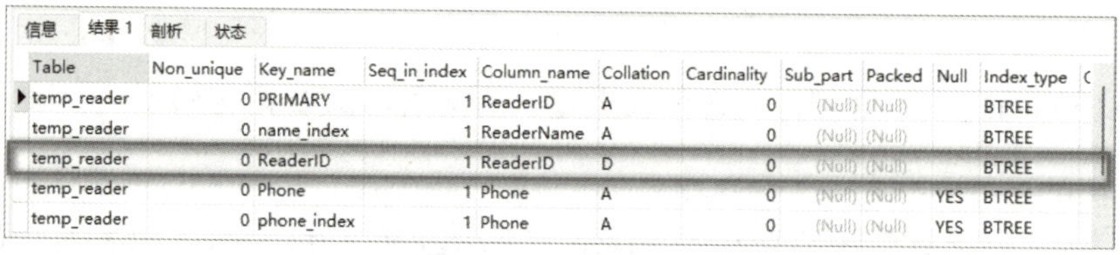

图 6-8 temp_reader 表上创建的 ReaderID 索引

5．多列索引

多列索引是在多个列上创建一个索引。如果建立多列唯一索引，则列值的组合值必须唯一。

当表中有多个关键列时，使用多列索引可以提高查询性能，减少在一个表中创建索引的数量。在查询时，当两个或多个列作为一个关键值时，最好在这些列上创建多列索引。创建多列索引应遵循以下原则。

（1）在多列索引中，所有的列必须来自同一个表，不能来自多个表。

（2）在多列索引中，列的排列顺序非常重要，原则上，应该先定义唯一的列。为了使查询优化器使用多列索引，查询语句中的 WHERE 子句必须参考多列索引中的第一列。

（3）最多可以将 16 个列合并成一个多列索引，构成多列索引的列的总长度不能超过 900 字节。

【例 6-9】创建 temp_book 表，在 BookName 列和 Author 列上建立多列索引，并且 BookName 列按升序排序，Author 列按降序排序，索引名为 name_author_index。

SQL 语句如下：

```
CREATE TABLE temp_book (
    BookID CHAR(13) PRIMARY KEY,
    BookName VARCHAR(30) NOT NULL,
    Author VARCHAR(20),
    PublishingHouse VARCHAR(30),
    Price FLOAT(10,2),
    INDEX name_author_index (BookName ASC, Author DESC)
);
```

执行 SHOW INDEX 语句，查看在该表上创建的索引，SQL 语句如下：

```
SHOW INDEX FROM temp_book;
```

结果如图 6-9 所示，第 1 行的 PRIMARY 索引是系统自动创建的主键索引。第 2 行和第 3 行是本例创建的多列索引 name_author_index，列名分别是 BookName 和 Author。

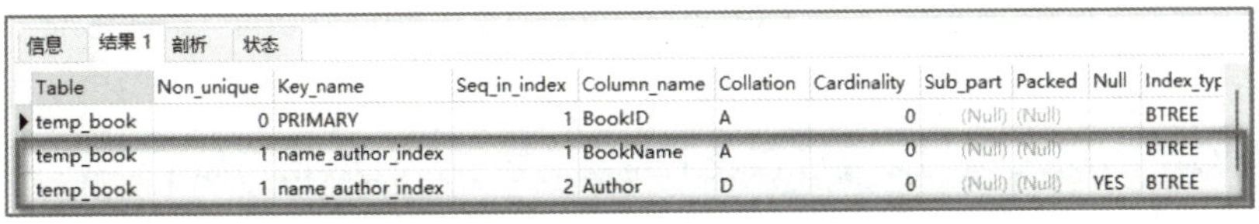

图 6-9　在 temp_book 表上创建的多列索引

在 temp_book 表上的索引 name_author_index 是创建在 BookName 列和 Author 列上的，排序时先按 BookName 列的值升序排序，当 BookName 值相同时，再按 Author 列的值降序排序。

6. 全文索引

全文索引只能创建在数据类型为 CHAR、VARCHAR 和 TEXT 的列上。

【例 6-10】使用 ALTER TABLE 语句，在 temp_book 表中添加简介列 Note，数据类型为 VARCHAR(50)，并在 Note 列上创建一个全文索引，索引名为 note_index。

SQL 语句如下：

```
ALTER TABLE temp_book
    ADD COLUMN Note VARCHAR(50),
    ADD FULLTEXT INDEX note_index(Note);
```

执行 SHOW INDEX 语句，查看该表上创建的索引，SQL 语句如下：

```
SHOW INDEX FROM temp_book;
```

结果如图 6-10 所示，最下面一行是创建的全文索引。

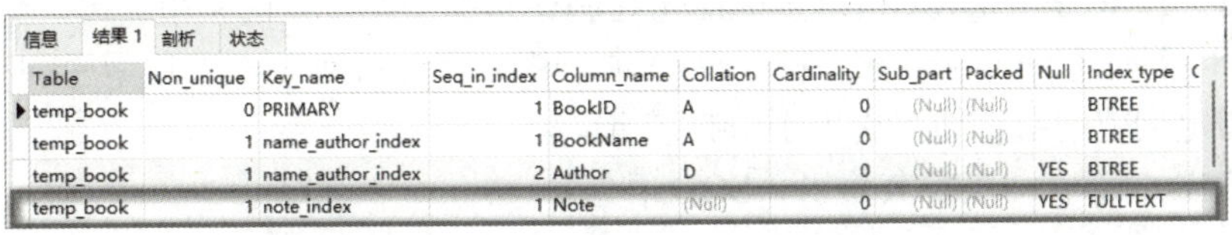

图 6-10　在 temp_book 表上创建的全文索引

7. 主键索引和外键索引

在创建表时，若指定表的主键，则自动创建主键索引。若建立外键，则自动创建外键索引。

【例 6-12】重新创建 temp_borrow 表，将 ReaderID 列和 BookID 列设置为主键约束，设置外键约束 FK_book，通过外键 BookID 列与 tepm_book 表建立外键关系。

SQL 语句如下：

```
DROP TABLE IF EXISTS temp_borrow;
CREATE TABLE temp_borrow (
    ReaderID CHAR(6),
    BookID CHAR(13),
```

```
    BorrowDate DATETIME,
    RefundDate DATETIME,
    CONSTRAINT PK_borrow PRIMARY KEY(ReaderID, BookID),
    CONSTRAINT FK_book FOREIGN KEY(BookID) REFERENCES temp_book(BookID)
);
```

执行 SHOW INDEX 语句，查看该表上建立的索引，SQL 语句如下：

```
SHOW INDEX FROM temp_borrow;
```

结果如图 6-11 所示，第 1、2 行是通过 CONSTRAINT 子句定义的 ReaderID 列和 BookID 列主键约束，系统自动创建主键索引。第 3 行是通过 CONSTRAINT 子句定义的外键约束，系统自动创建外键索引。

Table	Non_unique	Key_name	Seq_in_index	Column_name	Collation	Cardinality	Sub_part	Packed	Null	Index_type
temp_borrow	0	PRIMARY	1	ReaderID	A	0	(Null)	(Null)		BTREE
temp_borrow	0	PRIMARY	2	BookID	A	0	(Null)	(Null)		BTREE
temp_borrow	1	FK_book	1	BookID	A	0	(Null)	(Null)		BTREE

图 6-11 temp_borrow 表上的主键索引和外键索引

6.1.5 使用指定的索引

可以在 SELECT 语句中使用指定的索引，其语法格式为：

```
SELECT 表达式列表 FROM TABLE [{USE|IGNORE|FORCE} INDEX (key_list)]
    WHERE 条件;
```

语法说明：在查询语句中的表名后添加 USE|IGNORE|FORCE INDEX (key_list)子句。其中，USE INDEX 指定查询语句使用的索引；IGNORE INDEX 指定查询语句忽略一个或者多个索引；FORCE INDEX 指定查询语句强制使用的一个特定的索引。

【例 6-13】创建 temp_tb4 表，在 temp_tb4 表中，为 Info 列创建普通索引和列值前缀普通索引，指定列值前缀普通索引用于 Info 查询。

（1）建立 temp_tb4 表及其索引，SQL 语句如下：

```
CREATE TABLE temp_tb4
(
    ID INT NOT NULL,
    Info VARCHAR(30),
    INDEX index_info (Info ASC),
    INDEX index_info10 (Info(10) DESC)
);
```

（2）执行 SHOW INDEX 语句，查看该表上创建的索引，SQL 语句如下：

```
SHOW INDEX FROM temp_tb4;
```

结果如图 6-12 所示。

[图片:图 6-12 表格内容]

图 6-12 temp_tb4 表上创建的索引（1）

（3）指定使用列值前缀普通索引 index_info10，SQL 语句如下：

```
SELECT * FROM temp_tb4 USE INDEX (index_info10) WHERE Info='本书特色';
```

（4）查看使用索引的情况，SQL 语句如下：

```
EXPLAIN SELECT * FROM temp_tb4 USE INDEX (index_info10) WHERE Info='本书特色';
```

结果如图 6-13 所示。

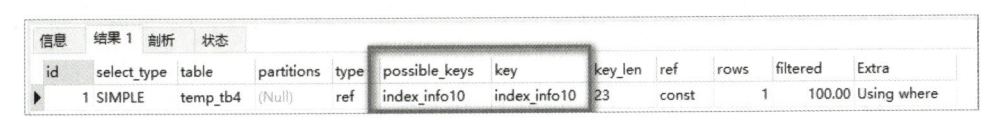

图 6-13 使用索引的情况

6.1.6 删除索引

对于不再使用的索引，应该将其删除。删除索引使用 ALTER TABLE 或 DROP INDEX 语句。

1. 使用 DROP INDEX 语句删除索引

使用 DROP INDEX 语句删除索引的语法格式为：

```
DROP INDEX index_name ON tb_name;
```

语法说明：index_name 指定要删除的索引的名称，tb_name 指定该索引所在的表。该语句的作用是删除建立在 tb_name 表上的名称为 index_name 的索引。

【例 6-14】删除 temp_tb4 表中的索引 index_info。

SQL 语句如下：

```
DROP INDEX index_info ON temp_tb4;
```

执行 SHOW INDEX 语句，查看该表上创建的索引，SQL 语句如下：

```
SHOW INDEX FROM temp_tb4;
```

结果如图 6-14 所示。执行删除索引的语句后，temp_tb4 表上的 index_info 索引被删除，对 temp_tb4 表本身没有任何影响，也不影响该表上的其他索引。

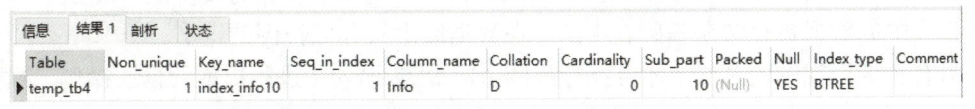

图 6-14 temp_tb4 表上创建的索引（2）

2. 使用 ALTER TABLE 语句删除索引

ALTER TABLE 语句具有很多功能，不仅能添加索引，还能删除索引。其语法格式为：

`ALTER TABLE tb_name DBOP INDEX index_name;`

上面语句的功能是删除 tb_name 表中的索引 index_name。

因为一个表只有一个主键索引，所以在删除主键索引时不需要指定索引名。其语法格式为：

`ALTER TABLE tb_name DROP PRIMARY KEY;`

使用 ALTER TABLE 语句的 DROP CONSTRAINT 子句能够删除表中的主键或外键约束，同时就删除了相应的主键、外键的索引。

注意：如果删除表中的某一列，而该列是索引项，则该列的索引也被删除。对于多列索引，如果删除其中的某列，则该列也会从索引中删除。如果删除多列索引的所有列，则整个索引将被删除。

【例 6-15】删除 temp_borrow 表中创建的主键索引。

SQL 语句如下：

`ALTER TABLE temp_borrow DROP PRIMARY KEY;`

执行 SHOW INDEX 语句，查看该表上建立的索引，SQL 语句如下：

`SHOW INDEX FROM temp_borrow;`

查看在该表上建立的索引，这时已经没有主键索引了。

【例 6-16】删除 temp_book 表中创建的主键索引。

SQL 语句如下：

`ALTER TABLE temp_book DROP PRIMARY KEY;`

显示错误提示"1553 - Can't drop index 'PRIMARY': needed in a foreign key constraint"，意思是不能删除主键索引，因为是一个外键。

执行 SHOW INDEX 语句，查看该表上建立的索引，SQL 语句如下：

`SHOW INDEX FROM temp_book;`

6.2 视图

视图由表派生，派生视图的表称为视图的基础表，简称基表。视图可以是一个或多个基础表的行或列的子集，也可以是基础表的统计汇总，或者是视图与基础表的组合。视图是由 SELECT 语句构成的、基于选择查询的虚拟表，视图中保存的仅仅是一条 SELECT 语句，视图中的数据是存储在基础表中的，在数据库中只存储视图的定义。

只有在调用视图的时候，才会执行视图中的 SQL 语句，进行提取数据的操作。视图的内容没有存储，而是在视图被引用的时候才派生数据，这样不会占用空间。由于视图的数据是即时引用的，因此视图的内容与基础表的内容是一致的，可以保证视图的完整性。

6.2.1 创建视图

创建视图使用 CREATE VIEW 语句，其语法格式为：

```
CREATE [OR REPLACE] VIEW view_name[(column_name1, column_name2,…)]
    AS select_statement
    [WITH [{CASCADED | LOCAL}] CHECK OPTION];
```

语法说明如下：

（1）OR REPLACE：可选项，该子语句用于替换数据库中已有的同名视图，但需要在该视图上具有 DROP 权限。

（2）view_name：指定视图的名称。视图的名称在数据库中必须是唯一的，不能与其他表或视图同名。视图的命名建议采用"view_表名_功能"的形式。

（3）column_name：可选子句，为视图中的每个列指定明确的名称。其中，列名的数量必须等于 SELECT 语句检索出的结果集的列数，列名之间用逗号分隔。如果省略 column_name 子句，则新建的视图使用与基础表或源视图相同的列名。

（4）select_statement：指定创建视图的查询语句，查询语句参数是一个完整的 SELECT 语句，表示从某个表中查询某些满足条件的记录，将这些记录导入视图。SELECT 语句可以是任何复杂的查询语句，但不允许包含子查询。

（5）WITH CHECK OPTION：可选项，在更新视图中的记录时，该子句检查新记录是否符合 select_statement 中指定的 WHERE 子句的条件。如果插入的新记录不符合 WHERE 子句的条件，则无法插入记录。另外，当视图依赖多个基础表时，也不能向该视图插入记录，这是因为不能确定要被更新的基础表。

当一个视图是根据另一个视图定义的时，WITH CHECK OPTION 给出两个参数，即 CASCADED 和 LOCAL，它们决定检查测试的范围。其中，关键字 CASCADED 为选项的默认值，表示在更新视图时要满足所有相关视图和表的条件。关键字 LOCAL 表示在更新视图时，满足视图本身的定义条件即可。虽然 WITH CHECK OPTION 是可选项，但是为了数据的安全性，建议使用此选项。

【例 6-18】在 library 数据库的 borrow 表上创建一个名为 view_borrow1 的视图，要求该视图包含 borrow 表中所有列和所有未还书的读者记录，并且要求今后对该视图数据的修改都必须符合这个条件。

SQL 语句如下：

```
USE library;
CREATE OR REPLACE VIEW view_borrow1
    AS
    SELECT * FROM borrow WHERE RefundDate IS NULL
    WITH CHECK OPTION;
```

在 Navicat for MySQL 中输入 SQL 语句，运行代码后，在导航窗格中刷新"视图"列表，在"视图"列表下可以看到新建的 view_borrow1 视图。在创建视图后，就可以如同查询表那样查询视图。在导航窗格中双击视图的名称打开视图，在"视图"窗格中显示该视图中的记录，如图 6-15 所示。由此可见，视图是将 SELECT 语句的查询结果创建为一个虚拟表。

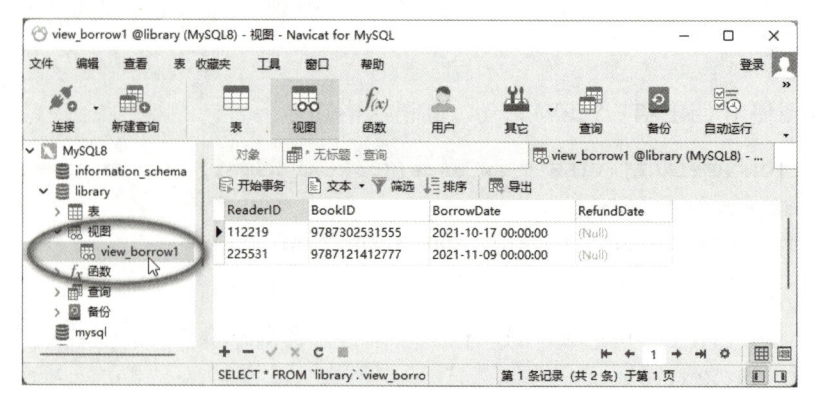

图 6-15 view_borrow1 视图中的记录

该视图中的记录与使用下面 SQL 语句的查询结果相同：

SELECT * FROM borrow WHERE RefundDate IS NULL;

【例 6-19】在 library 数据库中，创建 view_borrow_count 视图，要求该视图包含 borrow 表中所有借阅图书的读者号和借阅图书的次数，并按读者号 ReaderID 升序排列。

创建 view_borrow_count 视图的 SQL 语句如下：

```
CREATE VIEW view_borrow_count (ReaderID, Counts)
    AS
    SELECT ReaderID, COUNT(ReaderID) FROM borrow
        GROUP BY ReaderID;
```

在 Navicat for MySQL 中运行上面 SQL 语句，在导航窗格中刷新"视图"列表，在"视图"列表中双击"view_borrow_count"选项打开视图，"视图"窗格中显示该视图中的记录，如图 6-16 所示。

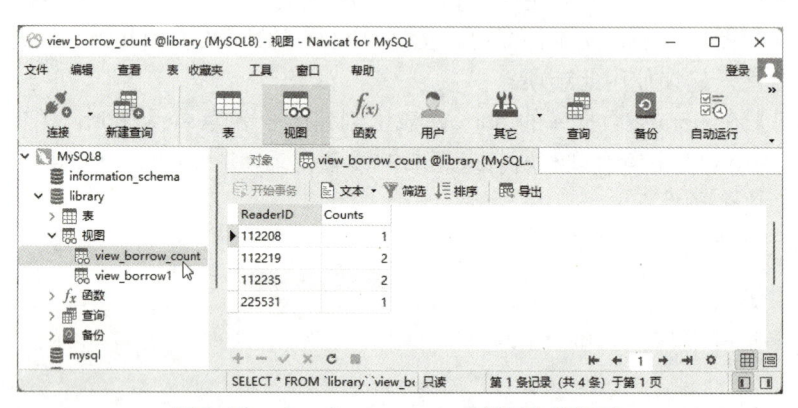

图 6-16 view_borrow_count 视图中的记录

该视图中的记录与使用下面 SQL 语句的查询结果相同：

```
SELECT ReaderID, COUNT(ReaderID) FROM borrow
    GROUP BY ReaderID;
```

【例 6-20】创建 view_borrow2 视图，要求该视图包含 ReaderID、ReaderName、BookID、

BookName、BorrowDate、RefundDate 列，和所有已经还书的读者记录，并且要求以后对该视图记录的修改必须符合已经还书的条件。

（1）设计 SELECT 语句，包含 ReaderID、ReaderName、BookID、BookName、BorrowDate、RefundDate 列，和已经还书的记录，SQL 语句如下：

```
SELECT borrow.ReaderID, ReaderName, borrow.BookID, BookName, BorrowDate, RefundDate
    FROM borrow INNER JOIN reader INNER JOIN book
    ON borrow.ReaderID=reader.ReaderID AND borrow.BookID=book.BookID
    WHERE RefundDate IS NOT NULL;
```

运行结果如图 6-17 所示。

图 6-17 运行结果

（2）创建视图，SQL 语句如下：

```
CREATE OR REPLACE VIEW view_borrow2(ReaderID, ReaderName, BookID, BookName,
    BorrowDate, RefundDate)
    AS
    SELECT borrow.ReaderID, ReaderName, borrow.BookID, BookName, BorrowDate, RefundDate
        FROM borrow INNER JOIN reader INNER JOIN book
        ON borrow.ReaderID=reader.ReaderID AND borrow.BookID=book.BookID
        WHERE RefundDate IS NOT NULL
    WITH CHECK OPTION;
```

在 Navicat for MySQL 中运行上面 SQL 语句，在导航窗格中刷新"视图"列表，在"视图"列表中双击"view_borrow2"选项打开视图，"视图"窗格中显示该视图中的记录，如图 6-18 所示。

图 6-18 view_borrow2 视图中的记录

6.2.2 查看视图的定义

查看视图是指查看数据库中已经存在的视图的定义,查看视图必须要有相应的权限。查看视图可以使用以下几条语句,它们从不同的角度显示视图的相关信息。

1. 使用 SHOW CREATE VIEW 语句查看已有视图的定义(结构)

语法格式为:

SHOW CREATE VIEW view_name;

其中,view_name 指定要查看的视图的名称。

2. 使用 DESCRIBE 语句查看视图的定义

语法格式为:

DESCRIBE | DESC view_name;

3. 在 information_schem 数据库的 views 表中查看视图的定义

语法格式为:

SELECT * FROM information_schema.views WHERE table_name='视图名';

【例 6-21】在 library 数据库中,查看 view_borrow1 视图的定义。

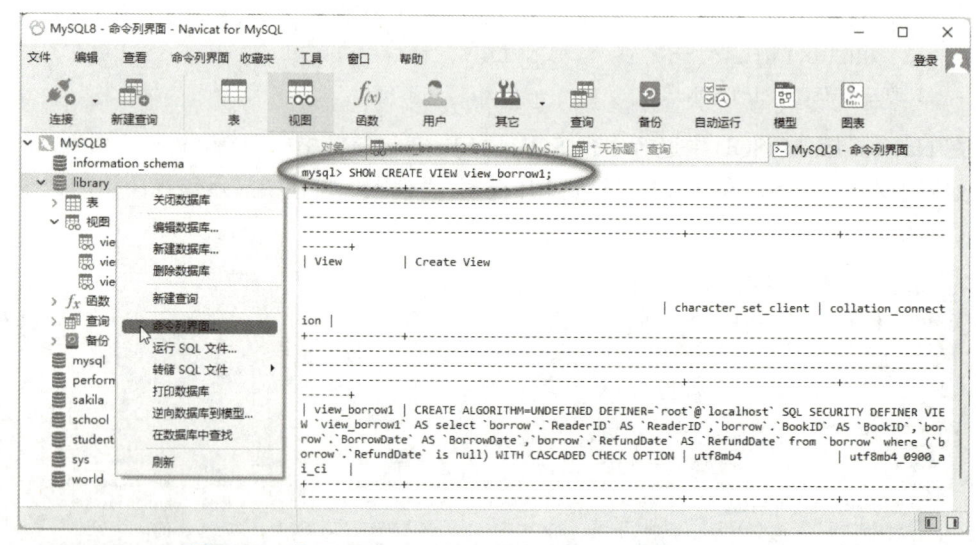

(1)使用 SHOW CREATE VIEW 语句查看视图 view_borrow1 的定义,SQL 语句如下:

SHOW CREATE VIEW view_borrow1;

上面的语句在 Navicat for MySQL 的"查询"窗格中不能完整地呈现出结果,所以在"命令列界面"窗格中运行,结果如图 6-19 所示。

图 6-19 使用 SHOW CREATE VIEW 语句查看视图的定义

(2)使用 DESCRIBE 语句查看 view_borrow1 视图的定义,在"命令列界面"窗格中运行的 SQL 语句如下:

```
DESC view_borrow1;
```

运行结果如图 6-20 所示。

```
+------------+----------+------+-----+---------+-------+
| Field      | Type     | Null | Key | Default | Extra |
+------------+----------+------+-----+---------+-------+
| ReaderID   | char(6)  | NO   |     | NULL    |       |
| BookID     | char(13) | NO   |     | NULL    |       |
| BorrowDate | datetime | YES  |     | NULL    |       |
| RefundDate | datetime | YES  |     | NULL    |       |
+------------+----------+------+-----+---------+-------+
4 rows in set (0.02 sec)
```

图 6-20 使用 DESCRIBE 语句查看视图的定义

（3）在 information_schem 数据库的 views 表中查看 view_borrow1 视图的定义，SQL 语句如下：

```
SELECT * FROM information_schema.views WHERE table_name ='view_borrow1';
```

6.2.3 通过视图查询记录

在创建视图后，就可以通过视图查询记录，这也是使用最多的操作。在 Navicat for MySQL 中，在导航窗格中双击视图的名称，在"视图"窗格中会显示该视图中的记录。可以使用 SELECT 语句查询视图中的数据。

【例 6-22】使用 view_borrow2 视图查询读者"刘雨轩"的基本情况。

SQL 语句如下：

```
USE library;
SELECT * FROM view_borrow2 WHERE ReaderName='刘雨轩';
```

在 Navicat for MySQL 的"查询"窗格中输入上面 SQL 语句，单击"运行"按钮，查询结果如图 6-21 所示。

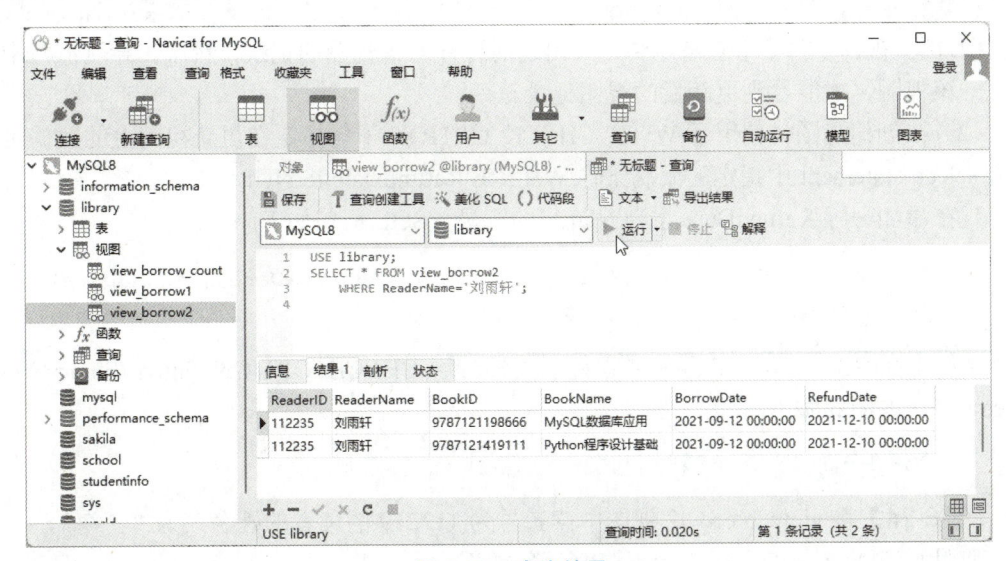

图 6-21 查询结果

6.2.4 通过视图修改记录

在创建视图后,在满足条件的前提下可以通过视图修改记录。因为视图是不存储数据的虚拟表,所以对视图中记录的修改,最终将转换为对视图引用的基础表中记录的修改。修改记录操作包括插入(INSERT)、修改(UPDATE)和删除(DELETE)。

在更新视图中的记录时,只有满足更新条件的视图记录才能被更新,否则会导致错误。所以,尽量不要更新视图记录。可更新的视图中的行和基础表中的行之间具有一对一的关系。修改视图的操作有一些限制,如果视图中包含了下列任何一种 SQL 语句结构,那么该视图无法更新。

(1)视图中包含 SUM、COUNT 等聚集函数。
(2)视图中包含 GROUP BY 子句、ORDER BY 子句、HAVING 子句。
(3)视图中包含 DISTINCT 关键字。
(4)视图中的 FROM 子句中包含多个表。
(5)视图中包含子查询。
(6)视图中包含 UNION、UNION ALL 运算符。
(7)SELECT 语句中引用了不可更新的视图。
(8)WTTH [{CASCADED | LOCAL}] CHECK OPTION 也决定视图是否可以更新。

1. 使用 INSERT 语句通过视图向基础表插入数据

【例 6-23】在 library 数据库中,向 view_borrow1 视图中插入一条借书记录。

(1)使用 INSERT 语句插入记录,SQL 语句如下:

```
USE library;
INSERT INTO view_borrow1 (ReaderID, BookID, BorrowDate, RefundDate)
    VALUES ('112219', '9787121419111', '2022-03-04', NULL);
```

插入记录后,分别查看 view_borrow1 视图和 borrow 表中的记录。如果在 Navicat for MySQL 的 "视图" 窗格中查看,要先关闭之前打开的该视图的记录,然后在导航窗格中双击打开该视图,才能看到更新后的视图记录。

(2)在创建视图时使用了 WITH CHECK OPTION 子句指定在更新视图上的数据时要符合 select_statement 中指定的限制条件 WHERE RefundDate IS NULL。

现在添加一行 RefundDate 不为 NULL 的记录,SQL 语句如下:

```
INSERT INTO view_borrow1 (ReaderID, BookID, BorrowDate, RefundDate)
    VALUES ('225532', '9787517071333', '2022-03-04', '2022-03-15');
```

运行上面 SQL 语句,将显示错误提示 "1369 - CHECK OPTION failed 'library.view_borrow1'",如图 6-22 所示。

2. 使用 UPDATE 语句通过视图修改基础表的数据

【例 6-24】将 view_borrow2 视图中读者号为 112219 的读者的姓名改为 "王海"。

使用 UPDATE 语句更新记录,SQL 语句如下:

```
UPDATE view_borrow2
    SET ReaderName='王海'
    WHERE ReaderID='112219';
```

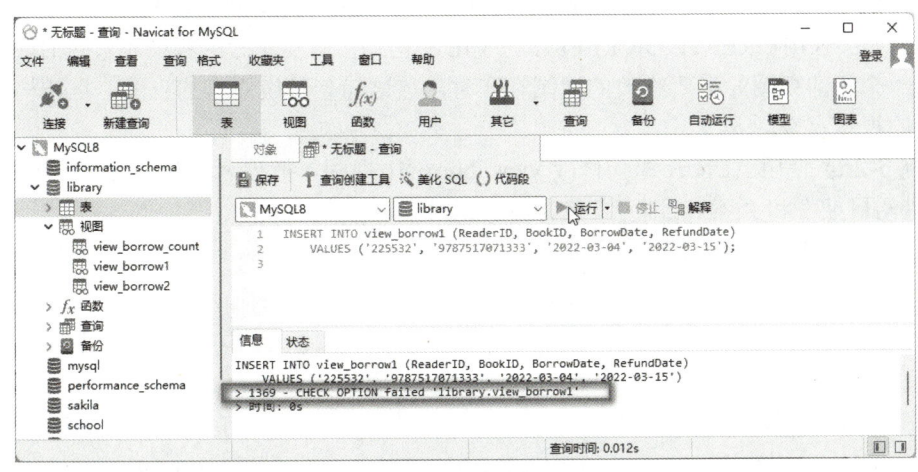

图 6-22　错误提示

运行上面的 SQL 语句后，分别打开 view_borrow2 视图和 reader 表，看到读者姓名已经更改。也可以分别执行下面 SQL 语句查看 view_borrow2 视图和 reader 表中的记录。

```
SELECT * FROM view_borrow2;
SELECT * FROM borrow;
```

3. 使用 DELETE 语句通过视图删除基础表的数据

【例 6-25】删除 view_borrow1 视图中读者号 ReaderID 为 112219，并且图书号 BookID 为 9787121419111 的借阅记录。

使用 DELETE 语句删除指定记录，SQL 语句如下：

```
DELETE FROM view_borrow1
WHERE ReaderID='112219' AND BookID='97871214199111';
```

运行上面的 SQL 语句后，分别打开 view_borrow1 视图和 borrow 表，该记录已经被删除。
注意： 对于依赖多个基础表的视图，不能使用 DELETE 语句。

6.2.5 修改视图的定义

修改视图是指修改数据库中已有视图的定义。当基本表的某些列发生改变时，可以通过修改视图来保持视图和基本表的一致。可以使用 CREATE OR REPLACE VIEW 语句重新创建视图，或使用 ALTER 语句修改视图。使用 ALTER VIEW 语句修改已有视图的定义的语法格式为：

```
ALTER VIEW view_name [(column_name1, column_name2,…)]
    AS select_statement
    [WITH [{CASCADED | LOCAL}] CHECK OPTION];
```

语法说明如下：

（1）ALTER VIEW 语句的语法与 CREATE VIEW 类似，参数相同。

（2）修改视图的定义也可以先使用 DROP VIEW 语句删除视图，再使用 CREATE VIEW 语句创建视图。还可以使用 CREATE OR REPLACE VIEW 语句创建视图。

（3）如果使用 CREATE OR REPLACE VIEW 语句，当要修改的视图不存在时，该语句会创建一个新的视图。当要修改的视图存在时，该语句会替换原有的视图，重新构造一个修改后的视图定义。

【例 6-26】使用 ALTER 语句修改 view_borrow1 视图，把列名改为中文"读者号""书号""借阅日期"和"还书日期"，包含所有记录。

SQL 语句如下：

```
ALTER VIEW view_borrow1(读者号, 书号, 借阅日期, 还书日期)
    AS
    SELECT ReaderID, BookID, BorrowDate, RefundDate
        FROM borrow;
```

修改视图后，先关闭原来打开的 view_borrow1 视图窗格，然后在导航窗格中双击"view_borrow1"选项打开视图窗格，查询该视图中的记录，如图 6-23 所示。

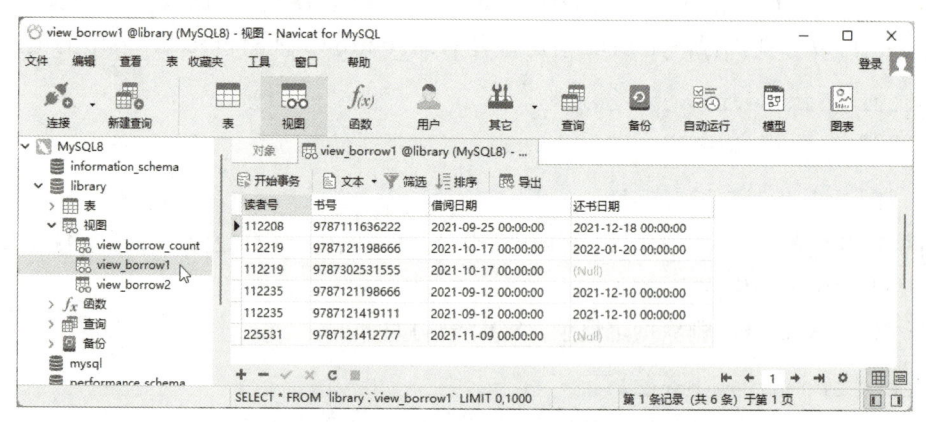

图 6-23 view_borrow1 视图中的记录

6.2.6 删除视图

删除视图与删除表类似，既可以在 Navicat for MySQL 中删除视图，也可以使用 DROP VIEW 语句删除视图。在删除视图时，只能删除视图的定义，不会删除表中的数据。使用 DROP VIEW 语句删除视图的语法格式为：

DROP VIEW [IF EXISTS] view_name [,view_name,…];

语法说明如下：

（1）view_name：指定被删除的视图的名称。使用 DROP VIEW 语句可以一次删除多个视图。

（2）IF EXISTS：可选项，防止因删除的视图不存在而出错。若在 DROP VIEW 语句中没有给出该关键字，则当指定的视图不存在时系统会出现错误。

【例 6-27】将 view_borrow_count、view_borrow1 和 view_borrow2 视图删除。

SQL 语句如下：

```
DROP VIEW IF EXISTS view_borrow_count, view_borrow1, view_borrow2;
```

在 Navicat for MySQL 的导航窗格中，刷新数据库或视图后，已经看不到被删除的视图了。

如果在 Navicat for MySQL 中删除视图，在导航窗格中先展开"视图"列表，然后右击视图名，选择"删除视图"命令，会弹出"确认删除"对话框，单击"删除"按钮。

6.3 习题 6

一、在线测试（单项选择题）

1. 索引可以提高（   ）操作的效率。

   A．INSERT　　　　B．UPDATE　　　　C．DELETE　　　　D．SELECT

2. 下列有关索引的说法错误的是（   ）。

   A．索引的目的是提高记录查询的速度

   B．索引是数据库内部使用的对象

   C．索引创建得太多，会降低增加、删除、修改数据的速度

   D．只能为一个列建立索引

3. 能够在已存在的表上建立索引的语句是（   ）。

   A．CREATE TABEL　　　　　　　　B．ALTER TABLE

   C．UPDATE TABLE　　　　　　　　D．REINDEX TABLE

4. SQL 语言中 DROP INDEX 语句的作用是（   ）。

   A．删除索引　　　B．更新索引　　　C．建立索引　　　D．修改索引

5. 下列关于视图和表的说法正确的是（   ）。

   A．每个视图对应一个表

   B．视图是表的一个镜像备份

   C．对所有视图都可以像表一样执行 UPDATE 操作

   D．视图的数据全部在表中

6. 下面列出的关于视图的选项中，（   ）是不正确的。

   A．视图对应二级模式结构的外模式

   B．视图是虚拟表

   C．使用视图可以加快查询语句的执行速度

   D．使用视图可以简化查询语句的编写

7. 以下哪些表的操作可以用于创建视图？（   ）

   A．UPDATE　　　　B．DELETE　　　　C．INSERT　　　　D．SELECT

8．视图是从（　　）中导出的。

　　A．基表　　　　　B．视图　　　　　C．基表或视图　　　D．数据库

9．在 tb_name 表中创建一个名为 name_view 的视图，并设置视图的属性为 name、pwd、user，执行语句是什么?（　　）

　　　A．CREATE VIEW name_view(name,pwd,user) AS SELECT name,pwd,user FROM tb_name;

　　　B．SHOW VIEW name_view(name,pwd,user) AS SELECT name,pwd,user FROM tb_name;

　　　C．DROP VIEW name_view(name,pwd,user) AS SELECT name,pwd,user FROM tb_name;

　　　D．SELECT * FROM name_view(name,pwd,user) AS SELECT name,pwd,user FROM tb_name;

二、技能训练

1．在 studentInfo 数据库中，查看选课表 SelectCourse 上创建的索引。

2．在学生表 Student 中，为姓名列 StudentName 的前 3 个汉字建立降序普通索引。

3．在课程表 course 中的课程编号 CourseID 列上建立唯一索引，升序排列。

4．在 studentInfo 数据库中，在 student 表上创建一个名为 view_student 的视图，要求该视图包含 student 表中所有列、所有学生记录。

5．使用 view_student 视图查询学生"张雅丽"的基本情况。

单元 7　存储过程和存储函数

> **学习目标**

通过本单元的学习，学生能够掌握内置函数及存储函数的使用、存储过程及变量的使用、流程控制及游标的用法。培养学生使用 SQL 语言进行数据库编程的能力。

7.1　编程基础

存储过程和存储函数是存储在服务器中的一组 SQL 语句，可以避免开发人员重复地编写相同的 SQL 语句，也可以提高数据库编程的灵活性。

7.1.1　SQL 语言简介

SQL 是结构化查询语言（Structured Query Language）的简称，是专门用来与数据库通信的语言。

1. SQL 的优点

SQL 具有以下优点。
（1）SQL 不是某个特定数据库供应商专有的语言，关系型数据库都支持 SQL。
（2）SQL 的语句都是由一个或多个关键字构成的，简单易学。
（3）灵活运用 SQL 可以进行复杂的、高级的数据库操作。尽管许多 DBMS 供应商通过增加语句或指令的方式，对 SQL 进行了扩展，但仍然需要遵循标准 SQL（即 ANSI SQL），并以标准 SQL 为主体，MySQL 也不例外。
（4）SQL 语句不区分大小写。

2. SQL 语言的组成

MySQL 数据库支持的 SQL 语言主要包括以下几个部分。
（1）数据定义语言（Data Definition Language，简称 DDL）。数据定义语言主要用于对数据库及数据库中的各种对象的创建、删除、修改等操作，包括以下 3 种 SQL 语句。
- CREATE：用于创建数据库或数据库对象。
- ALTER：用于修改数据库或数据库对象。
- DROP：用于删除数据库或数据库对象。

（2）数据操作语言（Data Manipulation Language，简称 DML）。数据操作语言主要用于操作数据库中的各种对象，特别是检索和修改数据，包括以下 4 种 SQL 语句。
- SELECT：用于检索表或视图中的数据，是使用非常频繁的 SQL 语句之一。
- INSERT：用于将数据插入表或视图。
- UPDATE：用于修改表或视图中的数据。
- DELETE：用于删除表或视图中的数据。

（3）数据控制语言（Data Control Language，简称 DCL）。数据控制语言主要用于安全管理，例如确定哪些用户可以查看或修改数据库中的数据，包括以下两种 SQL 语句。
- GRANT：用于授予权限。
- REVOKE：用于收回权限。

（4）MySQL 扩展增加的语言要素。这部分不是标准 SQL 包含的内容，而是为了方便用户编程增加的语言要素，包括常量、变量、运算符、表达式、函数、流程控制语句和注解等。

7.1.2 标识符

标识符用来给对象命名，如数据库、表、列、变量等，以便在脚本中的其他地方引用。MySQL 标识符的命名规则有些烦琐，这里我们使用万能命名规则。标识符由字母、数字和下画线组成，且第一个字符必须是字母或下画线。

说明：

（1）MySQL 关键字、列名、索引名、变量名、函数名、存储过程名等不区分大小写，但数据库名、表名、视图名则跟操作系统有关。在 Windows 中不区分大小写，UNIX、Linux、iOS 中区分大小写。

（2）以特殊字符@@、@开头的标识符用于系统变量和用户会话变量，并且不能作为其他类型的对象的名称。

7.1.3 注释

注释是程序代码中不执行的文本字符串，用于对代码进行解释说明。MySQL 支持 3 种注释方式。

（1）从"#"到行尾，这是单行注释。

（2）从"--"序列到行尾。注意"--"（双破折号）注释要求第 2 个破折号后面至少跟一个空格符（如空格、tab、换行符等）。

（3）从/*序列到后面的*/序列。结束序列不一定在同一行中，因此该语法允许注释跨越多行。

例如，下面 SQL 代码：

```
select 1+1;      #这个注释直到该行结束
select 1+1;  --  这个注释直到该行结束
select 1/*这是一个在行中间的注释*/+1;
select 1+
```

```
/*
这是一个
多行注释
*/
1;
```

7.1.4 常量

常量是指在程序运行过程中值不变的量，有下面几种常量。

（1）字符串常量：是指用单引号或双引号引起来的字符序列，分为 ASCII 字符串常量和 Unicode 字符串常量。

（2）数值常量：分为整数和浮点数常量。

（3）日期时间常量：是用单引号将表示日期时间的字符串引起来构成的。

（4）布尔值：只包含两个可能的值，分别是 TRUE 和 FALSE。其中，FALSE 的数字值是 0，TRUE 的数字值是 1。

（5）NULL：通常用于表示"没有值""无数据"等，与数值 0 或字符串类型的空字符串是完全不同的。

7.1.5 变量

变量是指在程序运行过程中值可以改变的量，用于临时存放数据。变量具有变量名、值和数据类型 3 个属性。变量名用于标识该变量。值是该变量的取值。数据类型就是值的数据类型，用于确定该变量存放值的格式及允许的运算。

在 MySQL 数据库中，变量分为系统变量（以@@开头）和用户自定义变量。其中，系统变量分为系统会话变量和全局系统变量，静态变量是特殊的全局系统变量。用户自定义变量分为用户会话变量（以@开头）和局部变量（不以@开头）。

1. 变量名

变量名必须是一个合法的标识符。MySQL 规定，变量名必须以 ASCII 字母、Unicode 字母、汉字、下画线或@开头，后跟一个或多个 ASCII 字母、Unicode 字母、汉字、下画线、@或$。如果是用户会话变量，变量名必须以@开头，而且长度不能超过 128 个字符，例如@name、Jean、@@a、@t_12、@var_#。

2. 变量的数据类型

变量的数据类型与常量的数据类型相同。

3. 系统变量

系统变量也被称为全局变量，指的是 MySQL 系统内部定义的变量，在所有 MySQL 客户端有效。默认情况下，会在服务器启动时使用命令行上的选项或配置文件完成系统变量的设置。下面看一下如何在 MySQL 中查看并修改系统变量的值。

MySQL 提供了专门的语句查看系统所有的变量，其基本语法格式为：

```
SHOW [GLOBAL|SESSION] VARIABLES [LIKE '匹配模式' | WHERE 表达式]
```

在上述语法中，修饰符 GLOBAL 用于显示全局系统变量，当变量没有全局值时，不显示任何值。SESSION 是默认的修饰符，可以使用 LOCAL 替换，也可以省略，用于显示当前连接中有效的系统可变值，如果变量没有会话值，则显示全局变量值。另外，SHOW VARIABLES 在不带任何条件时可以获取当前连接中系统所有有效的变量。

【例 7-1】查看以 auto_inc 开头的系统变量的值。

SQL 语句如下：

```
SHOW VARIABLES LIKE 'auto_inc%';
```

运行上面查看系统变量值的 SQL 语句，结果如图 7-1 所示。

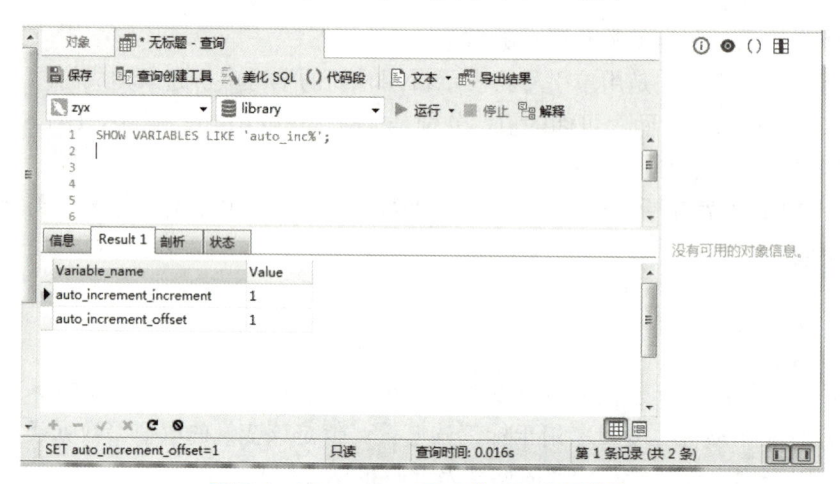

图 7-1 以 auto_inc 开头的系统变量的值

在运行结果中，可以看到 auto_increment_increment 和 auto_increment_offset 变量的值都为 1。自动增长字段 AUTO_INCREMENT 的值与这两个变量有关。

4. 用户会话变量

会话变量也被称为用户变量，指的是用户自定义的变量，和 MySQL 当前客户端是绑定的，仅对当前用户使用的客户端生效。

会话变量由@和变量名组成，在定义会话变量时必须为该变量赋值。在 MySQL 中，会话变量的赋值方式有 3 种，一是使用 SET 语句，二是在 SELECT 语句中使用赋值符号":="，三是使用 SELECT…INTO 语句。

会话变量的赋值方式具体如下。

（1）方式 1：使用 SET 语句赋值，例如下面 SQL 语句。

```
SET @str1='123',@str2='abc';
```

（2）方式 2：在 SELECT 中使用赋值符号 ":=" 赋值，例如下面 SQL 语句。

```
select @Price:=Price from book;
```

运行上面的 SQL 语句，结果如图 7-2 所示。

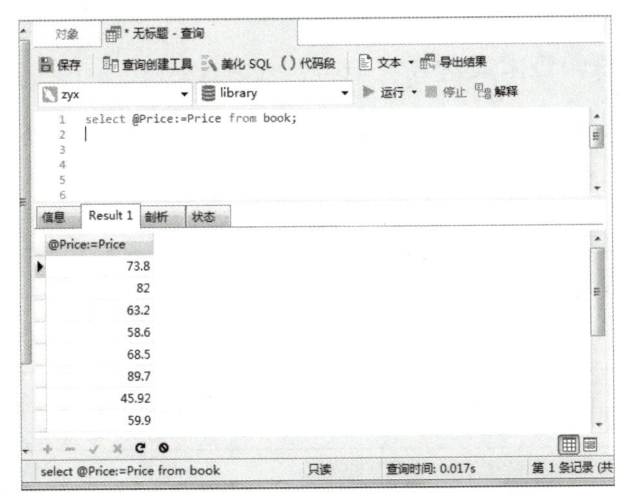

图 7-2　在 SELECT 中使用赋值符号":="赋值

方式 2 展示了 book 表中的 Price 字段值为会话变量@Price 赋值的过程。

(3) 方式 3：使用 SELECT...INTO 语句赋值，例如下面 SQL 语句。

```
select BookID,BookName,Price from book limit 1 into @ids,@names,@prices;
select @ids,@names,@prices;
```

运行上面 SQL 语句，结果如图 7-3 所示。

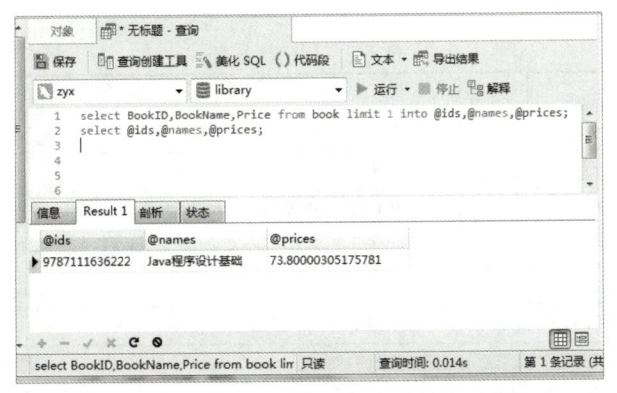

图 7-3　使用 SELECT...INTO 语句赋值

方式 3 将查询到的数据保存到变量@ids、@names、@prices 中。因为在变量中只能保存一个数据，因此方式 3 的查询结果必须是一行记录，且记录中的字段个数必须与变量的个数相同，否则系统会报错。

7.2　运算符和表达式

MySQL 提供了几类编程语言中常用的运算符：算术运算符、比较运算符和逻辑运算符。表达式是常量、变量、列名、运算符和函数的组合。根据表达式的值的数据类型，表达式可以分为数值型表达式、字符型表达式和日期表达式。

7.2.1 算术运算符和算术表达式

MySQL 数据库支持的算术运算符包括加、减、乘、除和取余运算。这些运算符及其作用如表 7-1 所示。

表 7-1 算术运算符

运算符	作用
+	加法运算
-	减法运算
*	乘法运算
/	除法运算，返回商
%	取余运算，返回余数

说明：

（1）在除法运算和取余运算中，如果除数为 0，将是非法除数，返回结果为 NULL。
（2）取余运算还有另外一种表达方式，MOD(a,b) 函数与 a%b 的效果相同。

7.2.2 比较运算符和比较表达式

比较运算符如表 7-2 所示。比较表达式的结果为真（TRUE）返回 1，为假（FALSE）返回 0，不确定返回 NULL。

表 7-2 比较运算符

运算符	作用
=	等于
<>或!=	不等于
<=>	NULL 安全的等于。即在两个操作数均为 NULL 时，其返回值为 1 而不为 NULL；当其中一个操作数为 NULL 时，其返回值为 0 而不为 NULL
<	小于
<=	小于或等于
>	大于
>=	大于或等于
BETWEEN...AND...	比较一个数据是否在指定的闭区间范围内，若在则返回 1，若不在则返回 0
IN	存在于指定集合
IS NULL	比较一个数据是否是 NULL，若是则返回 1，否则返回 0
IS NOT NULL	不为 NULL
LIKE	通配符匹配
PEGEXP 或 PLIKE	正则表达式匹配

比较运算符看似简单，但在实际应用时还有以下 4 点需要注意。

1. 数据类型自动转换

在表 7-2 中的运算符都可以对数字和字符串进行比较，如果参与比较的操作数的数据类型不同，MySQL 会自动将其转换为同类型的数据，再进行比较。例如：

```
select 6>='6',3.0<>3;
```

比较结果如图 7-4 所示。

从运行结果可知，整数 6 与字符型 6 在比较时首先转换为相同类型，然后比较 6 大于等于 6，因此结果为 1（表示真）。同理，3.0 与 3 进行不相等的比较，当操作数不相等时，返回 1，相等返回 0（表示假）。

运算符"="与"<=>"都可以用于比较数据是否相等，区别在于后者可以对 NULL 进行比较。例如：

```
select NULL=NULL,NULL=1,NULL<=>NULL,NULL<=>1;
```

比较结果如图 7-5 所示。

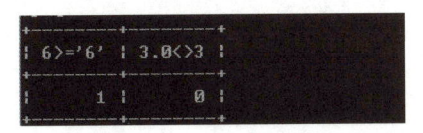

图 7-4　比较结果（1）

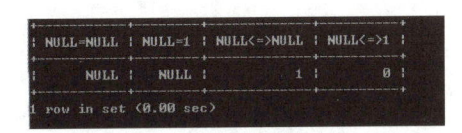

图 7-5　比较结果（2）

从运行结果可知，运算符"<=>"在比较两个 NULL 是否相等时返回值为 1，比较 NULL 与 1 是否相等时返回值为 0，而使用运算符"="比较的结果全部为 NULL。

2. BETWEEN…AND…

在条件表达式中，如果需要对指定区间的数据进行判断，可以使用 BETWEEN…AND…，基本语法为：

```
BETWEEN 条件1 AND 条件2
```

上述语法表示条件 1 和条件 2 之间的范围（包含条件 1 和条件 2），在设置条件时，条件 1 必须小于或等于条件 2。例如：

```
select BookID,BookName,Price from book where Price between 20 and 60;
```

运行结果如图 7-6 所示。

NOT BETWEEN…AND…的使用方式与 BETWEEN…AND…相同，但是表示的含义相反。例如，使用 NOT BETWEEN…AND…修改上例，SQL 语言如下：

```
select BookID,BookName,Price from book where Price not between 20 and 60;
```

运行结果如图 7-7 所示。

图 7-6　运行结果（1）

图 7-7　运行结果（2）

3. IS NULL 与 IS NOT NULL

在条件表达式中，如果需要判断字段是否为 NULL，可以使用 MySQL 专门提供的运算符 IS NULL 或 IS NOT NULL。例如：

```
select ReaderID,BookID,RefundDate from borrow where RefundDate is not null;
```

运行结果如图 7-8 所示。

从上述 SQL 语句中可知，判断哪个字段不为空，只需在 IS NOT NULL 前添加对应的字段名。IS NULL 与 IS NOT NULL 的使用方式相同，用于判断字段为空。

4. LIKE 与 NOT LIKE

在前面学习查看表时已经讲解过 LIKE 运算符，它的作用就是模糊匹配，NOT LIKE 的使用方式与之相同，用于获取匹配不到的数据。例如：

```
select BookID,BookName from book where BookName LIKE '%数据库%';
```

运行结果如图 7-9 所示。

图 7-8 判断字段是否为 NULL

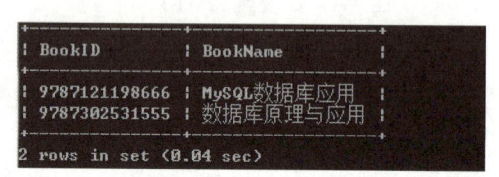

图 7-9 使用 LIKE 运算符匹配数据

在上述 SQL 语句中，匹配模式符 "%" 可以匹配 0 到多个字符，因此运行结果中有两条记录。

7.2.3 逻辑运算符和逻辑表达式

逻辑运算符如表 7-3 所示。逻辑表达式的结果为 TRUE（数值 1）、FALSE（数值 0）或 NULL。

表 7-3 逻辑运算符

运算符	作用
NOT 或 !	逻辑非
AND 或 &&	逻辑与
OR 或 ||	逻辑或
XOR	逻辑异或

1. NOT 或 !

逻辑非运算符 NOT 或 "!" 表示当操作数为 0 时，返回值为 1；当操作数为 1 时，返回值为 0；当操作数为 NULL 时，返回值为 NULL。

2. AND 或 &&

逻辑与运算符 AND 或 "&&" 表示当所有操作数为非零值，且不为 NULL 时，返回值为 1；当一个或多个操作数为 0 时，返回值为 0。

3. OR 或者||

逻辑或运算符 OR 或 "||" 表示当两个操作数均为非 NULL，且任意一个操作数为非零值时，返回值为 1，否则为 0；当有一个操作数为 NULL，且另一个操作数为非零值时，返回值为 1，否则为 NULL；当两个操作数均为 NULL 时，返回值为 NULL。

4. XOR

逻辑异或运算符 XOR 表示当任意一个操作数为 NULL 时，返回值为 NULL。对于非 NULL 的操作数，如果两个操作数都是非 0 值或都是 0 值，则返回值为 0；如果一个为 0 值，另一个为非 0 值，返回值为 1。

7.3 系统函数

在编写 MySQL 数据库程序时，通常可以直接调用系统提供的内置函数对数据库进行相关操作。系统提供的内置函数包括数学函数、字符串函数、日期和时间函数、系统信息函数、加密函数和条件判断函数等。

7.3.1 数学函数

数学函数主要用于处理数字，包括整型和浮点型等。常用的数学函数包括绝对值、随机数、四舍五入等，常用的数学函数如表 7-4 所示。

表 7-4 数学函数

函数名	作用
ABS(x)	返回 x 的绝对值
CEILING(x)	返回不小于 x 的最小整数值
EXP(x)	返回值 e（自然对数的底）的 x 次方
FLOOR(x)	返回不大于 x 的最大整数值
GREATEST(x1,x2,...,xn)	返回集合中最大的值
LEAST(x1,x2,...,xn)	返回集合中最小的值
LOG(x,y)	返回 y 的以 x 为底的对数
MOD(x,y)	返回 x 除以 y 的余数
PI()	返回 pi 的值（圆周率）
RAND()	返回 0 到 1 内的随机值，可以通过提供一个参数（种子）使 RAND()随机数生成器生成一个指定的值
ROUND(x,y)	返回参数 x 四舍五入的有 y 位小数的值
SIGN(x)	返回代表数字 x 的符号的值，x 是负数时返回-1，x 是正数时返回 1，x 是 0 时返回 0
SQRT(x)	返回 x 的平方根
TRUNCATE(x,y)	返回数字 x 保留 y 位小数的值

由于数学函数的使用非常简单，这里不再赘述。

7.3.2 字符串函数

字符串函数主要用来处理字符串数据，主要有计算字符长度函数、字符串合并函数、字符串转换函数等。常用的字符串函数如表 7-5 所示。

表 7-5 字符串函数

函数名	作用
ASCII(char)	返回字符的 ASCII 码
CHAR_LENGTH(str)	返回字符串的长度
CONCAT(s1,s2...,sn)	将 s1,s2...,sn 多个字符串连接为一个字符串
CONCAT_WS(sep,s1,s2...,sn)	将 s1,s2...,sn 多个字符串连接为一个字符串，并用 sep 字符间隔
INSERT(str,x,y,instr)	将字符串 str 从第 x 位开始，y 个字符长的字符串替换为字符串 instr
FIND_IN_SET(str,list)	分析 list 列表，如果发现 str，返回 str 在 list 中的位置
LCASE(str)	返回将字符串 str 中所有字符转换为小写的结果
LEFT(str,x)	返回字符串 str 中最左边的 x 个字符
LENGTH(s)	返回字符串 str 中的字符数
LTRIM(str)	删除字符串 str 左侧的空格，并返回删除后的结果
POSITION(substr,str)	返回 substr 在字符串 str 中第一次出现的位置
QUOTE(str)	用反斜杠（\）转义 str 中的单引号
REPEAT(str,x)	返回字符串 str 重复 x 次的结果
REVERSE(str)	返回颠倒字符串 str 的结果
RIGHT(str,x)	返回字符串 str 中最右边的 x 个字符
RTRIM(str)	删除字符串 str 尾部的空格
STRCMP(s1,s2)	比较字符串 s1 和 s2
TRIM(str)	删除字符串首部和尾部的所有空格
UCASE(str)或 UPPER(str)	返回将字符串 str 中所有字符转换为大写的结果
LOWER(str)	返回将字符串 str 中所有字符转换为小写的结果

表 7-5 列举了很多字符串函数，下面以常见的操作为例进行讲解。

1. 获取字符串的长度和字节数

LENGTH()函数用于获取字符串中每个字符占用的字节数，而 CHAR_LENGTH()函数则根据当前 MySQL 的字符集获取字符串的长度，不同字符集获取的长度不同。例如，在字符集为 gbk 的情况下，获取字符串的长度和字节数的 SQL 语句如下：

```
select char_length('2022 北京冬奥'),length('2022 北京冬奥');
```

运行结果如图 7-10 所示。

```
+--------------------------------+----------------------------+
| char_length('2022北京冬奥')    | length('2022北京冬奥')     |
+--------------------------------+----------------------------+
|                              8 |                         12 |
+--------------------------------+----------------------------+
1 row in set (0.11 sec)
```

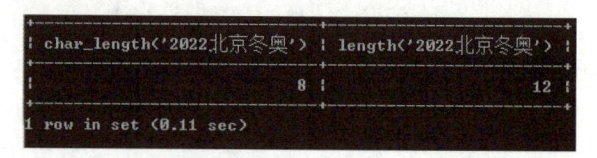

图 7-10 字符串 "2022 北京冬奥" 的长度和字节数

从上述结果可知，CHAR_LENGTH()函数将中文（多字节字符）视为单个字符进行计算，而 LENGTH()函数在计算时一个中文占用两个字节，因此结果分别为 8 和 12。

2. 比较两个字符串的大小

STRCMP()函数有两个参数，表示参与比较的字符串，当第一个参数大于第二个参数时，返回 1；当第一个参数等于第二个参数时，返回 0；当第一个参数小于第二个参数时，返回 -1。例如：

```
select strcmp('A','C'),strcmp('M','D'),strcmp('12','12');
```

运行结果如图 7-11 所示。

图 7-11　比较两个字符串的大小

STRCMP()函数是根据参数的校对集设置的比较规则进行比较的，当校对集不兼容时，必须将其中一个参数的校对集转换为与另一个参数兼容的状态。

3. 删除字符串两端的空格

在将数据保存到数据库之前，若没有对数据进行任何处理，则数据的两端可能会存在空格，此时可以根据实际的需求删除数据左边、右边或两边的空格。例如：

```
select concat('START',LTRIM('  haha  '),'END')ltrim,
concat('START',RTRIM('  haha  '),'END')rtrim,
concat('START',TRIM('  haha  '),'END')trim;
```

运行结果如图 7-12 所示。

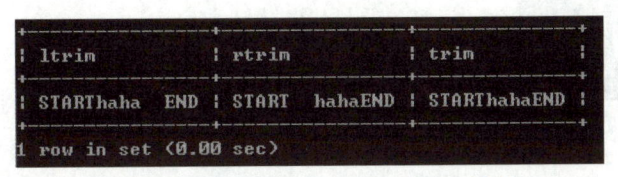

图 7-12　删除数据左边、右边或两边的空格

在上例中，为了直观地看出字符串"　haha　"两端的空格是否删除，使用 CONCAT()函数将删除空格的字符串拼接在 START 和 END 的中间。从输出结果可知，在删除左端空格后仅 haha 与 END 之间有空格；在删除右端空格后，仅 haha 与 START 之间有空格；当同时去掉两端的空格后，haha 与 START 和 END 之间不再有空格。

7.3.3　日期和时间函数

日期和时间函数主要处理日期和时间的值。MySQL 提供了丰富的内置函数，常用的时间和日期函数如表 7-6 所示。

表 7-6 日期和时间函数

函数名	作用
CURDATE()	与 CURRENT_DATE()等价，返回系统当前的日期
CURTIME()	与 CURRENT_TIME()等价，返回系统当前的时间
DATE_ADD()	在指定的日期上添加日期时间
DATE_SUB()	从日期中减去时间值（时间间隔）
DATEDIFF()	判断两个日期之间相隔的天数
DATE()	获取日期或日期时间表达式中的日期部分
TIME()	获取指定日期时间表达式中的时间部分
WEEK()	返回指定日期的周数
DAYNAME()	返回日期对应的星期名称（英文全称）
DAYOFMONTH()	计算日期是本月的第几天（1～31），与 DAY()等价
DAYOFYEAR()	计算日期是本年的第几天
DAYOFWEEK	计算日期是星期几（1=周日，…，7=周六）
FROM_UNIXTIME()	将指定的时间戳转换为对应的日期时间格式
HOUR()	返回时间的小时值（0～23）
MINUTE()	返回时间的分钟值（0～59）
NOW()	返回系统当前的日期和时间

从形式上说，在 MySQL 中，日期类型的表示方法与字符串的表示方法相同（使用单引号引起来）。从本质上说，MySQL 日期类型的数据是数值类型，可以参与简单的加、减运算。下面通过案例演示 MySQL 中日期与时间函数的使用。

获取更精确的服务器时间

MySQL 提供的 NOW()、LOCALTIME()、CURRENT_TIMESTAMP()都可以获取当前服务器的时间，以 NOW()为例，具体 SQL 语句如下：

```
select now();
```

运行结果如图 7-13 所示。

从运行结果来看，在默认情况下，NOW()获取的日期时间格式为"YYYY-MM-DD HH:mm:ss"。

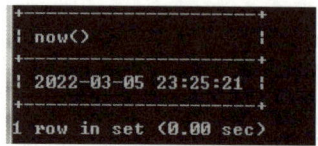

图 7-13 获取当天服务器的时间

7.3.4 系统信息函数

使用系统信息函数可以查看 MySQL 服务器的系统信息，如 MySQL 的版本号、登录服务器的用户名、主机地址等。常见的系统信息函数如表 7-7 所示。

表 7-7 系统信息函数

函数名	作用
VERSION()	获取 MySQL 的版本号
DATABASE()	获取当前操作的数据库，与 SCHEMA()函数等价
USER()	获取登录服务器的主机地址及用户名，与 SYSTEM_USER()函数等价
CURRENT_USER()	返回服务器用来认证当前客户端的 MySQL 账户的用户名和主机名

续表

函数名	作用
CONNECTION_ID()	获取当前 MySQL 服务器的连接 ID
BENCHMARK()	重复执行一个表达式
LAST_INSERT_ID()	获取当前会话中插入的最后一个 AUTO_INCREMENT 列的值

在上表中，BENCHMARK()函数经常用于检测标量表达式的运行性能，这对于优化 MySQL 数据库具有重要意义。SQL 语句如下：

```
select benchmark(10,'3*7');
```

执行结果如图 7-14 所示。

在上例中，BENCHMARK()的第一个参数表示重复执行的次数，第二个参数表示标量表达式或标量子查询。该函数执行后的返回值始终为 0。因此，通常根据此函数的执行时间判断运行性能。具体 SQL 语句如下：

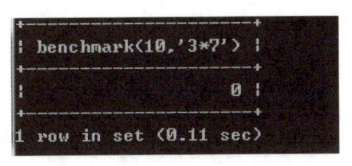

图 7-14 执行结果（1）

```
use library;
select benchmark(1000000,'select BookName from book where BookID=2');
```

执行结果如图 7-15 所示。

图 7-15 执行结果（2）

7.3.5 加密函数

MySQL 数据库有多种加密函数、解密函数。被加密的字段的数据类型需要是 VARBINARY、BLOB 类型。常用的加密函数和解密函数如表 7-8 所示。

表 7-8 加密函数和解密函数

函数名	作用
AES_ENCRYPT(str,key)	返回用密钥 key 对字符串 str 利用高级加密标准算法加密后的结果，调用 AES_ENCRYPT 的结果是一个二进制字符串
AES_DECRYPT(str,key)	返回用密钥 key 对字符串 str 利用高级加密标准算法解密后的结果
ENCODE(str,key)	使用字符串 key 作为密钥加密字符串 str，加密结果是二进制数
DECODE(str,key)	使用字符串 key 作为密钥解密字符串 str
ENCRYPT(str,salt)	使用 UNIXcrypt()函数，用关键词 salt（一个可以唯一确定口令的字符串，就像钥匙一样）加密字符串 str
PASSWORD(str)	返回字符串 str 的加密版本，这个加密过程是不可逆转的，和 UNIX 密码加密过程使用不同的算法
SHA(str)	计算字符串 str 的安全散列算法（sha）校验和
MD5(str)	计算字符串 str 的 MD5 校验和

上表中，加密函数 ENCODE()、DECODE()从 MySQL 5.7 版本，PASSWORD()函数从 5.7.6 版本开始不推荐使用，并且将在之后的 MySQL 版本中被删除，因此，请慎重选择。

7.3.6 条件判断函数

条件判断函数也称为控制流函数，根据满足的条件不同，执行相应的流程。常见的条件判断函数如表 7-9 所示。

表 7-9 条件判断函数

函数名	作用
IF(expr,v1,v2)	返回表达式 expr 得到不同运算结果对应的值。若 expr 是 TRUE（expr<>0 and expr<>NULL），则 IF()的返回值为 v1，否则返回值为 v2
IFNULL(v1,v2)	返回参数 v1 或 v2 的值，如果 v1 不为 NULL，则返回值为 v1，否则为 v2
CASE	同 case 语句

7.4 存储过程

在数据库管理中，如学生信息管理系统中，有些数据操作经常使用。例如，经常需要根据姓名查询一个学生的所有选修课的信息。学生表中的学生人数发生变化，就需要自动修改班级表中的班级人数。在高级语言中，需要重复执行的代码可以设计为函数或者过程。在数据库系统中，可以通过用户定义函数、存储过程、触发器等实现上述功能。

7.4.1 存储过程的概念

存储过程是存储在 MySQL 服务器中的一组预编译的 SQL 语句组成的模块，用来实现某项特定的功能。在第一次使用后，再次调用时不需要重复编译，用户只需通过指定存储过程的名称并给定参数（如果该存储过程带参数），即可调用并执行，因此执行效率比较高。

存储过程可以接受输入参数并以输出参数的格式向调用过程或批处理返回多个值。

存储过程分为系统存储过程和用户定义的存储过程。系统存储过程由系统自带并存储在 master 数据库中，带有 sp_前缀，在任何数据库中都可以调用。系统存储过程功能强大，种类繁多，几乎可以满足各类数据库管理的需求。用户定义的存储过程由用户创建，必须在所属的数据库中才能被执行。

存储过程的优点如下。

（1）执行速度快。存储过程是预先编译好并放在数据库中的，减少编译语句花费的时间。

（2）提高数据的安全性。通过为用户授权的方式，使用户必须通过执行存储过程访问数据，而不能直接访问存储过程中引用的对象，从而提高了数据的安全性。

（3）程序设计模块化。存储过程一旦被创建，即可在程序中任意调用，可以提高应用程序的可维护性。

（4）减少网络通信流量。一个需要数百行 T-SQL 代码的操作可以使用一条存储过程代码的语句执行，而不需要在网络中发送数百行代码。

7.4.2 创建存储过程

在 MySQL 中创建存储过程的语句为 CREATE PROCEDURE，其语法格式为：

```
CREATE   PROCEDURE sp_name
            ([proc_parameter[ ,…n ]] )
            [characteristic…]
               routine body
```

语法说明如下：

（1）sp_name 是存储过程的名称。存储过程默认在当前数据库中创建。如果需要在特定的数据库中创建，则需要在名称前加上数据库的名称，即 db_name.sp_name。

（2）proc_parameter 表示存储过程的参数列表。存储过程可以带参数，也可以不带参数，参数可以是输入参数，也可以是输出参数。proc_parameter 中的每个参数由 3 部分组成，分别为输入/输出类型、参数名称和参数类型。其格式如下：

```
[IN|OUT|INOUT]param_name type
```

- IN：表示输入参数，即参数在调用存储过程时传入存储过程中使用，传入的数据可以是直接数据，也可以是保存数据的变量。
- OUT：表示输出参数，初始值为 NULL，将存储过程中的值保存到 OUT 指定的参数中，返回给调用者。
- INOUT：表示输入/输出参数，即参数在调用时传入存储过程，在存储过程中操作之后，又可将数据返回给调用者。

（3）characteristic：指定存储过程的特性，其格式如下：

```
COMMENT 'string'|LANGUAGE SQL|[NOT]DETERMINISTIC|
{ contains SQL | no SQL | reads SQL data | modifies SQL data }
| SQL security { definer | invoker }
```

characteristic 参数有多个取值，其取值说明如下。

- COMMENT 'string'：用于对存储过程的描述，其中 string 为描述内容，COMMENT 为关键字。描述信息可以用 SHOW CREATE PROCEDURE 语句显示。
- LANGUAGE SQL：指定编写这个存储过程的语言为 SQL 语言，这也是默认的语言。目前而言，MySQL 存储过程还不能用外部编程语言来编写。
- DETERMINISTIC：指定存储过程的执行结果是否确定。
- { contains SQL | no SQL | reads SQL data | modifies SQL data }：指定存储过程使用 SQL 语句的限制。
- SQL security { definer | invoker }：指定谁有权限调用此存储过程。

（4）routine_body：存储过程的主体部分，也称存储过程体，包含了在调用存储过程时必须执行的 SQL 语句。存储过程体以关键字 BEGIN 开始，以关键字 END 结束。如果存储过程体中只有一条 SQL 语句，可以省略 BEGIN…END。

下面我们通过一个案例来理解存储过程。

【例 7-2】在 library 数据库中创建"查询书名"存储过程，其功能是根据读者号查询借阅的书名。

SQL 语句如下：

```
create procedure 查询书名(in duzhehao char(6),out shuming varchar(30))
begin
    select BookName as shuming from reader,book,borrow where book.BookID=borrow.BookID
    and reader.ReaderID=borrow.ReaderID and reader.ReaderID=duzhehao;
end
```

在 Navicat for MySQL 的"查询"窗格中输入上面的 SQL 代码，单击"运行"按钮，如果"信息"窗格中显示"OK"，则表示成功创建存储过程，如图 7-16 所示。在导航窗格中，右击"library"数据库节点下的"函数"子节点，并在弹出的快捷菜单中选择"刷新"命令，就能看到新建的存储过程的名称，以后就可以调用并执行这个存储过程了。

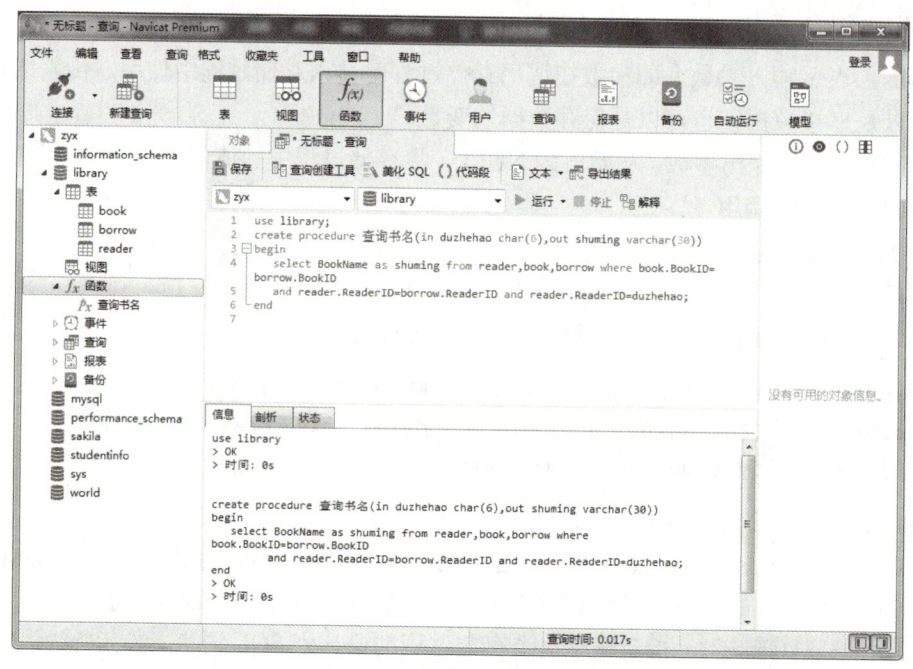

图 7-16　成功创建存储过程

在上述语句中，duzhehao 表示调用存储过程时传入的参数，根据此参数在存储过程体内从 reader 表中获取 ReaderID 等于 duzhehao 的数据。shuming 参数的值为存储过程中的查询语句获取的 BookName 值，返回给调用者。

7.4.3　执行存储过程

在创建存储过程后，可以使用 CALL 语句在程序、触发器或者其他存储过程中调用它，其语法格式为：

```
CALL sp_name([parameter[,…]]);
```

语法说明如下：

（1）sp_name 是存储过程的名称，如果要调用某个特定数据库的存储过程，则需要在前面加上该数据库的名称。

（2）parameter 是调用存储过程要使用的参数。在调用语句中，参数的个数必须等于存储过程的参数个数。

【例 7-3】调用数据库 library 中的"查询书名"存储过程，查询读者号为"112208"的读者借阅图书的名称。

SQL 语句如下：

```
CALL 查询书名('112208',@shuming);
```

运行上面的 SQL 语句，结果如图 7-17 所示。

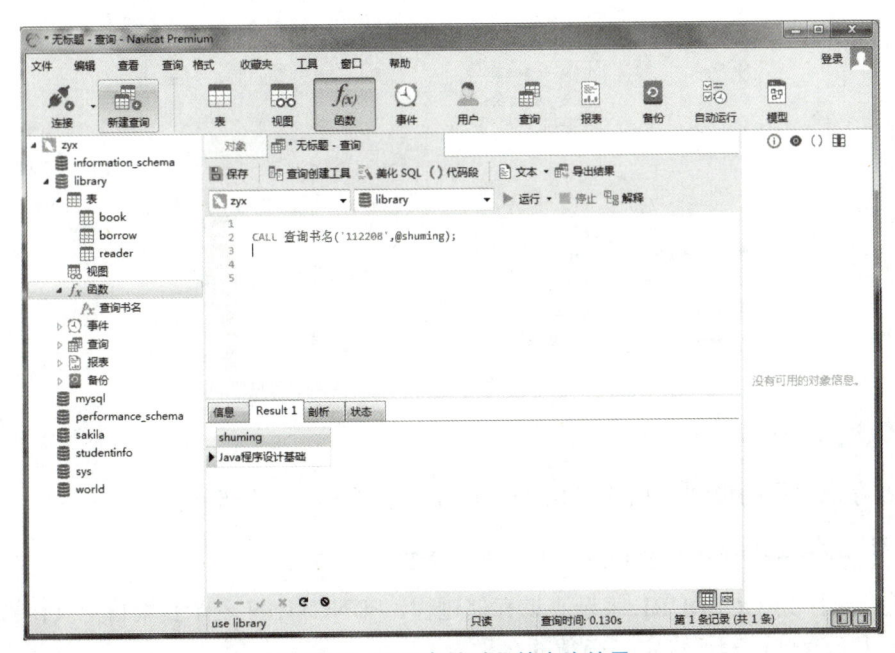

图 7-17 调用存储过程的查询结果

7.4.4 查看与删除存储过程

在创建存储过程后，用户可以使用 MySQL 专门提供的语句查看存储过程的状态和定义。

1. 查看存储过程的状态

查看存储过程的状态使用 SHOW STATUS 语句，该语句也适用于查看自定义函数的状态。其语法格式为：

```
SHOW PROCEDURE|FUNCTION STATUS [LIKE 'pattern'];
```

语法说明：PROCEDURE 表示查询存储过程，FUNCTION 表示查询自定义函数，LIKE

'pattern'用来匹配存储过程或自定义函数的名称，如果不指定该参数，则会查看所有的存储过程或自定义函数。

【例7-4】 查看"查询书名"存储过程的状态。

SQL 语句如下：

```
SHOW PROCEDURE STATUS LIKE '查询书名';
```

运行上面的 SQL 语句，结果如图 7-18 所示。

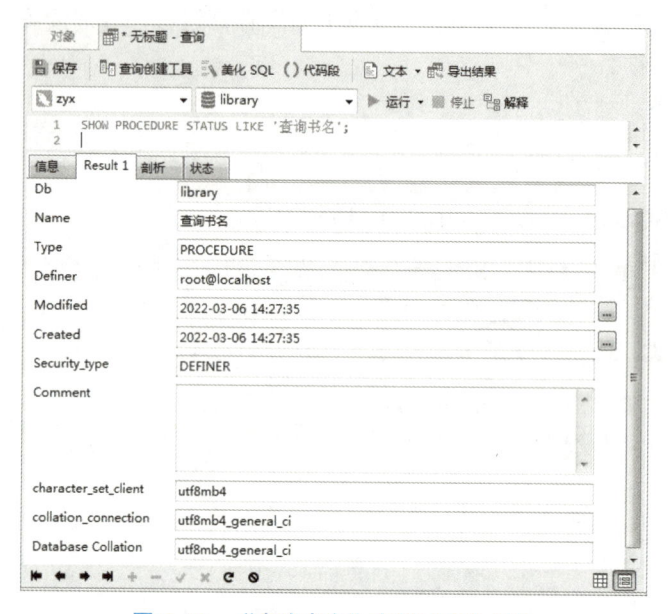

图 7-18 "查询书名"存储过程的状态

2. 查看存储过程的定义

查看存储过程的详细信息使用 SHOW CREATE 语句，语法格式为：

```
SHOW CREATE PROCEDURE|FUNCTION sp_name;
```

语法说明：PROCEDURE 表示查询存储过程，FUNCTION 表示查询自定义函数，参数 sp_name 表示存储过程或自定义函数的名称。

【例7-5】 查看"查询书名"存储过程的具体信息。

```
SHOW CREATE PROCEDURE 查询书名;
```

运行上面的 SQL 语句，结果如图 7-19 所示。

3. 查看所有的存储过程

在成功创建存储过程或自定义函数后，这些信息会存储在 information_schema 数据库的 ROUTINES 表中，ROUTINES 表中存储着所有存储过程和自定义函数的信息。

用户可以使用 SELECT 语句查询 ROUTINES 表中的所有记录，也可以查询单条记录。查询单条记录需要使用 ROUTINE_NAME 字段指定存储过程或自定义函数的名称，否则，将会查询所有的存储过程和自定义函数的内容。

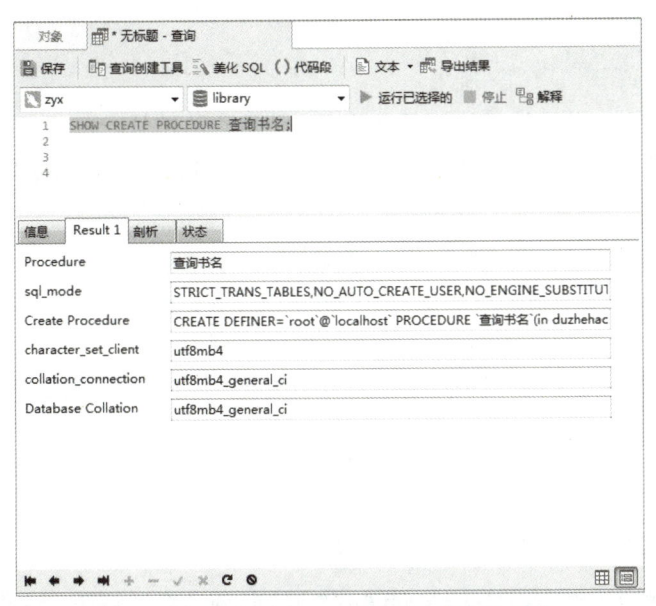

图 7-19 "查询书名"存储过程的具体信息

其语法格式为:

`SELECT * FROM information_schema.ROUTINES[where ROUTINE_NAME='名称'];`

【例 7-6】使用 SELECT 语句查询存储过程"查询书名"的信息。
SQL 语句如下:

`select * from information_schema.routines where routine_name='查询书名';`

4. 删除存储过程

删除存储过程需要使用 DROP PROCEDURE 语句。删除存储过程是指删除数据库中已经存在的存储过程。删除存储过程的语法格式为:

`DROP PROCEDURE [if exists]sp_name;`

7.4.5 BEGIN…END 语句块

当存储过程或自定义函数体内有多条语句时,必须使用复合语句语法 BEGIN…END 包裹存储过程或自定义函数体,该语法以 BEGIN 开头,以 END 结尾,在这两个关键字之间可以包含零条或多条 SQL 语句,经常被应用在自定义函数、存储过程、触发器或事件中。如果只有一条语句,则可以省略 BEGIN…END。

7.4.6 DELIMITER 语句

在 MySQL 命令行客户端中,服务器处理语句默认以分号作为结束标志。但在存储过程中,可能要输入较多的语句,且语句中含分号。如果还以分号作为结束标志,那么在执行第一个分号前的语句后,系统就会认为程序结束。所以需要使用 DELIMITER 语句改变默认的结束标志，其语法格式为：

DELIMITER $$

其中，$$是用户定义的结束符，通常使用一些特殊的符号。

【例 7-7】创建存储过程"查询作者名"，根据作者号查询作者的姓名。
SQL 语句如下：

```
DELIMITER $$
create procedure 查询作者名(in RID char(6),out Rname char(20))
begin
    select ReaderName as Rname from reader where ReaderID=RID;
END
$$
DELIMITER;
```

运行上面的 SQL 语句，结果如图 7-20 所示。

图 7-20　创建存储过程"查询作者名"

说明：MySQL 中默认的语句结束符为分号，存储过程中的 SQL 语句需要分号结束，所以先使用"DELIMITER $$"语句将 MySQL 的结束符设置为$$，再使用"DELIMITER ;"语句将结束符恢复成分号。

在调用"查询作者名"存储过程时，可以定义一个用户变量@Rname，使用 CALL 调用该存储过程，结果输出到@Rname 中。

```
CALL 查询作者名('112219',@Rname);
```

运行上面调用存储过程的语句，结果如图 7-21 所示。

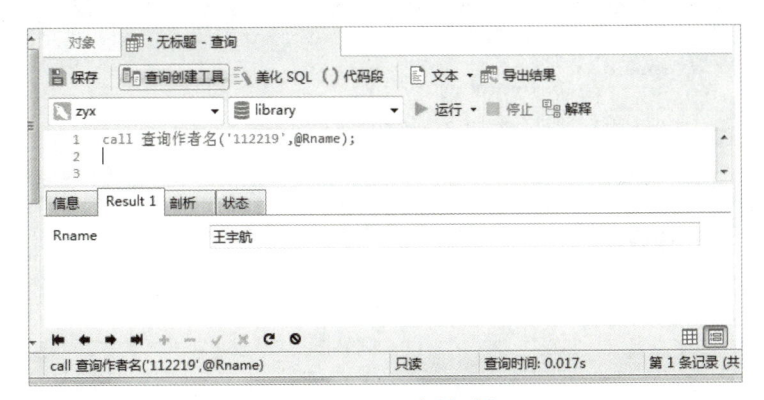

图 7-21　调用存储过程

7.4.7　存储过程中参数的应用

存储过程可以有 0 个、1 个或多个参数。MySQL 存储过程支持 3 种类型的参数。

（1）输入参数 IN：输入参数使数据可以传递给一个存储过程。

（2）输出参数 OUT：当需要返回一个答案或结果的时候，存储过程使用输出参数。

（3）输入\输出参数 INOUT：输入\输出参数既可以充当输入参数也可以充当输出参数。

存储过程可以不加参数，但是名称后面的括号是不可以省略的。

注意：参数的名称不等于列的名称，否则虽然不会返回出错信息，但是存储过程中的 SQL 语句会将参数的名称看作列的名称，引发不可预知的结果。

为了更好地理解，我们分别通过案例讲解输入参数和输出参数的应用。

1. 输入参数 IN 的应用

创建包含输入参数的存储过程的 SQL 语句如下：

```
delimiter $$
create procedure proc1(IN bid char(13))
begin
    select BookID,BookName from book where BookID>bid;
end
$$
```

运行上面创建存储过程的语句，结果如图 7-22 所示。

在上述语句中，bid 表示在调用存储过程时传入的参数，根据此参数，在存储过程体内从 book 表中获取 BookID 大于此值的数据。

调用该存储过程的 SQL 语句如下：

```
CALL proc1('9787302531555');
```

结果如图 7-23 所示。

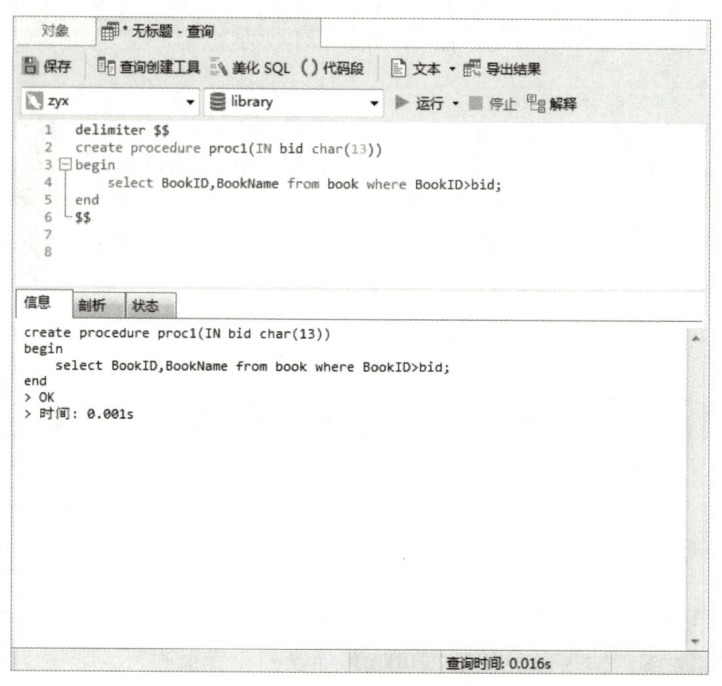

图 7-22 创建包含输入参数的存储过程

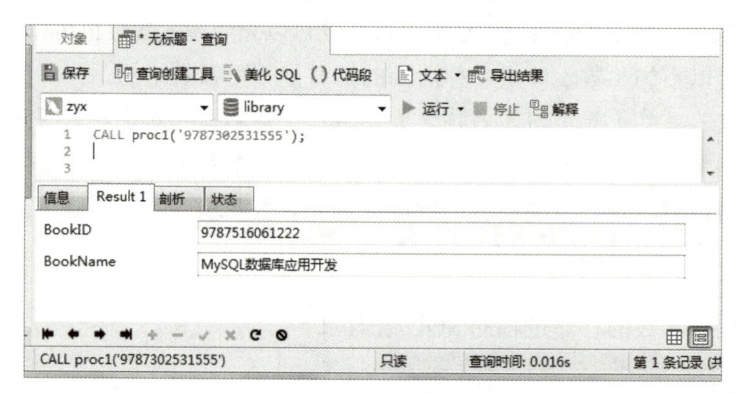

图 7-23 调用包含输入参数的存储过程

2. 输出参数 OUT 的应用

创建和调用包含输出参数的存储过程使用的 SQL 语句如下：

```
create procedure proc2(IN id char(6),out xb char(2))
begin
   select ReaderName,Sex as xb from reader where ReaderID=id;
end

call proc2('112208',@xb);
```

运行上面创建和调用存储过程的语句，结果如图 7-24 所示。

在上述语句中，输出参数 xb 保存了调用存储过程后得到的 Sex 值，返回给了调用者。

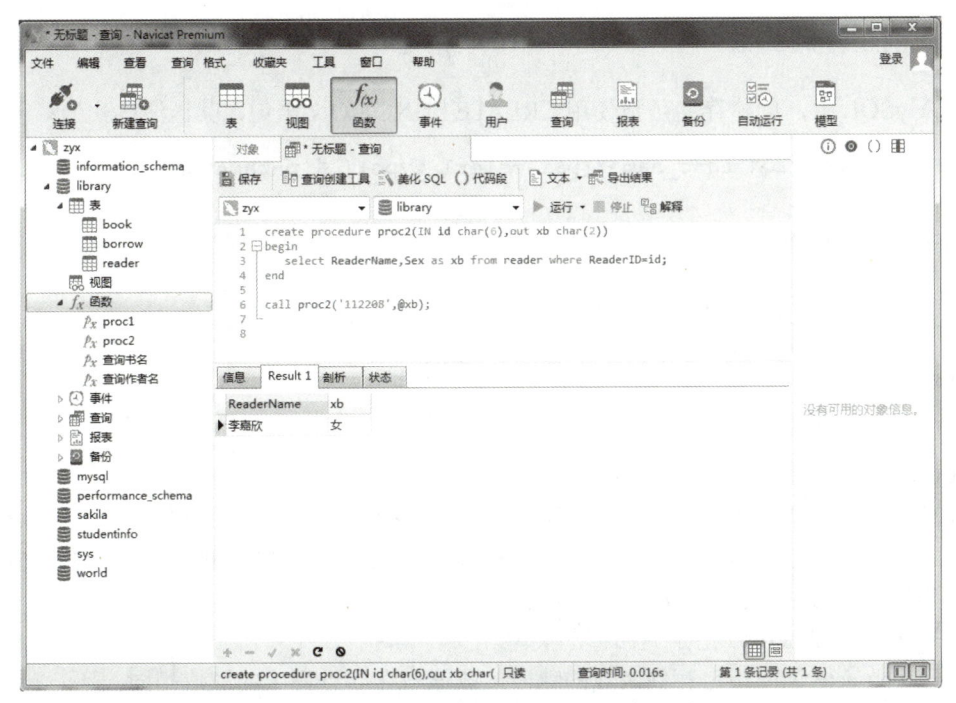

图 7-24 创建和调用包含输出参数的存储过程

7.5 存储函数

在 MySQL 中，存在一种与存储过程十分相似的数据库对象——存储函数。它与存储过程一样，都是由 SQL 语句和过程式语句组成的代码片段，并且可以被应用程序和其他 SQL 语句调用。存储函数与存储过程的区别如下。

（1）存储函数不能拥有输出参数。这是因为存储函数自身就是输出参数，而存储过程可以拥有输出参数。

（2）可以直接调用存储函数，不需要使用 CALL 语句，而调用存储过程需要使用 CALL 语句。

（3）在存储函数中必须包含一条 RETURN 语句，而在存储过程中不允许包含 RETURN 语句。

7.5.1 存储函数的概念

MySQL 除了提供丰富的内置函数，还支持用户自定义函数，即存储函数。存储函数用于实现某种功能，它是由多条语句组成的语句块，每条语句都是一个符合语句定义规范的个体，需要语句结束符——分号。如果一行语句以分号结束，那么按 Enter 键后将会运行该语句。但函数是一个整体，只有在被调用时才会被执行，因此在定义函数时需要临时修改语句结束符，这个知识我们在讲解 DELITIMER 语句时介绍过了。

存储函数通常是数据库已定义的方法，它接收参数并返回某种类型的值，并且不涉及特定用户表。

7.5.2 创建存储函数

在 MySQL 中，创建存储函数使用 CREATE FUNCTION 语句，其语法格式为：

```
CREATE FUNCTION func_name([parameter1 type1[ , parameter2 type2, …]])
RETURNS type
[characteristic …]
BEGIN
    function_body_statements;
    RETURN values;
END;
```

语法说明如下：

（1）func_name 是存储函数的名称。

（2）parameter 是存储函数的形参列表名。type 指定参数类型，该类型可以是 MySQL 的任意数据类型。此部分可以由多个形参组成，每个形参由参数名称和参数类型组成。形参用于定义该函数接收的参数。存储函数的参数都是输入参数。

（3）RETURNS type 指定返回值的类型。

（4）characteristic 指定存储函数的特性，取值与存储过程中的取值相同。

（5）BECIN…END 是函数体的开始和结束标记。function_body_statements 是函数功能的 SQL 语句。与存储过程中的 SQL 语句一样，包括局部变量、SET 语句、流程控制语句、游标等。

（6）函数体中必须包含带返回值的 RETURN values 语句，表示函数的返回值；函数体中该返回值的数据类型由之前的 RETURNS type 指定。如果 values 是 SELECT 语句，则要把该 SELECT 语句用小括号括起来，即 RETURN (SELECT…)。当 RETURN valuas 子句中包含 SELECT 语句时，SELECT 语句的返回结果只能是一行且只能有一列值，即一个数据项。

【例 7-8】在数据库 library 中创建一个存储函数，要求该函数能根据给定的读者号返回读者的性别，如果在数据库中没有给定的读者号，则返回"没有该读者"。

SQL 语句如下：

```
DELIMITER $$
create function fn_search(RID char(6))
returns char(2)
begin
  declare ssex char(2);
     select Sex into ssex from reader where ReaderID=RID;
     if ssex is null then
        return (select '没有该读者');
     else if ssex='女' then
           return (select '女');
            else return (select '男');
            end if;
        end if;
end
$$
```

运行上面创建存储函数的 SQL 语句，结果如图 7-25 所示。

图 7-25　创建存储函数

7.5.3　调用存储函数

在成功创建存储函数后，就可以如同调用系统内置函数一样，使用关键字 SELECT 调用存储函数了，其语法格式为：

SELECT sp_name([func_parameter[,…]])

【例 7-9】调用数据库 library 中的存储函数 fn_search。
SQL 语句如下：

```
select fn_search('112208');
```

运行上面调用存储函数的 SQL 语句，结果如图 7-26 所示。

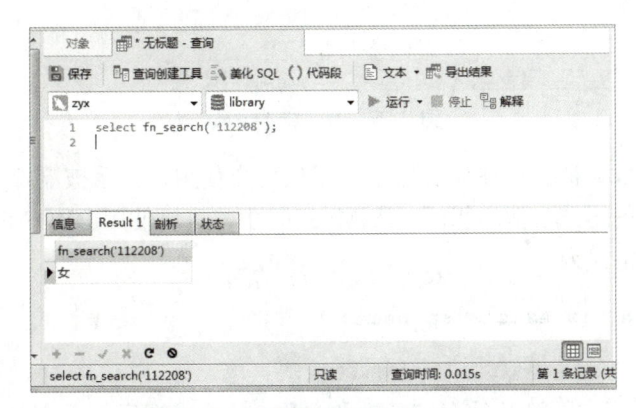

图 7-26　调用存储函数 fn_search

7.5.4 查看、修改与删除存储函数

在存储函数定义完成后,可以使用 SHOW 语句查看存储函数的创建语句,语法格式为:

`SHOW CREATE FUNCTION sp_name;`

语法说明:sp_name 表示存储函数的名称。

例如,查看数据库 library 中存储函数 fn_search 的具体信息,包括函数的名称、定义、字符集等信息,SQL 语句如下:

`SHOW CREATE FUNCTION fn_search;`

修改存储函数是指修改已经定义完成的函数,在 MySQL 中使用 ALTER FUNCTION 语句修改存储函数,语法格式为:

`ALTER FUNCTION sp_name[characteristic]`

语法说明:sp_name 表示存储过程的名称。characteristic 指定存储函数的特性。

【例 7-10】修改存储函数 fn_search 的定义,将读写权限更改为 modifies SQL data,并指明调用者可以执行。

SQL 语句如下:

```
ALTER FUNCTION fn_search
modifies SQL data
SQL security invoker;
```

运行上面修改存储函数的 SQL 语句,结果如图 7-27 所示。

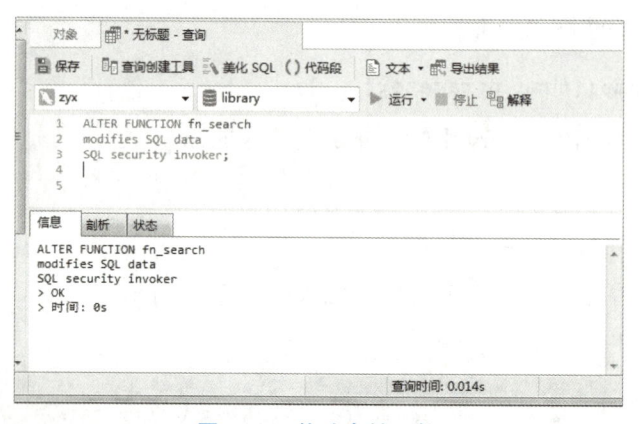

图 7-27 修改存储函数

创建的存储函数会被保存在服务器上,以供用户使用,直至被删除。删除存储函数的方法与删除存储过程的方法基本相同。在 MySQL 中,可以使用 DROP FUNCTION 语句删除存储函数,语法格式为:

`DROP FUNCTION [if exists]sp_name;`

语法说明如下:

(1) sp_name:指定要删除的存储函数的名称。注意,它后面没有参数列表,也没有括

号。在删除存储函数之前，必须确认该存储函数没有任何依赖关系，否则会导致其他与之关联的存储函数无法运行。

（2）if exists：指定这个关键字，可以防止因删除不存在的存储函数而引发的错误。

【例 7-11】删除数据库 library 中的存储函数 fn_search。

SQL 语句如下：

```
DROP FUNCTION if exists fn_search;
```

运行上面删除存储函数的 SQL 语句，结果如图 7-28 所示。

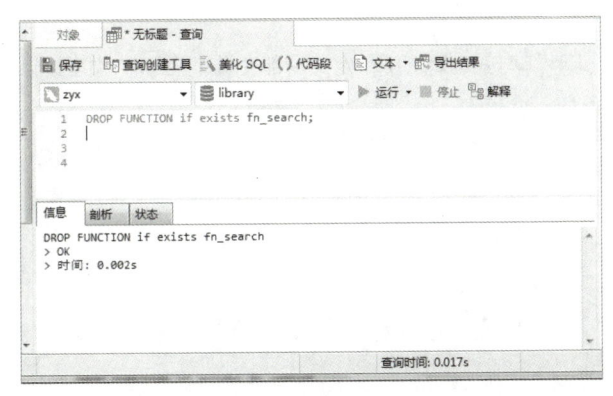

图 7-28　删除存储函数

7.6　过程体

在 MySQL 中，我们把若干条 SQL 语句封装起来，叫作过程。本节介绍构造过程体的常用语法元素，主要介绍过程式语句。

7.6.1　变量

存储过程和函数可以定义和使用变量，这些变量叫作局部变量，其作用范围就是定义它的 BEGIN…END 语句块内，局部变量用于临时存放数据。

1. 局部变量的定义

用户可以使用 DECLARE 关键字定义局部变量。其语法格式为：

DECLARE var_name1[,var_name2]…type [default value]

其中，var_name1、var_name2 参数是声明的变量的名称，type 参数用来指明变量的类型，default value 参数是变量的默认值。

局部变量的使用说明如下。

（1）局部变量只能在存储过程体的 BEGIN…END 语句块内定义。

（2）局部变量必须在存储过程体的开始处定义。

（3）局部变量的作用范围仅限于定义它的 BEGIN…END 语句块内，其他语句块内的语句不可以使用它。

（4）局部变量不同于用户会话变量。定义局部变量时，变量的前缀不使用@符号，并且只能在定义它的 BEGIN…END 语句块内使用。而定义用户会话变量时，在其变量名前使用@符号，同时可以在整个会话中使用。

【例 7-12】在过程中定义局部变量。

具体 SQL 语句如下：

```
DELIMITER $$
CREATE FUNCTION func1()
returns INT
BEGIN
    DECLARE age INT DEFAULT 10; #定义局部变量i为INT类型,该变量的值被初始化为10
        return age;
END
$$
```

执行结果如图 7-29 所示。

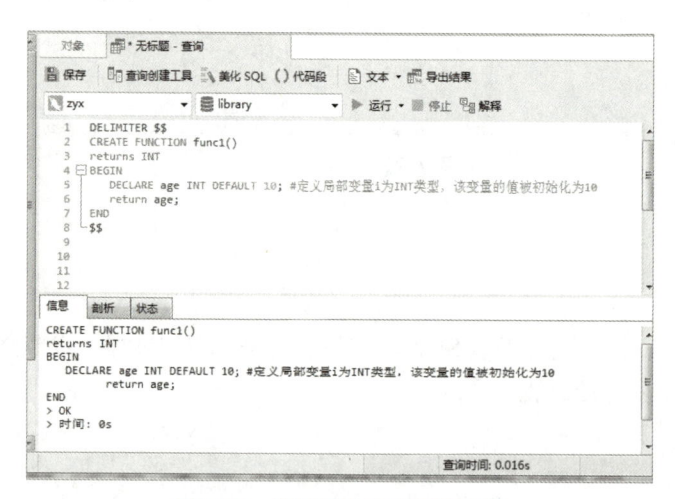

图 7-29　在过程中定义局部变量

接下来调用 func1()函数，具体 SQL 语句如下：

select func1();

执行结果如图 7-30 所示。

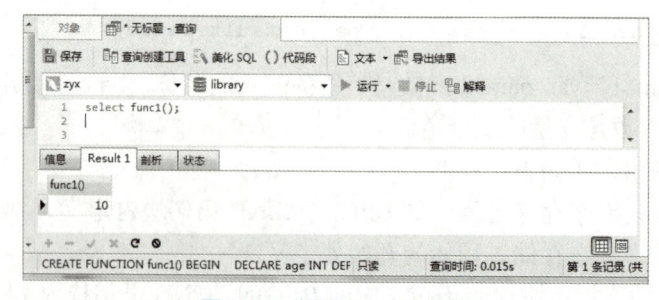

图 7-30　调用 func1()函数

从上述执行结果可知，通过返回函数结果可以在程序外查看局部变量的值。但是在程序外直接使用 SELECT 语句则查询不到该变量，具体 SQL 语句如下：

```
SELECT age;
```

执行结果如图 7-31 所示。

```
mysql> select age;
ERROR 1054 (42S22): Unknown column 'age' in 'field list'
```

图 7-31　执行结果

2. 局部变量的赋值

定义变量后，使用 SET 或 SELECT 语句把值赋给变量。
（1）使用 SET 语句为局部变量赋值，其语法格式如下：

SET var_name1=expr1[,var_name2=expr2,…]

其中 expr 参数是赋值的表达式，可以为多个变量赋值。例如：

```
SET num1=12,num2=34;
```

（2）使用 SELECT…INTO 语句把指定列的值依次赋给对应局部变量，其语法格式为：

SEI.ECT col_name1 [, col_name2, …] INTO var_name1 [, var_name2, …]
　　[FROM tb_name
　　[WHERE condition]];

语法说明：col_name 指定列名；var_name 指定要赋值的变量名；tb_name 为搜索的表或视图的名称；condition 为查询条件。

使用过程体中的 SELECT…INTO 语句将查询的结果赋给变量，但是查询的结果集只能为一行，这一行各列的值，要通过变量分别赋值。

【例 7-13】在读者表 reader 和借阅表 borrow 中，查询借阅图书号为"9787111636222"的图书的读者姓名。

SQL 语句如下：

```
CREATE PROCEDURE proc_123()
BEGIN
    #DECLARE 语句必须在过程体开始处集中定义
        DECLARE vBID,vBookID char(13);
        DECLARE vRID,vReaderID char(6);
        DECLARE vReaderName char(20);
    #为变量赋值
        SET vBID='9787111636222';   #输入参数最好通过传参实现
    #把查询得到的一行中列的值，分别赋给变量
        select BookID,reader.ReaderID,ReaderName INTO vBookID,vReaderID,
        vReaderName from borrow join reader where BookID=vBID and borrow.ReaderID=reader.ReaderID;
    #按指定图书号查询
```

```
            #显示变量的值
            select vBookID,vReaderID,vReaderName;
END


CALL proc_123();
```

运行结果如图 7-32 所示。

本例题是为了说明使用 SELECT…INTO 语句查询的结果为变量赋值,其查询的结果只能是单行结果集。获得该行各列的值(数据项),需要依次列出列名和变量名,如 "select BookID,reader.ReaderID,ReaderName INTO vBookID,vReaderID…"。

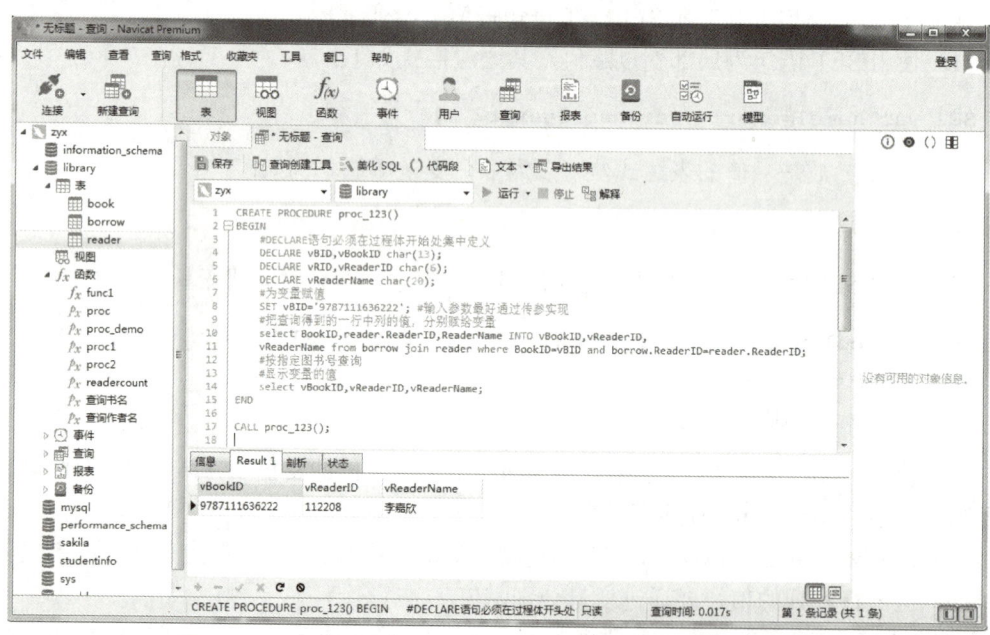

图 7-32 借阅图书号为 "9787111636222" 的图书的读者姓名

7.6.2 流程控制语句

在存储过程和函数中,可以使用流程控制来控制语句的执行。在 MySQL 中,可以使用 IF 语句、CASE 语句、LOOP 语句、LEAVE 语句、ITEBATE 语句、REPEAT 语句和 WHILE 语句进行流程控制。

1. IF 语句

IF 语句用来进行条件判断,根据是否满足条件,执行不同的语句。IF 语句的基本语法格式为:

```
IF search_condition1 THEN statement_list1;
  [elseif search_condition2 then statement_list2;]
  …
  [else statement_list3;]
  END IF
```

语法说明：search_condition1 参数表示条件判断语句，如果条件成立，则执行 statement_list1 中的代码，否则判断 search_condition2 是否成立，如果成立，则执行 statement_list2 中的代码，以此类推。如果都不成立，则执行 else 子句中的 statement_list3。

【例 7-13】IF 语句的应用。

SQL 语句如下：

```
IF age>=18 THEN SET @count1=@count1+1;
ELSE @count2=@count2+1;
END IF
```

2. CASE 语句

CASE 语句也用来进行条件判断，可以实现比 IF 语句更复杂的条件判断。CASE 语句的基本语法格式为：

```
CASE case_value
    WHEN when_value1 THEN statement_list1;
    [when when_value2 then statement_list2;]
    …
    [else statement_list3;]
END CASE;
```

语法说明：case_value 参数表示条件判断的变量。when_value 参数表示变量的取值。statement_list 参数表示不同条件的执行语句。

【例 7-14】CASE 语句的应用。

```
CASE age
    WHEN 18 THEN SET @count1=@count1+1;
    ELSE SET @count2=@count2+1;
END CASE
```

3. LOOP 语句

LOOP 语句可以使用某些特定的语句重复执行，实现简单的循环。LOOP 没有停止循环的语句，要结合 leave 退出循环或 iterate 继续迭代。LOOP 语句的基本语法格式为：

```
[begin_label:] LOOP
    statement_list;
END LOOP [end_label;]
```

语法说明：begin_label 和 end_label 是循环开始和结束的标志，可以省略。statement_list 参数表示不同条件的执行语句。

【例 7-15】LOOP 语句的应用。

```
add_num:LOOP
SET @count1=@count1+1;
END LOOP add_num;
```

4. LEAVE 语句

LEAVE 语句主要用于跳出循环。LEAVE 语句的基本语法格式为：

LEAVE label;

其中 label 参数表示循环标志。

【例 7-16】LEAVE 语句的应用。

```
add_num:LOOP
SET @count=@count+1;
IF @count=10 THEN LEAVE add_num;
END LOOP add_num;
```

5. ITERATE 语句

ITERATE 语句主要用于跳出本次循环，然后进入下一轮循环。ITERATE 语句的基本语法格式为：

ITERATE label;

语法说明：label 参数是循环标志。

【例 7-17】ITERATE 语句的应用。

```
add_num:LOOP
SET @count=@count+1;
IF @count=10 then LEAVE add_num;
ELSEIF mod(@count,2)=0 THEN ITERATE add_num;
END LOOP add_num;
```

6. REPEAT 语句

REPEAT 语句是有条件控制的循环语句，当满足特定条件时，就会跳出循环语句。REPEAT 语句的基本语法格式为：

```
[begin_label:] REPEAT
    statement_list;
    UNTIL search_condition
END REPEAT [end_label];
```

语法说明：search_condition 参数表示条件判断语句。statement_list 参数表示不同条件的执行语句。

【例 7-18】REPEAT 语句的应用。

```
SET @count=@count+1;
until @count=10
END REPEAT;
```

7. WHILE 语句

WHILE 语句也是有条件控制的循环语句。WHILE 语句是当满足条件时，执行循环内的语句。WHILE 语句的基本格式为：

```
[begin_label:] WHILE search_condition do
    statement_list;
END WHILE [end_label];
```

语法说明：search_condition 参数表示条件判断语句，在满足该条件时执行循环。statement_list 参数表示循环时执行的语句。

【例 7-19】WHILE 语句的应用。

```
WHILE @count<10 do
SET @count=@count+1;
END WHILE;
```

7.6.3 异常处理

在高级编程语言中为了提高语言的安全性，提供了异常处理机制。用户可以对某些特定的错误代码、警告或异常进行定义，然后针对这些错误添加处理程序并进行处理。例如，退出当前程序块或继续执行。

1. 自定义错误名称

在编写存储过程时，可以使用 DECLARE 语句为指定的错误声明一个名称，其语法格式为：

DECLARE 错误名称 CONDITION FOR [错误类型]

语法说明：错误类型有两种可选值，分别为 mysql_error_code 和 SQLSTATE[VALUE] sqlstate_value。前者是数值类型表示的错误代码，如 1148。后者是 5 个字符长度的错误代码，如 SQLSTATE'42000'。

【例 7-20】为 ERROR(42000)服务器错误代码声明一个名称。

具体 SQL 语句如下：

```
create procedure proc()
begin
    declare command_not_allowed condition for SQLSTATE '42000';
end
```

运行结果如图 7-33 所示。

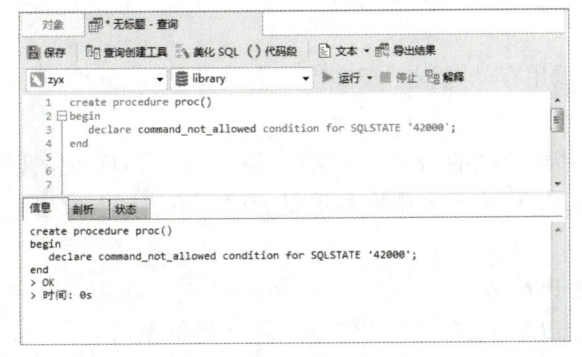

图 7-33　为 ERROR(42000)服务器错误代码声明一个名称

在上述语句中，DECLARE…CONDITION FOR 将需要处理的错误代码 42000 命名为 command_not_allowed，这个名称在定义此错误的处理程序语句中使用。

2. 错误的处理程序

为错误代码命名后，需要使用 MySQL 提供的 DECLARE…HANDLER 语句为其设置处理程序，其基本语法格式为：

DECLARE 错误处理方式 **HANDLER**
FOR 错误类型[,错误类型]…
程序语句段

语法说明：在上述语法中，MySQL 支持的错误处理方式有两种，一种是 CONTINUE（遇到错误不处理，继续执行），另一种是 EXIT（遇到错误时马上退出）。程序语句段是在遇到定义的错误时，需要执行的存储过程代码段。FOR 后的错误类型的可选值有 6 种，其中两种与 DECLARE…CONDITION FOR 语句的错误类型相同，另外 4 种类型如下：

（1）使用 DECLARE…CONDITION FOR 语句声明的错误代码名称。
（2）SQLWARNING：表示所有以 01 开头的 SQLSTATE 错误代码。
（3）NOT FOUND：表示所有以 02 开头的 SQLSTATE 错误代码。
（4）SQLEXCEPTION：表示除以 01 和 02 开头之外的 SQLSTATE 错误代码。

【例 7-21】存储过程的错误处理。

```
create procedure proc_demo()
begin
   declare continue handler for SQLSTATE '23000'
      set @num=1;
      insert into book(BookID,BookName) values('9787516061222','MySQL 数据库应用开发');
      set @num=2;
      insert into book(BookID,BookName) values('9787516061222','MySQL 数据库应用开发');
      set @num=3;
   end

call proc_demo();
select @num;
```

运行上面创建和调用存储过程、查询当前会话变量 num 的值的 SQL 语句，结果如图 7-34 所示。

在上述语句中，错误处理的语句要定义在 BEGIN…END 中，程序代码之前。其中，SQLSTATE 错误代码 23000 表示表中含有重复的键，不能插入数据。SET 语句用于设置会话变量。

从上述变量的输出结果可知，当执行存储过程向表中插入重复的主键时，使用 DECLARE…HANDLER 语句跳过了此错误，程序继续执行，因此，最后变量 num 的值为 3。

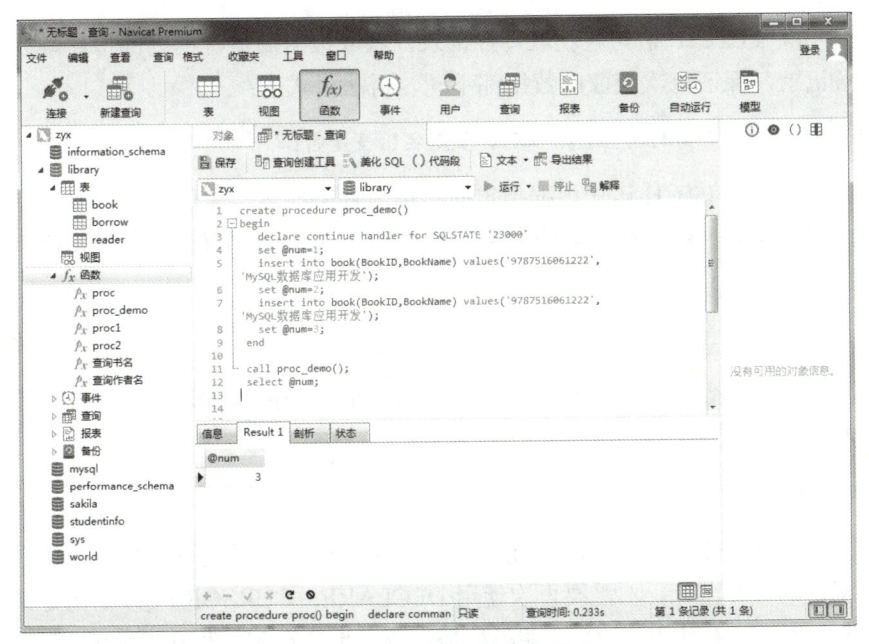

图 7-34 存储过程的错误处理

7.6.4 游标的使用

在存储过程或自定义函数中的查询可能返回多条记录，可以使用光标逐条读取查询结果集中的记录。光标也被称为游标。游标的使用包括定义游标、打开游标、使用游标和关闭游标。

1. 定义游标

在使用游标之前，必须通过定义让其与指定的 SELECT 语句关联，目的是确定游标要操作的 SELECT 结果集对象。定义游标的基本语法格式为：

DECLARE 游标名称 CURSOR FOR SELECT 语句

在上述语法中，游标名称必须唯一，且使用与表名相同的规则。SELECT 语句返回一行或多行数据。特别说明的是，这里的 SELECT 语句中不能包含 INTO 子句。

2. 打开游标

在定义游标后，如果要使用游标提取数据，就必须先打开游标。在 MySQL 中，使用 OPEN 语句打开游标，语法格式为：

OPEN 游标名称

在程序中，一个游标可以多次被打开，由于其他的用户或程序本身已经更新了表，所以每次打开的结果可能不同。

3. 使用游标

在打开游标之后，就可以使用 MySQL 提供的 FETCH 语句检索 SELECT 结果集中的数据，每访问一次 FETCH 语句就获取一行记录，获取数据后游标的内部指针就会向前移动指向下一条记录，保证每次获取的数据都不同，语法格式为：

FETCH [[NEXT] FROM]游标名称 INTO 变量名[,变量名]...

在上述语法中，FETCH 语句根据指定的游标名称将检索出来的数据存放到对应的变量中。另外，变量名的个数必须与声明游标时通过 SELECT 语句查询的结果集的字段的个数保持一致。

4. 关闭游标

使用游标检索完数据后，应利用 MySQL 提供的语法关闭游标，释放游标占用的 MySQL 服务器的内存资源，语法格式为：

CLOSE 游标名称

在上述语法中，使用 CLOSE 关闭游标后，如果再次需要使用游标检索数据，只需要使用 OPEN 语句打开游标，不需要再次使用 DECLARE...CURSOR FOR 语句定义游标。值得一提的是，如果没有使用 CLOSE 关闭游标，游标也会在到达程序最后的 END 语句的位置自动关闭。

在了解了游标的定义、游标的作用以及操作流程后，我们通过一个完整的案例演示使用游标检索数据。

【例 7-22】使用游标读取 reader 表中的总人数，此功能可以直接使用 count 函数完成，此实例用于演示游标的使用方法。

SQL 语句如下：

```
create procedure readercount(out num integer)
 begin
    declare temp char(20);
        declare done int default false;
        declare cur CURSOR FOR SELECT ReaderID FROM reader;
        declare CONTINUE HANDLER FOR not found set done=true;
        set num=0;
        OPEN cur;
            read_loop:loop
                    fetch cur into temp;
                        if done then
                            leave read_loop;
                        END IF;
                        set num=num+1;
        END loop;
        CLOSE cur;
    END
```

运行上面 SQL 语句，结果如图 7-35 所示。

注意：游标只能在存储过程或存储函数中使用，本例中的语句无法单独运行。

调用游标的 SQL 语句如下：

```
set @num=0;
CALL readercount(@num);
```

结果如图 7-36 所示。

查看变量的 SQL 语句如下：

```
select @num;
```

运行结果如图 7-37 所示。

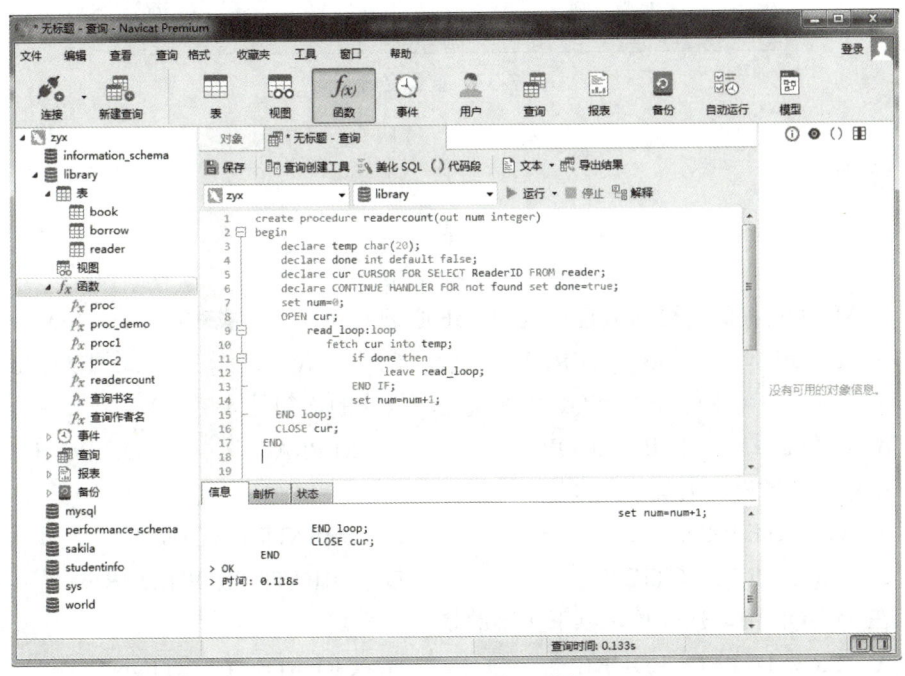

图 7-35　定义和打开游标

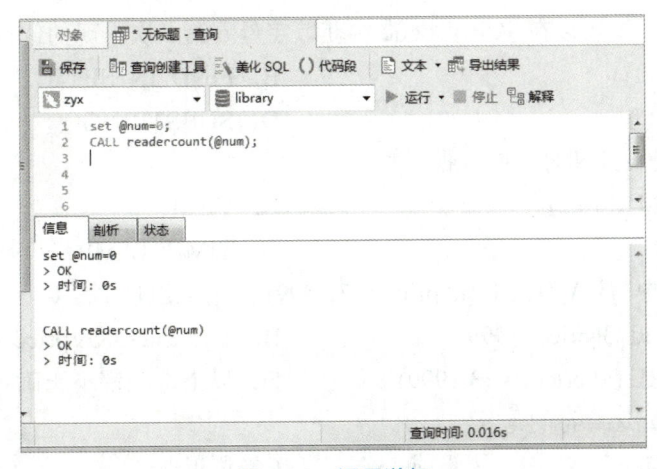

图 7-36　调用游标

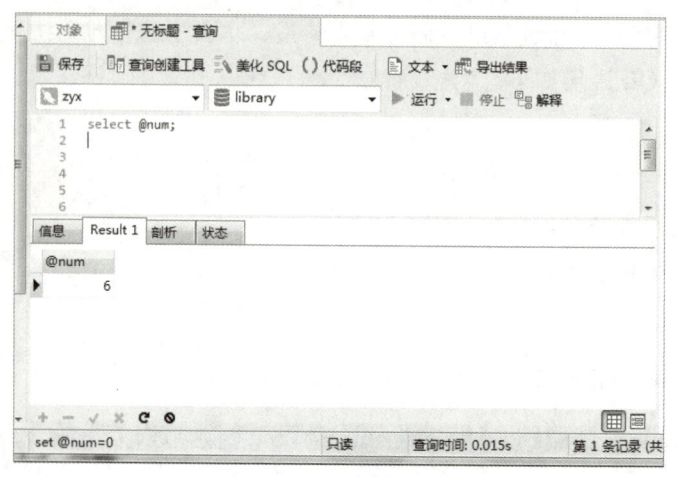

图 7-37　查看变量

7.7　习题 7

一、单选题

1. 在 MySQL 存储过程的流程控制中，IF 必须与（　　）成对出现。

   A．ELSE　　　　　B．ITERATE　　　　C．LEAVE　　　　D．END IF

2. 下列选项中，不能在 MySQL 中实现循环操作的语句是（　　）。

   A．CASE　　　　　B．LOOP　　　　　C．REPEAT　　　　D．WHILE

3. 创建存储过程的关键字是（　　）。

   A．CREATE PROC　　　　　　　　　B．CREATE DATABASE

   C．CREATE FUNCTION　　　　　　　D．CREATE PROCEDURE

4. 在 MySQL 中创建函数，以下正确的是（　　）。

   A．CREATE PROCEDURE　　　　　　B．CREATE FUNCTION

   C．CREATE DATABASE　　　　　　　D．CREATE TABLE

5. 函数（　　）可以在字符串 book 中获取字母 o 第一次出现的位置。

   A．INSERT()　　　　　　　　　　　B．FIND_IN_SET()

   C．INSTR()　　　　　　　　　　　　D．SUBSTRING()

6. （　　）是日期和时间的数据类型。

   A．DECIMAL(6,2)　　　　　　　　　B．YEAR

   C．DATE　　　　　　　　　　　　　D．TIMESTAMP

7. 下列选项中与"WHERE (id,price)=(3,1999)"功能相同的是（　　）。

   A．where id=3||price=1999　　　　　　B．where id=3&&price=1999

   C．WHERE (id,price)<>(3,1999)　　　　D．以上选项都不正确

8. 以下是一元运算符的是（　　）。

   A．逻辑与　　　　　B．逻辑或　　　　C．逻辑非　　　　D．逻辑异或

9. 以下游标的使用步骤中正确的是（　　）。
   A．声明游标，使用游标，打开游标，关闭游标
   B．打开游标，声明游标，使用游标，关闭游标
   C．声明游标，打开游标，选择游标，关闭游标
   D．声明游标，打开游标，使用游标，关闭游标

10. （　　）语句用来定义游标。
    A．CREATE   B．DECLARE
    C．DECLARE...CURSOR FOR... D．SHOW

二、填空题

1．要想发挥存储过程的作用，必须使用 MySQL 提供的_____语句调用存储过程。

2．存储过程的参数可以有 IN、OUT、INOUT 三种类型，而函数只有_____种类型。

3．在数据库管理中，除了函数，还有_____可以在数据库中进行一系列复杂的操作。

4．当前字符集为 gbk 时，函数 LENGTH('美丽的 jia')的结果为_____。

5．函数 SUBSTRING('bread',3)中的 3 表示截取的字符串从字母_____开始。

6．在 MySQL 中，_____循环语句会无条件执行一次语句列表。

7．MySQL 用户定义的会话变量是由_____和_____组成的。

8．自定义函数包括_____关键字、函数名、参数、返回值类型以及函数体和返回值。

三、操作题

1．编写一个名为"某学生某课程考试信息"的存储过程，其功能是根据学号和课程号，查询学生的姓名、课程名、考试成绩。

2．使用存储过程"某学生某课程考试信息"，查询学号为 202210010108 的学生，100101 课程的考试信息。

3．统计选修某门课程的学生人数。

4．查看选修"哲学基础"的学生人数。

5．编写用户定义函数"某学生学分"，其作用是根据学号计算某学生已经获得的总学分。

6．使用函数"某学生学分"查询学号为 202210010123 的学生的总学分。

单元 8　触发器和事件

学习目标

通过本单元的学习，学生能够掌握触发器的概念、创建等操作，事件的概念与操作，触发器与事件的区别。培养学生数据库编程的能力。

8.1　触发器

触发器（Trigger）是一个被指定关联到一个表的数据库对象，当特定事件发生时，触发器会被激活。可以将触发器看作一种特殊类型的存储过程，它与存储过程的区别在于存储过程在使用时需要调用，而触发器是在预先定义好的事件（如 INSERT、UPDATE 和 DELETE 等操作）发生时，才会被 MySQL 自动调用。

8.1.1　触发器的基本概念

触发器是从 MySQL 5.0 版本开始支持的一种过程式数据库对象，是用户定义在表上的一类由事件驱动的特殊过程。触发器与表的关系十分密切，用于保护表中的数据。当有操作影响到触发器保护的数据时，触发器就会自动执行，从而保障数据库中数据的完整性，以及多个表之间数据的一致性。例如：

（1）当数据库的学生基本信息表增加一名学生时，班级表中这个班的人数就会自动增加 1。

（2）当从数据库的学生基本信息表中删除一名学生时，班级表中这个班的人数就会自动减 1。

（3）当修改数据库的学生基本信息表中某位学生的班级时，班级表中原班级人数减 1，现班级人数加 1。

由此不难看出，触发器在使用时的优点和缺点。

1. 触发器的优点

（1）触发器可以通过数据库中的相关表实现级联无痕更改操作。

（2）保证数据安全，进行安全校验。

2. 触发器的缺点

（1）使用触发器会影响数据库的结构，同时，会增加维护的复杂程度。

（2）触发器的无痕操作会造成数据在程序（如 PHP、Java 等）层面不可控。

触发器的基本操作包括创建触发器、查看触发器、触发触发器和删除触发器。接下来对触发器的基本操作进行详细讲解。

8.1.2 创建触发器

在创建触发器时需要指定触发器的操作对象——表，且该表不能是临时表或视图。其基本语法格式为：

```
CREATE TRIGGER trigger_name trigger_time trigger_event
ON table_name FOR EACH ROW trigger_body
```

语法说明如下：

（1）trigger_name：触发器的名称，触发器在当前数据库中必须具有唯一的名称。如果要在某个特定数据库中创建触发器，名称前面应该加上数据库的名称。

（2）trigger_time：触发器被触发的时刻，它有两个选项，即 BEFORE 和 AFTER，用于表示触发器是在激活它的语句之前或者之后触发。如果希望验证新数据是否满足使用的限制，则使用 BEFORE 选项。如果希望在激活触发器的语句执行之后完成一个或多个改变，则使用 AFTER 选项。

（3）trigger_event：触发事件，用于指定激活触发器的语句的种类，可以是下述值之一。

- INSERT：将新行插入表时激活触发器。例如，INSERT 的 BEFORE 触发器不仅能被 INSERT 语句激活，也能被 LOAD DATA 语句激活。
- UPDATE：更改表中某一行时激活触发器。例如，通过 MySQL 的 UPDATE 语句激活触发器。
- DELETE：从表中删除某一行时激活触发器。例如，通过 MySQL 的 DELETE 和 REPLACE 语句激活触发器。

（4）table_name：与触发器相关联的表名，必须引用永久性表，不能将触发器与临时表或视图关联起来。在该表上触发事件发生时才会激活触发器。同一个表不能拥有两个具有相同触发时刻和事件的触发器。例如，一张表不能同时有两个 BEFORE UPDATE 触发器，但可以有一个 BEFORE UPDATE 触发器和一个 BEFORE INSERT 触发器，或一个 BEFORE UPDATE 触发器和一个 AFTER UPDATE 触发器。

（5）FOR EACH ROW：指定受触发事件影响的每一行都要激活触发器的动作。例如，在使用一条 INSERT 语句向一个表中插入多行数据时，触发器会对每一行数据的插入都执行相应的触发器动作。

（6）trigger_body：触发器动作主体，包含触发器被激活时将要执行的 MySQL 语句。如果要执行多个语句，可以使用 BEGIN…END 复合语句。

注意： 在触发器的创建中，每个表每个事件每次只允许创建一个触发器。每个表最多支持 6 个触发器，即每条 INSERT、UPDATE 和 DELETE 的之前（BEFORE）和之后（AFTER）。单一触发器不能与多个事件或多个表关联，例如，如果需要一个对 INSERT 和 UPDATE 操作执行的触发器，则应该定义两个触发器。

【例 8-1】在数据库 library 的 book 表中创建一个触发器 tb_book_insert_trigger，用于在

每次向 book 表中插入一行数据时将图书变量 str 的值设置为 "one book added!"。

程序代码如下：

```
create trigger tb_book_insert_trigger AFTER INSERT
ON book FOR EACH ROW set @str='one book added!';
```

代码运行情况如图 8-1 所示。

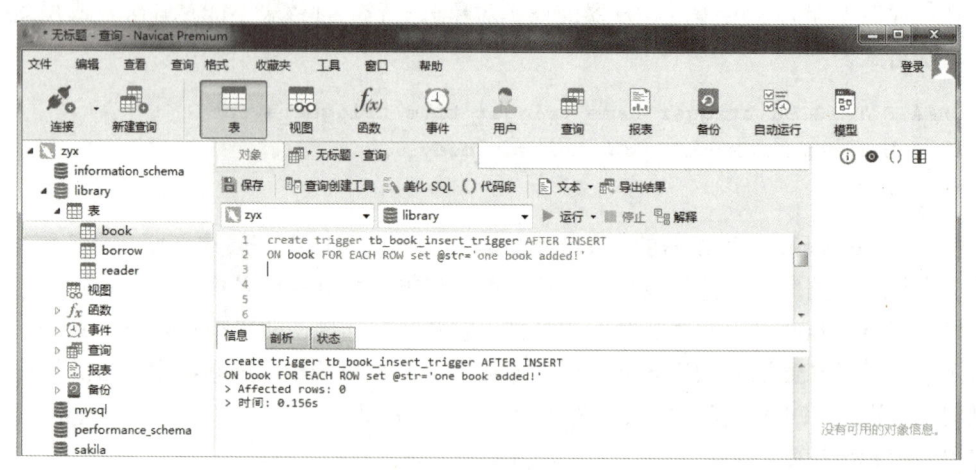

图 8-1　创建触发器

右击"book"选项，打开 book 表的设计窗口，在"触发器"选项卡中查看刚刚创建的触发器，如图 8-2 所示。

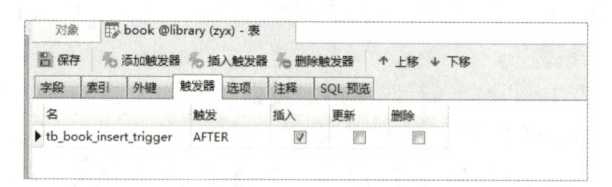

图 8-2　查看触发器

使用下面的 SQL 语句向 book 表中插入一行记录。

```
insert into book values('9787516061222','MySQL 数据库应用开发','王启明','机械工业出版社',45.92);
```

运行结果如图 8-3 所示。

图 8-3　插入记录

通过如下 SQL 语句验证触发器。

```
select @str;
```

结果如图 8-4 所示。

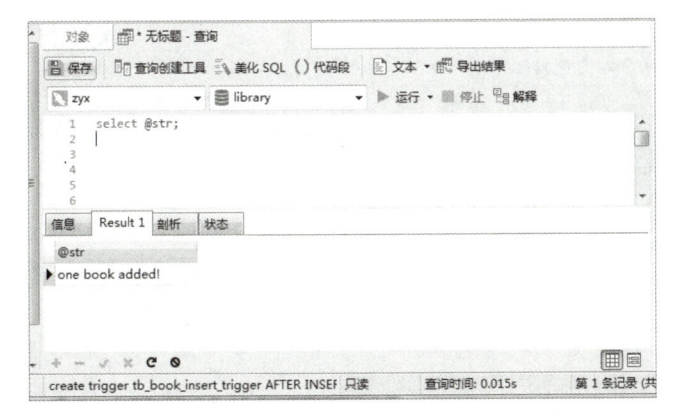

图 8-4 验证触发器

可以看出，每次插入数据，都会触发 set @str='one book added!'。

8.1.3 触发器 NEW 和 OLD

触发器的使用比较简单，不过仍有需要我们注意的地方。

触发器不能调用将数据返回客户端的存储程序，也不能使用采用 CALL 语句的动态 SQL（允许存储程序通过参数将数据返回触发器）。

触发器不能使用以显式或隐式方式开始或结束事务的语句，如 START 语句、TRANSACTION 语句、COMMIT 语句或 ROLLBACK 语句。使用 OLD 和 NEW 关键字，能够访问受触发器影响的行中的列（OLD 和 NEW 不区分大小写）。

在 INSERT 触发器中，仅能使用 NEW 关键字获取插入或更新时产生的新值，格式为 NEW.col_name。在 DELETE 触发器中，仅能使用 OLD 关键字获取删除或更新前的值，格式为 OLD.col_name。在 UPDATE 触发器中，可以使用 OLD.col_name 引用更新前的某一行的列，也能使用 NEW.col_name 引用更新后的行中的列，col_name 为具体的字段名称。

【例 8-2】在数据库 library 的 book 表中重新创建触发器 tb_book_insert_trigger，用于在每次向 book 表中插入一行数据时，将图书变量 str 的值设置为新插入图书的图书号。

首先，输入如下 SQL 语句。

```
create trigger tb_book_insert_trigger AFTER INSERT
ON book FOR EACH ROW set @str=NEW.BookID;
```

代码运行情况如图 8-5 所示。
然后，使用 INSERT 语句向表 book 中插入一行数据。

```
insert into book values('9787516061222','MySQL 数据库应用开发','王启明','机械
工业出版社',45.92);
```

最后，输入如下 SQL 语句验证触发器。

```
select @str;
```

运行结果如图 8-6 所示。

图 8-5 重新创建触发器

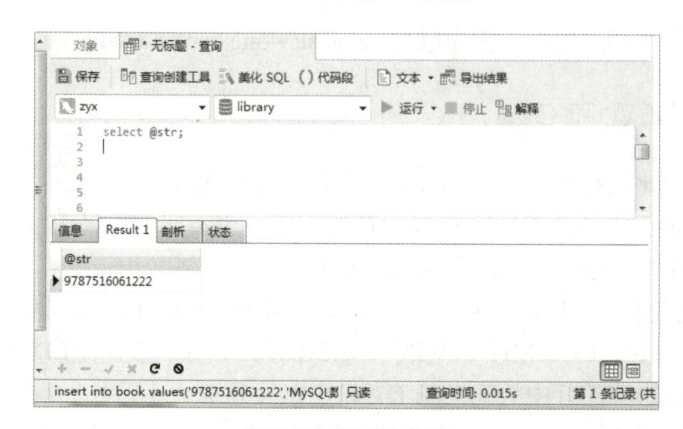

图 8-6 验证触发器

8.1.4 查看触发器

查看指定数据库中已存在的触发器的语句、状态等信息可以通过两种方式实现。一种是使用 MySQL 提供的 SHOW TRIGGERS 语句，另外一种是使用 SELECT 直接查看 information_schema 数据库中的 triggers 表中的数据。第一种方式的基本语法格式为：

SHOW TRIGGERS [{FROM|IN} 数据库名称] [LIKE '匹配模式'|WHERE 条件表达式]

语法说明：当没有使用 FROM 或 IN 指定数据库时，SHOW TRIGGERS 获取的是当前选择的数据库中所有的触发器，WHERE 用于指定查看触发器的条件。另外，LIKE 子句的使用比较特殊，它用于匹配触发器作用的表，而非触发器的名称。

为了帮助大家更好地理解，接下来以查看 library 数据库中的触发器为例进行演示，具体 SQL 语句及执行结果如图 8-7 所示。

在上述执行结果中，Trigger 指定触发器的名称，Event 指定激活触发器的事件，Table 表示定义触发器的表，Statement 表示触发器激活时执行的语句，Timing 指定触发器在触发事件之前或之后激活。除此之外，还有创建触发器的日期和时间 Created、触发器执行时有效的 SQL 模式以及创建触发器的账户信息等。

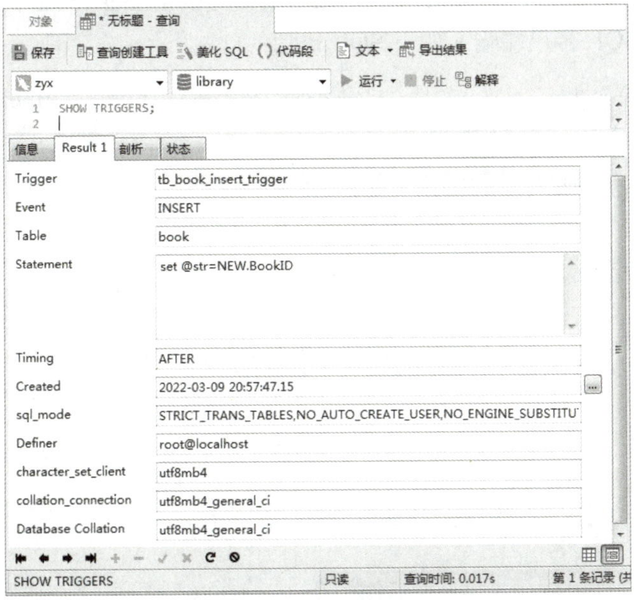

图 8-7 查看 library 数据库中的触发器

8.1.5 删除触发器

删除触发器的操作很简单，只需使用 MySQL 提供的 DROP TRIGGER 语句即可。其基本语法格式为：

DROP TRIGGER [IF EXISTS] [数据库.]触发器名称

语法说明：使用"数据库.触发器名称"的方式可以删除指定数据库中的触发器。如果省略"数据库."，则删除当前选择的数据库中的触发器，若没有选择数据库，则系统会报错。

例如，删除 library 数据库中的 tb_book_insert_trigger 触发器，具体 SQL 语句如下：

DROP TRIGGER IF EXISTS tb_book_insert_trigger;

除此之外，在删除表时，也会删除在该表上创建的触发器。

8.1.6 触发器的使用

触发器不能调用将数据返回客户端的存储过程，也不能使用采用 CALL 语句的动态 SQL（允许存储过程通过参数将数据返回触发器）。触发器的使用需要注意以下两点。

（1）MySQL 触发器针对行来操作，因此，在处理大数据集的时候，触发器的效率可能会很低。

（2）触发器不能保证原子性，例如，在 MyISAM 中，在一个更新触发器更新一个表后，触发对另外一个表的更新，若触发器失败，不会回滚第一个表的更新。InnoDB 中的触发器和操作则是在一个事务中完成的，是原子操作。

让我们再创建一个 UPDATE 触发器。

【例 8-3】在数据库 library 的 book 表中创建一个触发器 tb_book_update_trigger，用于在每次更新 book 表时将该表中 Author 列的值设置为 PublishingHouse 列的值。

首先，在 MySQL 客户端输入如下 SQL 语句：

```
create trigger library.tb_book_update_trigger BEFORE UPDATE
on library.book FOR EACH ROW SET NEW.Author=OLD.PublishingHouse;
```

运行结果如图 8-8 所示。

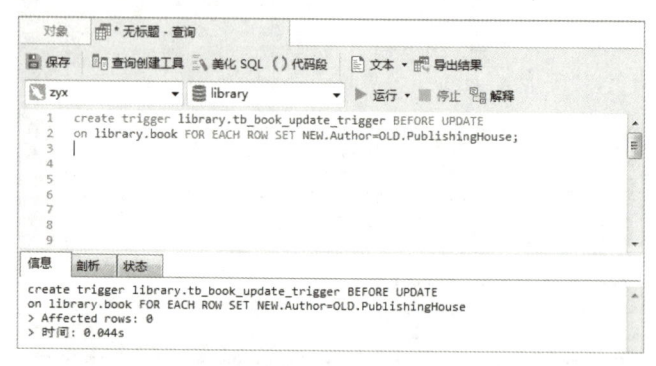

图 8-8 创建触发器

然后，在 MySQL 客户端使用 UPDATE 语句更新 book 表中书名为"MySQL 数据库应用开发"的 Author 列的值为"王一"。

```
UPDATE library.book SET Author='王一' WHERE BookName='MySQL 数据库应用开发';
```

运行结果如图 8-9 所示。

图 8-9 更新 book 表中 Author 列的值

最后，在 MySQL 客户端输入如下 SQL 语句：

```
select Author from book where BookName='MySQL 数据库应用开发';
```

运行结果如图 8-10 所示。会发现"MySQL 数据库应用开发"的列 Author 的值并非是"王一"，而是被触发器更新为了原表中 PublishingHouse 列对应的值，即"机械工业出版社"。

说明：在 BEFORE UPDATE 触发器中，NEW 中的值也可能被更新，即允许更改将要用于 UPDATE 语句中的值（只要具有对应的操作权限）。而 OLD 重点值全部是只读的，不能被更新。当触发器涉及对表自身的更新操作时，只能使用 BEFORE UPDATE 触发器，

AFTERUPDATE 触发器将不被允许。

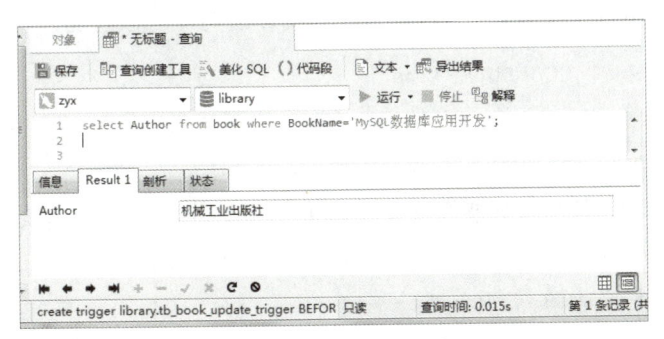

图 8-10 查询结果

8.2 事件

8.2.1 事件的概念

事件可以通过 MySQL 服务器中一个非常有特色的功能模块——事件调度器（Event Scheduler）进行监视，并判断其是否需要被调用。事件调度器可以在指定的时刻执行某些特定的任务，因此可以取代原来只能由操作系统的计划任务来执行的工作。这种需要在指定的时刻才被执行的某些特定任务就是事件，这些特定任务通常是一些确定的 SQL 语句。目前，MySQL 的事件调度器可以精确到每秒钟执行一个任务，非常适合一些对数据实时性要求较高的应用，如股票、赔率和比分等。

事件和触发器相似，都是在某些特定事情发生的时候启动，因此事件也被称为临时触发器（temporal trigger）。它们的区别在于，事件是基于特定时间周期触发的，而触发器是基于某个表产生的事件触发的。

在使用事件调度器这个功能之前，必须确保 MySQL 中 EVENT_SCHEDULER 已被开启。可以通过执行以下 SQL 语句查看当前是否开启事件调度器。

SHOW VARIABLES LIKE 'EVENT_SCHEDULER';

结果如图 8-11 所示。

图 8-11 查看事件调度器是否开启

说明：event_scheduler 的值为 OFF（可以使用数字 0 代替）表示关闭。event_scheduler

的值为 ON（可以使用数字 1 代替），表示开启。

如果没有开启事件调度器，可以执行以下 SQL 语句开启该功能：

```
SET GLOBAL EVENT_SCHEDULER=1;
```

8.2.2 创建事件

虽然 MySQL 中的事件信息都保存在 mysql.event 表中，但是不建议直接对该表进行操作，避免出现不可预知的错误。推荐直接使用 MySQL 提供的 CREATE EVENT 语句在指定的数据库中操作。其语法格式为：

```
CREATE EVENT [IF NOT EXISTS] event_name
ON SCHEDULE schedule
[ON COMPLETION [NOT] PRESERVE]
[ENABLE | DISABLE]
[COMMENT 'comment']
DO event_body
schedule:
AT TIMESTAMP [+INTERVAL INTERVAL]
| EVERY INTERVAL [STARTS TIMESTAMP] [ENDS TIMESTAMP]
INTERVAL:
quantity {YEAR | QUARTER | MONTH | DAY | HOUR | MINUTE |
          WEEK | SECOND | YEAR_MONTH | DAY_HOUR | DAY_MINUTE |
          DAY_SECOND | HOUR_MINUTE | HOUR_SECOND | MINUTE_SECOND}
```

语法说明如下：

（1）event_name：事件的名称，不区分大小写，且必须是一个最大长度不超过 64 个字符的有效 MySQL 标识符。event_name 在当前数据库中必须是唯一的，同一个数据库不能有同名的事件。

（2）ON SCHEDULE：计划任务，有两种设定计划任务的方式。

- AT 时间戳，用来完成单次的计划任务。
- EVERY 时间（单位）的数量实践单位 [STARTS 时间戳] [ENDS 时间戳]，用来完成重复的计划任务。

在两种计划任务中，时间戳可以是任意的 TIMESTAMP 和 DATETIME 数据类型，时间戳需要大于当前时间。

在重复的计划任务中，时间（单位）的数值可以是任意非空（NOT NULL）的整数形式，时间单位的关键词包括 YEAR、MONTH、DAY、HOUR、MINUTE 和 SECOND。

其他的时间单位也是合法的，如 QUARTER、WEEK、YEAR-MONTH、DAY_HOUR、DAY_MINUTE、DAY_SECOND、HOUR_MINUTER、HOUR_SECOND、MINUTE_SECOND，但不建议使用这些不标准的时间单位。

（3）ON COMPLETION：表示"当这个事件不会再发生的时候"，即当单次计划任务执行完毕后或当重复性的计划任务执行到了 ENDS 阶段。而 PRESERVE 的作用是使事件在执行完毕后不会被 DROP，建议使用该参数，以便查看事件的具体信息。

（4）[ENABLE |DISABLE]：参数 ENABLE 和 DISABLE 表示设定事件的状态。ENABLE 表示系统将执行这个事件。DISABLE 表示系统不执行这个事件。

可以使用 ALTER EVENT event_name ENABLE/DISABLE 命令开启或关闭事件。

（5）[COMMENT 'comment']：'comment'注释会出现在元数据中，它存储在 information_schema 表的 COMMENT 列，最大长度为 64 字节。'comment'表示将注释内容放在直引号之间，建议使用注释以表达更全面的信息。

（6）DO event_body：DO 子句中的 event_body 部分指定事件启动时要求执行的 SQL 语句或存储过程。这里的 SQL 语句可以是复合语句，如果包含多条语句，可以使用 BEGIN…END 复合结构。event_body 过程体不能返回任何结果给客户端，即不能使用 SELECT 等语句显示数据。

【例 8-4】在数据库 library 中创建一个事件，该事件每个月向 book 表中插入一条数据，于下个月开始并在 2022 年 12 月 31 日结束。

在 MySQL 客户端中输入以下 SQL 语句：

```
create event if not exists event_insert
on schedule every 1 month
  starts CURDATE()+interval 1 month ends '2023-12-31'
    do
    begin
      if year(CURDATE())<2023 then
           insert into book values('9787516061222','MySQL 数据库应用开发','王启明','机械工业出版社',45.92);
      end if;
    end
```

运行结果如图 8-12 所示。

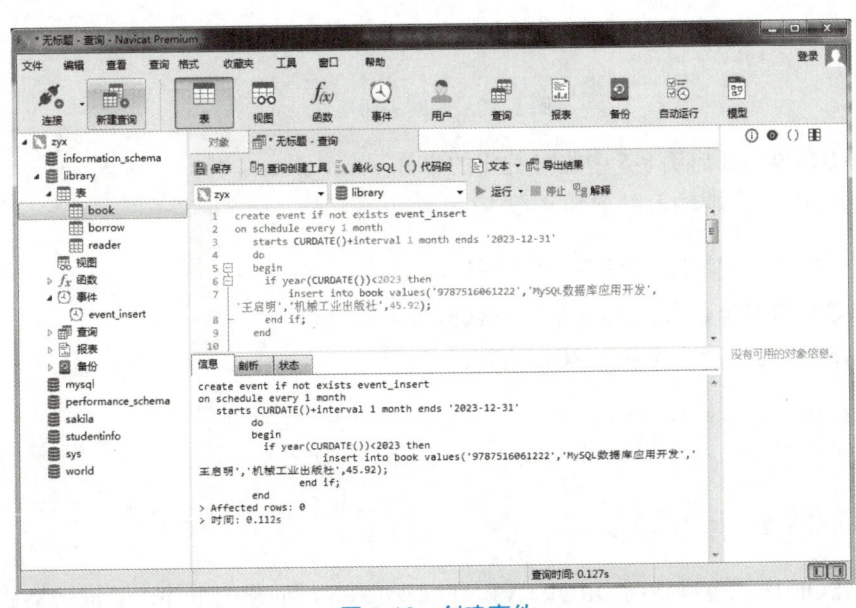

图 8-12　创建事件

8.2.3 修改事件

在 MySQL 中，事件被创建之后可以使用 ALTER EVENT 语句修改其定义和相关属性，其语法格式为：

```
ALTER EVENT event_name
[ON SCHEDULE schedule]
[ON COMPLETION [NOT] PRESERVE]
[RENAME TO new_event_name]
[ENABLE | DISABLE]
[COMMENT 'comment']
[DO event_body]
```

语法说明：ALTER EVENT 语句与 CREATE EVENT 语句的语法相似，这里不再解释其语法。用户可以使用一条 ALTER EVENT 语句关闭或开启一个事件。需要注意的是，在一个事件最后一次被调用后，它是无法被修改的，因为此时它已不存在了。

【例 8-5】临时关闭例 8-4 中创建的事件 event_insert。

在 MySQL 客户端输入以下 SQL 语句：

```
ALTER EVENT event_insert DISABLE;
```

运行结果如图 8-13 所示。

图 8-13 临时关闭事件

【例 8-6】再次开启例 8-5 中临时关闭的事件 event_insert。

在 MySQL 客户端输入以下 SQL 语句：

```
ALTER EVENT event_insert ENABLE;
```

【例 8-7】将事件 event_insert 的名称修改为 e_insert。

在 MySQL 客户端输入以下 SQL 语句：

```
ALTER EVENT event_insert
RENAME TO e_insert;
```

8.2.4 删除事件

在 MySQL 中，可以使用 DROP EVENT 语句删除已创建的事件，其语法格式为：

```
DROP EVENT [IF EXISTS] event_name
```

【例 8-8】 删除名为 e_insert 的事件。

在 MySQL 客户端输入以下 SQL 语句：

```
DROP EVENT IF EXISTS e_insert;
```

8.3 习题 8

一、单选题

1. 下列选项中，触发器不能触发的事件是（　　）。
   A. INSERT　　　　B. UPDATE　　　　C. DELETE　　　　D. SELECT
2. 删除触发器的语句是（　　）。
   A. CREATE TRICGER 触发器名称;　　　B. DROP DATABASE 触发器名称;
   C. DROP TRICGERS 触发器名称;　　　D. SHOW TRIGGERS 触发器名称;
3. 关于 CREATE TRIGGER 的作用描述正确的是（　　）。
   A. 创建触发器　　B. 查看触发器　　C. 应用触发器　　D. 删除触发器

二、填空题

1. 创建触发器时需要与表相关联，当表发生_____（如 INSERT、DELETE 等操作）时，MySQL 就会自动执行触发器中预定的 SQL 代码。
2. 在实际使用中，MySQL 支持的触发器有_____、_____和_____三种。

三、判断题

1. 触发器的使用会影响数据库的结构，同时增加了维护的复杂程度。
2. 对于所有用户来说，系统变量只能读取不能修改。

四、简答题

1. 什么是触发器？
2. 使用触发器有哪些限制？
3. 请简述事件的作用。
4. 请简述事件与触发器的区别。

五、编程题

1. 在数据库 studentinfo 的学生表中创建插入触发器，当有一条新的记录插入表中时，更新班级表中相应班级的人数。
2. 在创建插入触发器后，插入一条学生的记录，观察学生表、班级表的变化并说明。
3. 在学生表中创建删除触发器，当有一条记录被删除时，减少班级表中相应班级的人数。

4．在创建删除触发器后，删除一条学生的记录，观察学生表、班级表的变化并说明。

5．在学生表中创建更新触发器，当有一条记录被更新时，修改班级表中相关班级的人数。

6．在创建更新触发器后，修改一条学生的记录，观察学生表、班级表的变化并说明。

7．创建触发器 trig1，其功能是在修改成绩时，判断日期是不是期末（1月，7月），如果不是，则不允许修改。

单元 9　事务和锁

学习目标

通过本单元的学习，学生能够理解事务的概念和 4 个基本特性；掌握事务的开启、提交和回滚操作；掌握事务的 4 种隔离级别。

9.1　事务

多用户访问数据库时，数据库系统需要通过并发控制机制协调并发操作，保证数据的同步性和完整性。事务（Transaction）是数据管理的基本操作单元。

9.1.1　事务的概念

在 MySQL 中，事务是针对数据库的一组操作，由一系列的数据操作命令序列组成。事务由作为一个逻辑单元的一个或多个 SQL 语句组成，并且 SQL 语句之间是相互依赖的。

日常生活中的转账操作包括转出资金和转入资金两个过程，在 MySQL 数据库中使用两条语句实现。

实现转出资金的 SQL 语句：

```
mysql> UPDATE account SET money = money - 100 WHERE name = '张三';
```

实现转入资金的 SQL 语句：

```
mysql> UPDATE account SET money = money + 100 WHERE name = '李四';
```

转出资金和转入资金都完成，转账才完成。在数据库中，这两条语句只要有一条语句出现异常没有执行成功，另一条语句也不会执行成功。如果一条语句执行成功了，而另一条语句没有执行成功，就会造成转账的双方不同步。比如，转出方已经转出了资金，但是转入方没有收到资金。又比如，转入方已经收到了资金，然而转出方没有成功转出资金。为了防止类似的事情发生，在 MySQL 中就要使用事务。

通过事务实现在程序执行过程中只要有一条语句执行失败，其他相关语句都不执行。事务的执行要么成功，要么返回事务开始前的状态。这就保证了转账双方的资金完全同步，也就是说，如果转出方转出了资金，转入方就一定会收到资金。反之，如果转入方已经收到了资金，转出方就一定把资金转出了。事务保证数据的同步性和完整性。

9.1.2 事务的基本特性

MySQL 中的事务必须具有 4 个基本特性，即 ACID 特性。

（1）原子性（Atomicity）。原子性是指将一个事务作为一个不可分割的最小工作单元，事务中每一条 SQL 语句都执行成功，这个事务才执行成功。任意一条 SQL 语句执行失败，已经成功执行的 SQL 语句必须撤销，数据库返回这个事务执行之前的状态。

（2）一致性（Consistency）。一致性是指在执行事务时，无论执行成功还是失败，都要保证数据库系统处于一致的状态，事务不能违背定义在数据库中的任何完整性检查，数据库不会处在一个未处理的事务中。一致性由日志机制实现，通过日志记录数据库的所有变化，为恢复事务提供跟踪记录，事务的一致性在逻辑上不是独立的。

（3）隔离性（Isolation）。隔离性是指一个事务在执行时，不会受到其他事务的影响，也就是说每个事务都有自己的会话空间，和其他的事务在系统中隔离，只有在执行事务后才可以看到事务执行的结果。一个事务内部的操作及使用的数据与并发的其他事务隔离，并发执行的各个事务之间不互相干扰，这是由并发控制、可串行化、锁机制等实现的。

（4）持久性（Durability）。持久性是指事务一旦提交，其对数据库的修改就是永久性的。无论发生什么样的系统故障或设备故障，都不会对事务的执行结果有影响。数据库系统通过保存所有行为的日志保证数据的持久性，数据库日志记录了所有对表的更新、查询、报表等操作。

9.1.3 事务的分类

按照定义事务的方式将事务分为系统定义事务和用户定义事务。按照事务运行的模式将事务分为 4 种，分别是自动提交事务、显式事务、隐式事务和分布式事务。自动提交事务和显式事务属于系统定义事务，而隐式事务和分布式事务属于用户定义事务。

1. 自动提交事务

在默认情况下，MySQL 采用自动提交事务模式。在执行一条 SQL 语句后，MySQL 立刻将结果存储到磁盘中。如果用户没有定义事务，MySQL 会自动定义事务，这就是自动提交事务。如果一条 SQL 语句成功被执行，则提交该语句。如果在执行过程中遇到错误，则回滚到该语句执行之前的状态。只要显式事务或者隐式事务没有覆盖自动提交事务，MySQL 就以自动提交事务模式工作。

2. 显式事务

显式定义了启动和结束的事务就是显式事务。事务的提交和事务的回滚都会结束事务。如果全部事务操作完成，将操作结果提交到数据库中，则以提交的状态结束事务。如果事务的操作全部取消，也就是事务操作失败，则事务回滚到操作执行前的状态。

3. 隐式事务

MySQL 隐式地执行相关操作，不需要定义启动或者结束等操作。

4. 分布式事务

对于复杂的环境，需要布置多台服务器，这就需要保证在多服务器环境中事务的一致性和完整性，就需要定义分布式事务。事务中的操作语句涉及多个服务器，如果这些操作语句中有一条语句执行失败，那么涉及的所有服务器的操作都被撤销，这就是分布式事务。

分布式事务允许多个独立的事务参与一个全局事务。全局事务要求所有参与的事务要么全部提交，要么全部回滚。分布式事务由一个或多个资源管理器（Resource Manager）、一个事务管理器（Transaction Manager）和一个应用程序（Application Program）组成。其中，资源管理器提供访问事务资源的方法，一般而言，一个数据库就是一个资源管理器。事务管理器协调参与全局事务的所有事务，需要和全局事务中的资源管理器通信，在 MySQL 中，事务管理器就是连接 MySQL 服务器的客户端。应用程序定义事务的边界，确定全局事务的操作。

分布式事务提交事务分为两个阶段。第一个阶段，也就是准备阶段，所有参与全局事务的节点进行准备，准备好提交后通知事务管理器。第二个阶段，也就是提交阶段，事务管理器通知资源管理器执行提交或者回滚，如果任何一个节点不能提交，那么所有节点都将执行回滚。准备和提交两个阶段可以避免网络故障造成的某些资源管理器提交成功，而另一些资源管理器回滚的情况。

9.1.4 事务的基本操作

1. 开启事务

在默认情况下，每一条 SQL 语句都是一个单独的事务且自动提交，如果需要使用一组 SQL 语句构建一个事务，需要显式地开启事务，开启事务的语法格式为：

START TRANSACTION;

执行上述 SQL 语句，后面的语句不再自动提交。

2. 提交事务

提交事务的语法格式为：

COMMIT;

只有提交了当前事务，事务之中的 SQL 语句才生效，系统才会执行操作。

3. 回滚事务

如果不想提交当前事务，回滚事务的语法格式为：

ROLLBACK;

COMMIT 语句和 ROLLBACK 语句都是事务结束的语句，事务提交了就无法回滚，要想回滚就不能提交。

MySQL 数据库应用开发

【例 9-1】 本例用转账操作说明如何使用事务。现有 shop 数据库，数据库中有两个表，分别为 sh_goods 表和 sh_user 表。使用 Navicat for MySQL 打开 shop 数据库的 sh_user 表，如图 9-1 所示。

图 9-1 打开 sh_user 表

从图 9-1 可以看到张三和李四的资金都是 1000 元，现在开始事务，张三转给李四 200 元，然后提交事务，结果如图 9-2 所示。

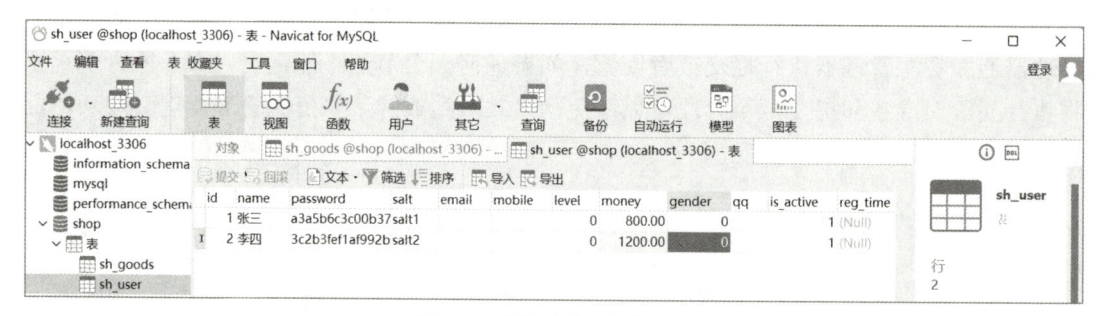

图 9-2 提交事务后的数据

从图 9-2 可以看出，通过事务完成了转账操作。接下来测试事务的回滚。开始事务，将李四的资金减少 200 元，如图 9-3 所示。

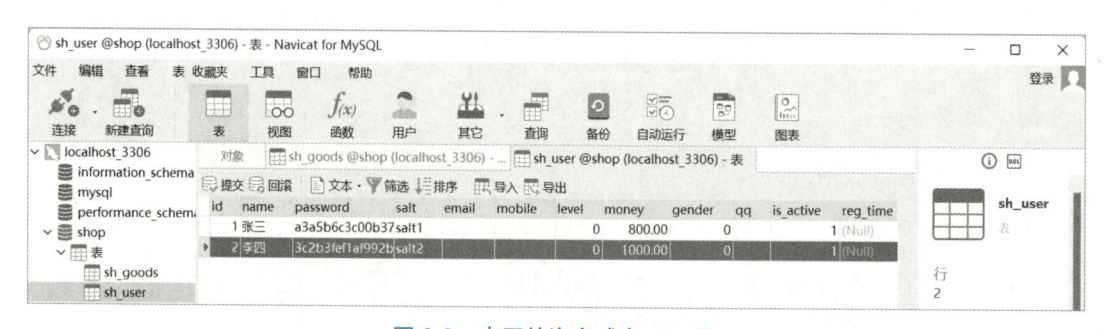

图 9-3 李四的资金减少 200 元

从图 9-3 可以看出李四的资金减少到 1000 元，张三仍然是 800 元。现在选择回滚，结果如图 9-4 所示。

可以看出李四的资金恢复为 1200 元，张三的资金保持 800 元不变，这说明回滚成功。

图 9-4 回滚后的数据

9.1.5 事务的保存点

回滚事务操作在默认情况下该事务中的所有操作都将被取消。如果只想取消部分操作，保留另一部分操作，就需要设置事务的保存点。创建事务保存点的语法格式为：

SAVEPOINT 事务保存点名称；

在设置事务保存点后，如果要回滚到指定保存点，语法格式为：

ROLLBACK TO SAVEPOINT 事务保存点名称；

删除事务保存点的语法格式为：

RELEASE SAVEPOINT 事务保存点名称；

在 MySQL 中，一个事务可以创建多个保存点，在回滚到某个保存点之后，将自动删除在这个保存点之后创建的保存点，在事务提交之后，事务中的所有保存点自动被删除。

【例 9-2】对 shop 数据库的 sh_user 表设置事务保存点，并进行测试。

SQL 代码如下：

```
#开启事务
START TRANSACTION;
#张三资金增加 200 元
UPDATE sh_user SET money=money+200 WHERE name="张三";
#创建事务保存点 p1
SAVEPOINT p1;
#张三资金继续增加 100 元
UPDATE sh_user SET money=money+100 WHERE name="张三";
#回滚到事务保存点 p1
ROLLBACK TO SAVEPOINT p1;
#提交事务
COMMIT;
```

使用 Navicat for MySQL 分步操作，并演示结果。

打开 shop 数据库的 sh_user 表，可以看出，当前张三的资金为 800 元，如图 9-5 所示。

开启事务，将张三的资金增加 200 元，创建事务保存点 p1，继续将张三的资金增加 100 元，如图 9-6 所示。

图 9-5　sh_user 表的数据（1）

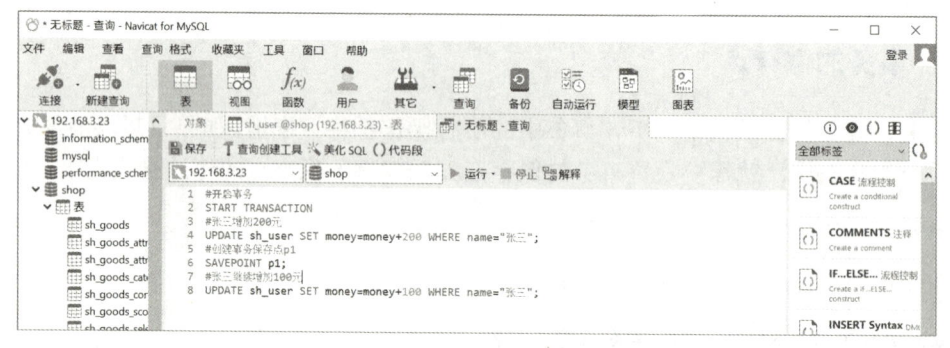

图 9-6　创建事务保存点并增加张三的资金

将事务回滚到事务保存点 p1，然后提交事务，如图 9-7 所示。

图 9-7　回滚到事务保存点 p1 并提交事务

打开 sh_user 表，张三的资金只增加了 200 元，现在为 1000 元，事务保存点 p1 之后增加的 100 元没有实现，如图 9-8 所示。

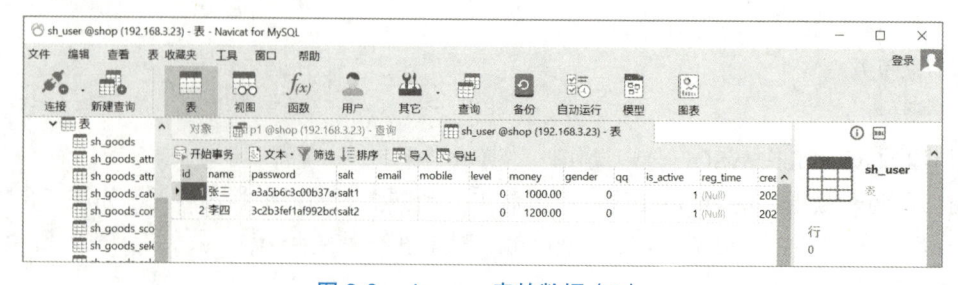

图 9-8　sh_user 表的数据（2）

9.1.6 事务的隔离级别

在 MySQL 中，每一个事务都设置一定的隔离级别，隔离级别确定了多用户之间隔离和交互的程度。在单用户环境中，隔离级别不起作用。在多用户环境中，隔离级别是保证数据库中数据安全的必要措施。

MySQL 中事务有 4 种隔离级别，从低到高的顺序依次是读取未提交（READ UNCOMMITTED）、读取提交（READ COMMITTED）、可重复读（REPEATABLE READ）以及可串行化（SERIALIZABLE）。

在 MySQL 中，查看隔离级别可以从作用范围上查看全局的隔离级别、当前会话的隔离级别、下一个事务的隔离级别。全局隔离级别对所有连接 MySQL 的用户起作用，当前会话中的隔离级别只对当前登录的用户起作用，下一个事务的隔离级别只对当前正在登录的用户的下一个事务起作用。查看这 3 种作用范围的隔离级别的 SQL 语句如下：

```
#查看全局的隔离级别
SELECT @@global.transaction_isolation;
#查看当前会话的隔离级别
SELECT @@session.transaction_isolation;
#查看下一个事务的隔离级别
SELECT @@transaction_isolation;
```

使用 Navicat for MySQL 运行上面的 SQL 语句，运行结果如图 9-9 所示。

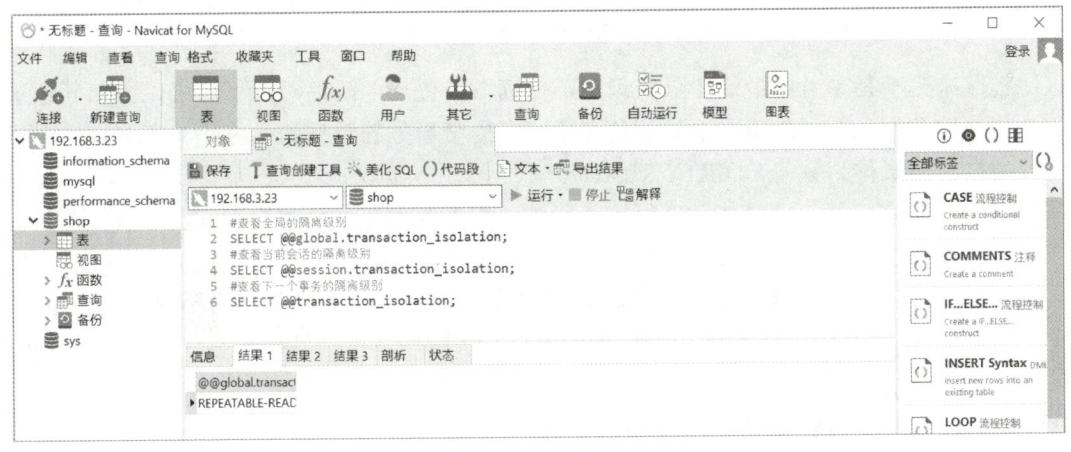

图 9-9　查看隔离级别

从图 9-9 可以看出，3 种作用范围的隔离级别的结果都是 REPEATABLE READ，即可重复读，这是 MySQL 事务的默认隔离级别，表示事务可以执行读取（查询）或者写入（更改、插入、删除）操作。用户可以根据需要设置事务的隔离级别，使用 SET 语句设置事务的隔离级别的语法格式为：

SET SESSION TRANSACTION ISOLATION LEVEL 隔离级别;

【例 9-3】设置事务的隔离级别。

代码如下：

```
mysql> #设置事务的隔离级别
mysql> SET SESSION TRANSACTION ISOLATION LEVEL READ UNCOMMITTED;
Query OK, 0 rows affected (0.00 sec)
mysql> #查看是否设置成功
mysql> SELECT @@session.transaction_isolation;
```

运行结果如图 9-10 所示。

```
mysql> #将事务的隔离级别恢复默认
mysql> SET SESSION TRANSACTION ISOLATION LEVEL REPEATABLE READ;
Query OK, 0 rows affected (0.00 sec)
mysql> #查看是否恢复成功
mysql> SELECT @@session.transaction_isolation;
```

运行结果如图 9-11 所示。

图 9-10 设置事务的隔离级别　　　　　图 9-11 恢复事务的隔离级别

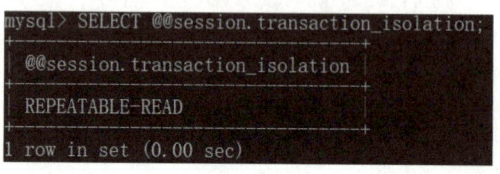

接下来详细介绍 MySQL 中事务的 4 种隔离级别。

1. 读取未提交（READ UNCOMMITTED）

读取未提交是事务中最低的隔离级别，在读取未提交的隔离级别下，可以读取其他事务未提交的数据，在一般情况下是不允许读取未提交事务的数据的，因此，在这种情况下读取数据的方式称为脏读（DIRTY READ）。

【例 9-4】张三给李四转账 100 元购买货物，李四收到账款后就给张三发了货，可是张三通过不正当手段取消了转账，李四看到的 100 元就属于脏读。

通过 SQL 语句演示数据脏读的过程。客户端 A 为张三，客户端 B 为李四。代码如下：

```
mysql> #数据脏读演示
mysql> #客户端 B 李四
mysql> #将隔离级别设置为读取未提交
mysql> SET SESSION TRANSACTION ISOLATION LEVEL READ UNCOMMITTED;
Query OK, 0 rows affected (0.00 sec)
```

将李四的隔离级别降低，就好比李四的银行卡有安全风险，或者张三利用不正当手段对李四的银行卡做了手脚。在双方交易之前，李四查看自己的银行卡资金。

```
mysql> #查看李四的资金金额
mysql> SELECT name,money FROM sh_user WHERE name='李四';
```

运行结果如图 9-12 所示。

```
mysql> SELECT name,money FROM sh_user WHERE name='李四';
+------+---------+
| name | money   |
+------+---------+
| 李四 | 1000.00 |
+------+---------+
1 row in set (0.00 sec)
```

图 9-12　李四初始资金金额

双方交易之前李四银行卡有 1000 元，接下来张三给李四转账 100 元。

```
mysql> #客户端 A 张三
mysql> #开启事务
mysql> START TRANSACTION;
Query OK, 0 rows affected (0.00 sec)
mysql> #创建事务保存点 s1
mysql> SAVEPOINT s1;
Query OK, 0 rows affected (0.00 sec)
mysql> #张三给李四转出 100 元
mysql> UPDATE sh_user SET money=money-100 WHERE name='张三';
Query OK, 1 row affected (0.00 sec)
Rows matched: 1  Changed: 1  Warnings: 0
mysql> UPDATE sh_user SET money=money+100 WHERE name='李四';
Query OK, 1 row affected (0.00 sec)
Rows matched: 1  Changed: 1  Warnings: 0
```

张三告诉李四自己向他转账 100 元，李四查看自己的银行卡资金。

```
mysql> #客户端 B 李四
mysql> #查看李四的资金金额
mysql> SELECT name,money FROM sh_user WHERE name='李四';
```

运行结果如图 9-13 所示。

```
mysql> SELECT name,money FROM sh_user WHERE name='李四';
+------+---------+
| name | money   |
+------+---------+
| 李四 | 1100.00 |
+------+---------+
1 row in set (0.00 sec)
```

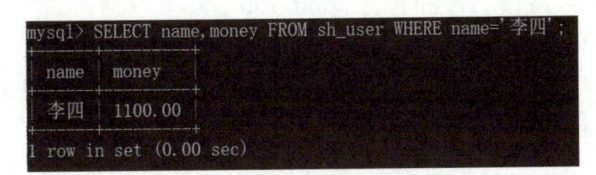

图 9-13　李四看到的资金金额

李四看到自己银行卡资金多了 100 元，给张三发货。张三收到货物后，撤销给李四的转账。

```
mysql> #客户端 A 张三
mysql> #张三回滚到事务保存点 s1
mysql> ROLLBACK TO SAVEPOINT s1;
Query OK, 0 rows affected (0.03 sec)
mysql> #张三提交事务
mysql> COMMIT;
Query OK, 0 rows affected (0.00 sec)
```

李四再次查看自己的银行卡资金。

```
mysql> #客户端 B 李四
mysql> #查看李四的资金金额
mysql> SELECT money FROM sh_user WHERE name='李四';
```

运行结果如图 9-14 所示。

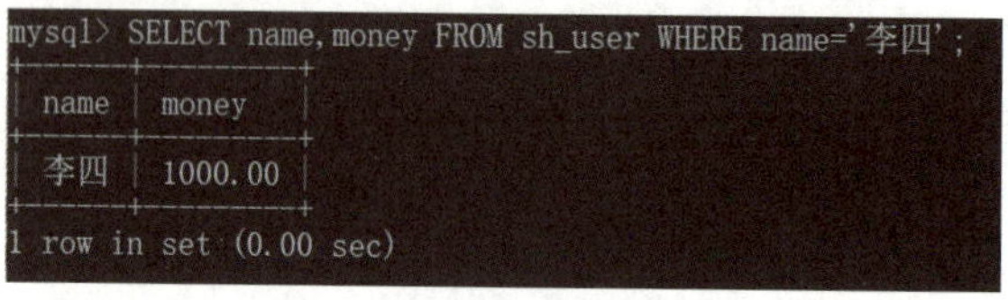

```
mysql> SELECT name,money FROM sh_user WHERE name='李四';
+------+---------+
| name | money   |
+------+---------+
| 李四 | 1000.00 |
+------+---------+
1 row in set (0.00 sec)
```

图 9-14　李四实际的资金金额

李四发现少了 100 元，知道自己上当受骗了。

李四如何避免上当受骗呢？他可以提高自己银行卡的安全级别，比如，将隔离级别提高至读取提交。

```
SET SESSION TRANSACTION ISOLATION LEVEL READ COMMITTED;
```

2. 读取提交（READ COMMITTED）

读取提交隔离级别是大多数数据库管理系统（SQL Server、Oracle）的默认隔离级别，但不是 MySQL 的默认隔离级别。

在张三和李四的交易过程中，如果李四的隔离级别为读取未提交，就可能出现脏读的问题。将李四的隔离级别提高至读取提交，就可以解决脏读的问题，这里不再演示。但是在该级别下，可能会出现不可重复读（NON-REPEATABLE READ）的问题。不可重复读是指由于在查询过程中数据发生变化，在一个事务中多次查询的结果不同。比如，资金管理者连续两次统计所有用户的总金额，第一次统计为 2000 元，第二次统计为 1900 元，原因是在第一次统计和第二次统计之间张三取走 100 元。资金管理者需要两次确认某个时间点的资金总额，但是两次统计必然存在一定的时间差，这就是读取提交级别的不可重复读问题。

【例 9-5】 通过 SQL 语句演示数据不可重复读的过程。客户端 A 为张三，客户端 B 为资金管理者。

代码如下：

```
mysql> #客户端 B 资金管理者
mysql> #将隔离级别设置为读取提交
mysql> SET SESSION TRANSACTION ISOLATION LEVEL READ COMMITTED;
Query OK, 0 rows affected (0.00 sec)
mysql> #开启事务
mysql> START TRANSACTION;
mysql> #第一次统计资金总额
mysql> SELECT sum(money) FROM sh_user;
```

运行结果如图 9-15 所示。

资金管理者第一次统计的资金总额为 2000 元，这时张三取走 100 元。

```
mysql> #客户端 A 张三
mysql> #张三取走 100 元
mysql> UPDATE sh_user SET money=money-100 WHERE name='张三';
Query OK, 1 row affected (0.01 sec)
Rows matched: 1  Changed: 1  Warnings: 0
```

资金管理者第二次统计资金总额。

```
mysql> #客户端 B 资金管理者
mysql> #第二次统计资金总额
mysql> SELECT sum(money) FROM sh_user;
```

运行结果如图 9-16 所示。

图 9-15　第一次统计的资金总额　　　　图 9-16　第二次统计的资金总额

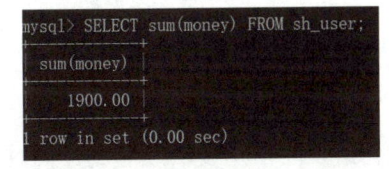

资金管理者第二次统计的资金总额为 1900 元，这就造成资金管理者不知道以哪次统计结果为准，那就再统计一次吧。假设这期间张三又取走了 100 元，资金管理者统计的结果又会不同，这就是数据的不可重复读现象。

读取提交隔离级别还可能出现幻读（PHANTOM READ）的现象。幻读是指在一个事务内两次查询中数据记录条数不同。比如，统计 shop 数据库中所有用户的总资金，张三和李四总资金为 2000 元，这时新加入一个用户王五，王五的资金是 1000 元，再次统计总资金为 3000 元，那么以这两次统计的哪个结果为准呢，这就是幻读现象。

【例 9-6】使用 SQL 语句演示幻读的过程。客户端 A 为新增用户王五，客户端 B 为资金管理者。

代码如下：

```
mysql> #客户端 B 资金管理者
mysql> #将隔离级别设置为读取提交
mysql> SET SESSION TRANSACTION ISOLATION LEVEL READ COMMITTED;
Query OK, 0 rows affected (0.00 sec)
mysql> #开启事务
mysql> START TRANSACTION;
Query OK, 0 rows affected (0.00 sec)
mysql> #第一次统计资金总额
mysql> SELECT sum(money) FROM sh_user;
```

运行结果如图 9-17 所示。

```
mysql> #客户端 A 新增用户王五

mysql> INSERT INTO sh_user(id,`name`,money)VALUES(3,'王五',1000);
Query OK, 1 row affected (0.03 sec)
mysql> #客户端 B 资金管理者
mysql> #第二次统计资金总额
mysql> SELECT sum(money) FROM sh_user;
```

运行结果如图 9-18 所示。

```
mysql> SELECT sum(money) FROM sh_user;
+------------+
| sum(money) |
+------------+
|    2000.00 |
+------------+
1 row in set (0.00 sec)
```

图 9-17　第一次统计的资金总额

```
mysql> SELECT sum(money) FROM sh_user;
+------------+
| sum(money) |
+------------+
|    3000.00 |
+------------+
1 row in set (0.00 sec)
```

图 9-18　第二次统计的资金总额

```
mysql> COMMIT;
Query OK, 0 rows affected (0.00 sec)
```

如何解决不可重复问题和幻读问题，使资金管理者在一次事务中连续统计资金的结果一致呢？这就需要提升事务的隔离级别，将隔离级别提升至可重复读，SQL 语句如下：

```
SET SESSION TRANSACTION ISOLATION LEVEL REPEATABLE READ;
```

3. 可重复读（REPEATABLE READ）

可重复读是 MySQL 默认的事务隔离级别，解决了不可重复读和幻读的问题，确保了同一事务的多个实例在并发读取数据时结果一致。

【例 9-7】使用 SQL 语句演示可重复读隔离级别下解决不可重复读问题的过程。客户端 A 为张三，客户端 B 为资金管理者。

代码如下：

```
mysql> #可重复读演示
mysql> #客户端 B 资金管理者
mysql> #将隔离级别设置为可重复读
mysql> SET SESSION TRANSACTION ISOLATION LEVEL REPEATABLE READ;
Query OK, 0 rows affected (0.00 sec)
mysql> #开启事务
mysql> START TRANSACTION;
Query OK, 0 rows affected (0.00 sec)
mysql> #第一次统计资金总额
mysql> SELECT sum(money) FROM sh_user;
```

运行结果如图 9-19 所示。

```
mysql> #客户端 A 张三
mysql> #张三取出 100 元
```

```
mysql> UPDATE sh_user SET money=money-100 WHERE name='张三';
Query OK, 1 row affected (0.03 sec)
Rows matched: 1  Changed: 1  Warnings: 0
mysql> #客户端 B 资金管理者
mysql> #第二次统计资金总额
mysql> SELECT sum(money) FROM sh_user;
```

运行结果如图 9-20 所示。

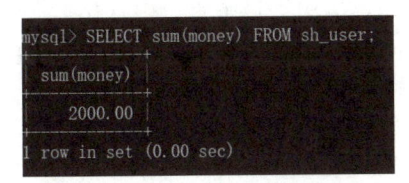

图 9-19　第一次统计的资金总额　　　　图 9-20　第二次统计的资金总额

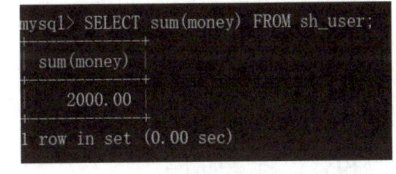

```
mysql> COMMIT;
Query OK, 0 rows affected (0.00 sec)
```

通过以上演示，说明将隔离级别提升至可重复读解决了不可重复读取的问题。

【例 9-8】使用 SQL 语句演示可重复读隔离级别下解决幻读问题的过程。客户端 A 为新增用户王五，客户端 B 为资金管理者。

代码如下：

```
mysql> #客户端 B 资金管理者
mysql> #将隔离级别设置为可重复读
mysql> SET SESSION TRANSACTION ISOLATION LEVEL REPEATABLE READ;
Query OK, 0 rows affected (0.00 sec)
mysql> #开启事务
mysql> START TRANSACTION;
Query OK, 0 rows affected (0.00 sec)
mysql> #第一次统计资金总额
mysql> SELECT sum(money) FROM sh_user;
```

运行结果如图 9-21 所示。

```
mysql> #客户端 A 新增用户王五
mysql> INSERT INTO sh_user(id,`name`,money)VALUES(3,'王五',1000);
Query OK, 1 row affected (0.04 sec)
mysql> #客户端 B 资金管理者
mysql> #第二次统计资金总额
mysql> SELECT sum(money) FROM sh_user;
```

运行结果如图 9-22 所示。

```
mysql> COMMIT;
Query OK, 0 rows affected (0.00 sec)
```

通过以上演示，说明将隔离级别提升至可重复读解决了幻读的问题。

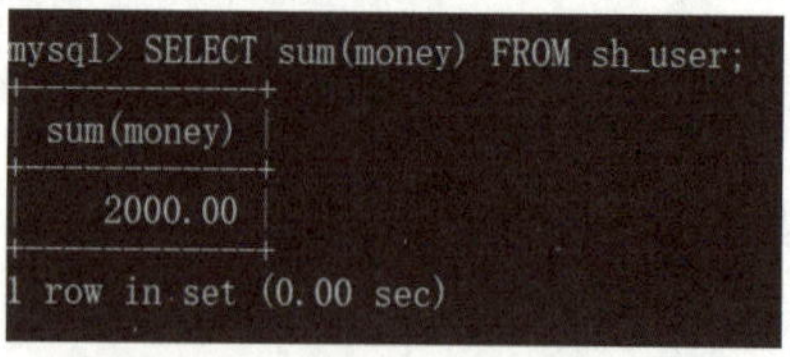

```
mysql> SELECT sum(money) FROM sh_user;
+------------+
| sum(money) |
+------------+
|    2000.00 |
+------------+
1 row in set (0.00 sec)
```

图 9-21　第一次统计的资金总额

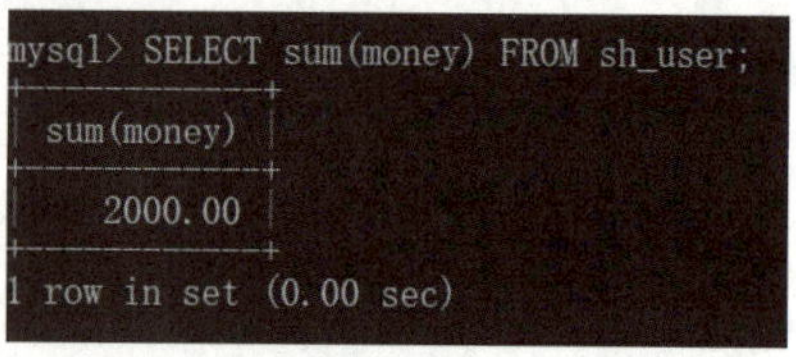

```
mysql> SELECT sum(money) FROM sh_user;
+------------+
| sum(money) |
+------------+
|    2000.00 |
+------------+
1 row in set (0.00 sec)
```

图 9-22　第二次统计的资金总额

4. 可串行化（SERIALIZABLE）

可串行化是事务最高的隔离级别，如果将事务的隔离级别设置为可串行化，在这个事务提交之前，其他会话必须等待，如果等待时间超时（TIMEOUT），就会报错（ERROR）。

【例 9-9】使用 SQL 语句演示可串行化隔离级别下数据库运行的过程。客户端 A 为张三，客户端 B 为李四。

代码和运行结果如下：

```
mysql> #客户端 B 李四
mysql> #将隔离级别设置为读取未提交
mysql> SET SESSION TRANSACTION ISOLATION LEVEL SERIALIZABLE;
Query OK, 0 rows affected (0.00 sec)
mysql> #开启事务
mysql> START TRANSACTION;
Query OK, 0 rows affected (0.00 sec)
mysql> #查看李四的资金金额
mysql> SELECT money FROM sh_user WHERE name='李四';
+----------+建议截屏
| money    |
+----------+
| 1000.00  |
+----------+
1 row in set (0.00 sec)
mysql> #客户端 A 张三
mysql> #张三给李四转出 100 元
mysql> UPDATE sh_user SET money=money-100 WHERE name='张三';
Query OK, 1 row affected (0.04 sec)
Rows matched: 1  Changed: 1  Warnings: 0
mysql> UPDATE sh_user SET money=money+100 WHERE name='李四';
ERROR 1205 (HY000): Lock wait timeout exceeded; try restarting transaction
```

通过前面的演示可以看出，客户端 B 设置了可串行化隔离级别，开启事务，在查看李四的资金金额之后，客户端 A 试图改变李四的资金金额却没有成功，最终因为超时而报错，但是不影响改变张三的资金金额。

【例 9-10】如果客户端 B 及时提交事务，则客户端 A 的操作会正常执行。通过 SQL 语句演示这个过程。客户端 A 为张三，客户端 B 为李四。

代码和运行结果如下：

```
mysql> #客户端 B 李四
mysql> #将隔离级别设置为读取未提交
mysql> SET SESSION TRANSACTION ISOLATION LEVEL SERIALIZABLE;
Query OK, 0 rows affected (0.00 sec)
mysql> #开启事务
mysql> START TRANSACTION;
Query OK, 0 rows affected (0.00 sec)
mysql> #查看李四的资金金额
mysql> SELECT money FROM sh_user WHERE name='李四';
+---------+
| money   |
+---------+
| 1000.00 |
+---------+
1 row in set (0.00 sec)
mysql> #客户端 A 张三
mysql> #张三给李四转账 100 元
mysql> UPDATE sh_user SET money=money-100 WHERE name='张三';
Query OK, 1 row affected (0.04 sec)
Rows matched: 1  Changed: 1  Warnings: 0
mysql> UPDATE sh_user SET money=money+100 WHERE name='李四';
Query OK, 1 row affected (14.67 sec)
Rows matched: 1  Changed: 1  Warnings: 0
```

通过前面的两次演示，可以看出，在可串行化隔离级别下，如果不及时提交，相关操作会因为等待时间超时而报错。这种隔离级别虽然是最安全的，但是会影响数据库的并发性能，因此，在一般情况下不会使用可串行化隔离级别。

9.2 锁机制

9.2.1 认识锁

在 MySQL 中多用户并发访问数据时，事务是保证数据一致性的重要机制，但是只通过事务是不能完全保证数据的一致性的，还需要通过锁机制。锁是实现并发控制的主要方法。锁机制是防止其他事务访问指定资源的重要手段，是多用户同时操作同一数据而不发生数据冲突的重要保障。锁是计算机协调多个进程或线程并发访问某一资源的机制。锁机制是 MySQL 在服务器层和存储引擎层的并发控制方式。锁冲突也是影响数据库并发访问性能的一个重要因素。

事务的可串行化隔离级别实质上就是在读的数据行上添加锁，在该事务提交之前一直锁住相关的数据，使另一客户端无法更改锁住的数据。

锁可以分为服务器级锁（SERVER-LEVEL LOCKING）和存储引擎级锁（STORAGE-ENGINE-LEVEL LOCKING）。

根据操作的不同可以将锁分为共享锁和排他锁。共享锁（读锁），其他事务可以读，但不能写。排他锁（写锁），其他事务不能读，也不能写，因此排他锁又被称为独占锁。

　　按是否自动加锁将锁分为隐式锁和显式锁。隐式锁是指 MySQL 服务器对数据资源的并发操作进行管理，完全由服务器自动执行的锁。显式锁是用户根据实际情况，对数据人为加锁，解锁也需要人为完成。

　　按锁的粒度，也就是锁的作用范围可以分为表级锁、页级锁和行级锁，现在在 MySQL 中很少使用页级锁。

　　表级锁是锁中粒度最大，也就是锁定范围最大的锁。表级锁锁定了用户操作的整个表，可以有效避免死锁的发生，而且速度快，消耗资源少。但是因为其锁定的范围是整个表，容易发生锁冲突。

　　行级锁是锁中粒度最小，也就是锁定范围最小的锁，只锁定某一行的数据，有效减少了锁冲突的发生，处理并发操作的能力较强。但是因为其锁定的范围相对较小，加锁和解锁消耗的资源会较多，发生死锁的可能性比表级锁高。

　　MySQL 利用不同的存储引擎处理不同环境的数据，这就导致锁机制在不同存储引擎中的作用不完全相同。比如 MyISAM 和 MEMORY 存储引擎只支持表级锁，InnoDB 存储引擎既支持表级锁又支持行级锁，但是 MyISAM 和 MEMORY 存储引擎的表级锁和 InnoDB 存储引擎的表级锁并不完全一致。

9.2.2　MyISAM 表级锁

1. MyISAM 表级锁模式

MyISAM 表级锁模式包括以下两种。

（1）表共享读锁（Table Read Lock）：不会阻塞其他用户对同一表的读操作，但会阻塞对同一表的写操作。

（2）表独占写锁（Table Write Lock）：会阻塞其他用户对同一表的读操作和写操作。

MyISAM 表的读操作与写操作之间，以及写操作与写操作之间是串行的。当一个线程获得对一个表的写锁后，只有持有锁的线程可以对表进行更新操作。其他线程的读、写操作都会等待，直到锁被释放。

在默认情况下，写锁比读锁具有更高的优先级。当一个锁被释放时，这个锁会优先给写锁队列中等候的获取锁请求，再给读锁队列中等候的获取锁请求。

这也是 MyISAM 表不太适合有大量更新操作和查询操作应用的原因，因为大量的更新操作会造成查询操作很难获得读锁，从而可能永远阻塞。同时，一些需要长时间运行的查询操作，也会使写线程"饿死"，在应用中应尽量避免长时间运行的查询操作（在可能的情况下，可以通过使用中间表等措施对 SQL 语句做一定的"分解"，使每一步查询都能在较短的时间内完成，从而减少锁冲突。如果不能避免复杂的查询，应尽量安排在数据库空闲的时段执行，比如一些定期统计可以安排在夜间执行）。

2. 改变读锁和写锁的优先级

改变读锁和写锁优先级的方式有以下 4 种。

（1）通过指定启动参数 low-priority-updates，使 MyISAM 存储引擎默认给予读请求优先的权利。

（2）通过执行命令 SET LOW_PRIORITY_UPDATES=1，使该连接发出的更新请求优先级降低。

（3）通过指定 INSERT、UPDATE、DELETE 语句的 LOW_PRIORITY 属性，降低该语句的优先级。

（4）给系统参数 max_write_lock_count 设置一个合适的值，在一个表的读锁达到这个值后，MySQL 就暂时将写请求的优先级降低，给读请求获得锁的机会。

3. MyISAM 加表级锁方法

MyISAM 在执行查询语句（SELECT）前，会自动给涉及的表加读锁，在执行更新操作（UPDATE、DELETE、INSERT 等）前，会自动给涉及的表加写锁。这些过程并不需要用户干预，因此，用户一般不需要使用 LOCK TABLE 命令给 MyISAM 表显式加锁。

在自动加锁的情况下，MyISAM 总是一次获得 SQL 语句需要的全部锁，这也正是 MyISAM 表不会出现死锁（Deadlock Free）的原因。

MyISAM 存储引擎支持并发插入，以减少给定表的读操作和写操作之间的争用。如果 MyISAM 表在数据文件中间没有空闲块，则将行插入数据文件的末尾。在这种情况下，可以自由混合并发使用 MyISAM 表的 INSERT 和 SELECT 语句而不需要加锁。可以在其他线程进行读操作的时候，同时将行插入 MyISAM 表。文件中间的空闲块可能是删除或更新表中间的行产生的。如果文件中间有空闲快，则并发插入会被禁用，但是当所有空闲块都填充了新数据时，并发插入又会自动被启用。要控制此行为，可以使用 MySQL 的 concurrent_insert 系统变量。

（1）当 concurrent_insert 设置为 0 时，不允许并发插入。

（2）当 concurrent_insert 设置为 1 时，如果 MyISAM 表中没有空洞（即表的中间没有被删除的行），MyISAM 允许在一个线程读表的同时，另一个线程从表尾插入记录。这也是 MySQL 的默认设置。

（3）当 concurrent_insert 设置为 2 时，无论 MyISAM 表中有没有空洞，都允许在表尾并发插入记录。

如果使用 LOCK TABLES 显式获取表级锁，则可以请求 READ LOCAL 锁而不是 READ 锁，以便在锁定表时，其他会话可以并发插入。

4. 查看表级锁争用情况

查看表级锁争用情况，语法格式为：

```
SHOW STATUS LIKE 'TABLE%';
```

运行结果如图 9-23 所示。

```
mysql> SHOW STATUS LIKE 'TABLE%';
+----------------------------+-------+
| Variable_name              | Value |
+----------------------------+-------+
| Table_locks_immediate      | 3     |
| Table_locks_waited         | 0     |
| Table_open_cache_hits      | 6     |
| Table_open_cache_misses    | 1     |
| Table_open_cache_overflows | 0     |
+----------------------------+-------+
5 rows in set (0.03 sec)
```

图 9-23　表级锁争用情况

运行结果显示 table_locks_immediate 的值是 2，table_locks_waited 的值是 0，说明当前表级锁不存在争用。如果这两个变量的值特别大，比如成千上万，就说明存在较严重的表级锁争用情况。

9.2.3 InnoDB 行级锁和表级锁

1. InnoDB 锁模式

InnoDB 实现了以下两种类型的行锁。

（1）共享锁（S）：允许一个事务读取一行，阻止其他事务获得相同数据集的排他锁。

（2）排他锁（X）：允许获得排他锁的事务更新数据，阻止其他事务取得相同数据集的共享读锁和排他写锁。

为了允许行级锁和表级锁共存，实现多粒度锁机制，InnoDB 还有两种内部使用的意向锁（Intention Locks），这两种意向锁都是表级锁。

（1）意向共享锁（IS）：事务在给一个数据行加共享锁前必须取得该表的 IS 锁。

（2）意向排他锁（IX）：事务在给一个数据行加排他锁前必须取得该表的 IX 锁。

锁模式的兼容情况如表 9-1 所示。

表 9-1 锁模式的兼容情况

当前锁模式	请求锁模式			
	X	IX	S	IS
X	冲突	冲突	冲突	冲突
IX	冲突	兼容	冲突	兼容
S	冲突	冲突	兼容	兼容
IS	冲突	兼容	兼容	兼容

注意：如果一个事务请求的锁模式与当前的锁模式兼容，InnoDB 就将请求的锁模式授予该事务。反之，如果两者不兼容，该事务就要等待锁释放。

2. InnoDB 加锁方法

意向锁是 InnoDB 自动加的，不需要用户干预。对于 UPDATE、DELETE 和 INSERT 语句，InnoDB 会自动给涉及的数据集加排他锁（X）。对于普通的 SELECT 语句，InnoDB 不会加任何锁。

事务可以通过以下语句显式给数据集加共享锁或排他锁。

#共享锁（S）

SELECT * FROM table_name WHERE ... LOCK IN SHARE MODE。

其他会话可以查询记录，也可以对该记录加 share mode 的共享锁。但是如果当前事务需要对该记录进行更新操作，则很有可能造成死锁。

#排他锁（X）

SELECT * FROM table_name WHERE ... FOR UPDATE。

其他会话可以查询该记录，但是不能对该记录加共享锁或排他锁，而是等待获得锁。

3. 隐式锁定

InnoDB 存储引擎在执行事务的过程中，使用两阶段锁协议，随时可以执行锁定，InnoDB

会根据隔离级别在需要的时候自动加锁，锁只有在执行提交或回滚的时候才会被释放，并且所有的锁都在同一时刻被释放。

4. 显式锁定

显式锁定的语法格式为：

```
SELECT ... LOCK IN SHARE MODE    //共享锁
SELECT ... FOR UPDATE            //排他锁
```

IN SHARE MODE 子句的作用是将查到的数据加一个共享锁，表示其他的事务只能对这些数据进行简单的 SELECT 操作，不能够进行 DML 操作。加锁的最终目的是确保自己查到的数据没有正在被其他的事务修改，也就是说确保查到的数据是最新的数据，并且不允许其他事务修改数据。但是自己也不一定能够修改数据，因为可能其他的事务也对这些数据使用 IN SHARE MODE 的方式加了共享锁。

FOR UPDATE 子句的作用是在执行这个 SELECT 查询语句的时候，将对应的索引访问条目加排他锁，也就是说这个语句对应的锁相当于 UPDATE 的效果。最终目的是确保自己查到的数据是最新数据，并且查到的数据只允许自己修改。

SELECT FOR UPDATE 语句相当于一个 UPDATE 语句。在业务繁忙的情况下，如果事务没有及时提交或者回滚，可能会造成其他事务长时间的等待，从而影响数据库的并发使用效率。为了确保自己查到的数据是最新数据，并且查到的数据只允许自己修改，需要使用 FOR UPDATE 子句。

SELECT LOCK IN SHARE MODE 语句的功能是给查找的数据加一个共享锁，它允许其他的事务对该数据加共享锁，但是不允许对该数据进行修改。如果不及时地提交或者回滚也可能出现大量事务等待的情况。

FOR UPDATE 和 LOCK IN SHARE MODE 的区别主要是 FOR UPDATE 加的是排他锁，一旦一个事务获取了这个锁，其他的事务是无法在这些数据上执行 FOR UPDATE 的，而 LOCK IN SHARE MODE 加的是共享锁，多个事务可以同时对相同的数据执行 LOCK IN SHARE MODE。

5. InnoDB 行锁的实现方式

InnoDB 行锁是通过给索引上的索引项加锁来实现的，这一点 MySQL 与 Oracle 不同，后者是通过在数据块中给相应数据行加锁来实现的。InnoDB 这种行锁实现的特点意味着只有在通过索引条件检索数据时，InnoDB 才使用行级锁，否则，InnoDB 将使用表级锁。

不论是使用主键索引、唯一索引或普通索引，InnoDB 都会使用行锁来给数据加锁。只有执行计划真正使用了索引，才能使用行锁。即便在条件中使用了索引字段，但是否使用索引检索数据是由 MySQL 通过判断不同执行计划的代价决定的，如果 MySQL 认为全表扫描的效率更高，比如对一些很小的表，MySQL 就不会使用索引，在这种情况下 InnoDB 将使用表级锁，而不是行锁。因此，在分析锁冲突时，别忘了检查 SQL 的执行计划（可以通过 explain 检查 SQL 的执行计划），以确认是否真正使用了索引。

由于 MySQL 的行锁是针对索引加的锁，不是针对记录加的锁，所以虽然多个会话访问的是不同行的记录，但是如果使用相同的索引键，还是会出现锁冲突（后使用这些索引的会话需要等待先使用索引的会话释放锁后，才能获取锁）。

6. InnoDB 的间隙锁

当我们用范围条件而不是相等条件检索数据，并请求共享锁或排他锁时，InnoDB 会给符合条件的已有数据记录的索引项加锁。对于键值在条件范围内但并不存在的记录，称为"间隙（Gap）"，InnoDB 也会对这个"间隙"加锁，这种锁机制就是所谓的间隙锁（Gap Lock）。

在使用范围条件检索并锁定记录时，InnoDB 这种加锁机制会阻塞在条件范围内键值的并发插入，这往往会造成严重的锁等待。因此，在实际应用开发中，尤其是并发插入比较多的应用，我们要尽量优化业务逻辑，尽量使用相等条件访问更新数据，避免使用范围条件。

InnoDB 使用间隙锁的目的如下。

（1）防止幻读，以满足相关隔离级别的要求。

（2）满足恢复和复制的需要。MySQL 通过 BINLOG 录入执行成功的 INSERT、UPDATE、DELETE 等更新数据的 SQL 语句，由此实现 MySQL 数据库的恢复和主从复制。

MySQL 的恢复机制有以下特点。

（1）MySQL 的恢复是 SQL 语句级的，也就是重新执行 BINLOG 中的 SQL 语句。

（2）MySQL 的 BINLOG 是按照事务提交的先后顺序记录的，恢复也是按这个顺序进行的。

由此可见，MySQL 的恢复机制要求在一个事务提交前，其他并发事务不能插入满足其锁定条件的任何记录，也就是不允许出现幻读。

7. InnoDB 在不同隔离级别下的一致性读及锁的差异

锁和多版本数据（MVCC）是 InnoDB 实现一致性读和 ISO/ANSI SQL92 隔离级别的手段。因此，在不同的隔离级别下，InnoDB 处理 SQL 采用的一致性读策略和需要的锁是不同的。具体情况如表 9-2 所示。

表 9-2 在 InnoDB 存储引擎中不同 SQL 在不同隔离级别下锁比较

SQL	条件	READ UNCOMMITTED	READ COMMITTED	REPEATABLE READ	SERIALIABLE
INSERT	N/A	EXCLUSIVE LOCKS	EXCLUSIVE LOCKS	EXCLUSIVE LOCKS	EXCLUSIVE LOCKS
DELETE	相等	EXCLUSIVE LOCKS	EXCLUSIVE LOCKS	EXCLUSIVE LOCKS	EXCLUSIVE LOCKS
DELETE	范围	EXCLUSIVE NEXT-KEY	EXCLUSIVE NEXT-KEY	EXCLUSIVE NEXT-KEY	EXCLUSIVE NEXT-KEY
UPDATE	相等	EXCLUSIVE LOCKS	EXCLUSIVE LOCKS	EXCLUSIVE LOCKS	EXCLUSIVE LOCKS
UPDATE	范围	EXCLUSIVE NEXT-KEY	EXCLUSIVE NEXT-KEY	EXCLUSIVE NEXT-KEY	EXCLUSIVE NEXT-KEY

续表

SQL	条件	隔离级别			
		READ UNCOMMITTED	READ COMMITTED	REPEATABLE READ	SERIALIABLE
SELECT	相等	NONE LOCKS	CONSISTEN READ/NON LOCKS	CONSISTEN READ/NON LOCKS	SHARE LOCKS
	范围	NONE LOCKS	CONSISTEN READ/NON LOCKS	CONSISTEN READ/NON LOCKS	SHARE LOCKS

对于许多 SQL，隔离级别越高，InnoDB 给数据集加的锁越严格（尤其是在使用范围条件的时候），产生锁冲突的可能性越高，对并发性事务处理性能的影响越大。因此，我们在应用时，在满足数据一致性前提下尽量使用较低的隔离级别，以降低锁争用的几率。

8. 获取 InnoDB 行锁争用情况

可以通过查看 InnoDB_row_lock 状态变量分析系统中行锁的争用情况，语法格式为：

```
SHOW STATUS LIKE "INNODB_ROW_LOCK%";
```

运行结果如图 9-24 所示。

运行结果显示当前 InnoDB 行锁不存在争用，数值越大代表争用越激烈。

9.2.4 死锁管理

1. 死锁

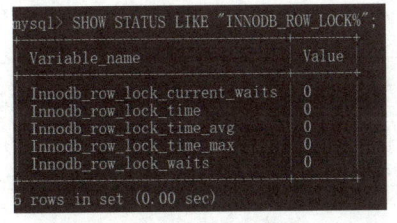

图 9-24 InnoDB 行锁的争用情况

死锁是指两个或多个事务在同一资源上相互占用，并请求锁定对方占用的资源，从而导致恶性循环的情况。当事务试图以不同的顺序锁定资源时，就可能产生死锁。多个事务同时锁定同一个资源时也可能会产生死锁。锁的行为和顺序与存储引擎有关。以同样的顺序执行语句，有些存储引擎会产生死锁，有些不会产生死锁。

数据库系统实现了各种死锁检测和死锁超时的机制。InnoDB 存储引擎能检测死锁的循环依赖并立即返回一个错误。

在发生死锁后，只有部分或完全回滚其中一个事务，才能打破死锁。目前，InnoDB 处理死锁的方法是，将持有最少行级排他锁的事务进行回滚。所以事务型应用程序在设计时必须考虑如何处理死锁，在多数情况下只需要重新执行因死锁回滚的事务。

InnoDB 一般能自动检测到列锁，并使一个事务释放锁并回滚，另一个事务获得锁，继续完成事务。但在涉及外部锁，或涉及表锁的情况下，InnoDB 不能完全自动检测到死锁，需要设置锁等待超时参数 innodb_lock_wait_timeout 来解决。

死锁会影响性能，但不会产生严重的错误，因为 InnoDB 会自动检测死锁并回滚其中一个受影响的事务。在高并发系统中，当许多线程等待同一个锁时，死锁检测可能导致速度变慢。某些发生死锁的情况，禁用死锁检测（使用 innodb_deadlock_detect 配置选项）可能会更有效，这时可以依赖 innodb_lock_wait_timeout 设置进行事务回滚。

2. MyISAM 存储引擎避免死锁

在自动加锁的情况下，MyISAM 总是一次性获得 SQL 语句需要的全部锁，所以 MyISAM 表不会出现死锁。

3. InnoDB 存储引擎避免死锁

为了在单个 InnoDB 表上执行多个并发写入操作时避免死锁，可以在事务开始时使用 SELECT...FOR UPDATE 语句为预期要修改的每个元组（行）获取必要的锁，即使这些行的更改语句在之后才执行。

在事务中，如果要更新记录，应直接申请足够级别的锁，即排他锁，而不应先申请共享锁或在更新时再申请排他锁，因为在更新时申请排他锁时，其他事务可能已经获得了相同记录的共享锁，从而造成锁冲突，甚至死锁。

如果事务需要修改或锁定多个表，则应在每个事务中以相同的顺序使用加锁语句。在应用中，如果不同的程序会并发存取多个表，应尽量约定以相同的顺序访问表，这样可以大大降低产生死锁的几率。

在使用 SELECT...LOCK IN SHARE MODE 语句获取行的读锁后，如果当前事务需要再次对该记录进行更新操作，则很有可能造成死锁。

改变事务的隔离级别也可能会避免死锁。

如果出现死锁，可以使用 SHOW INNODB STATUS 命令确定最后一个死锁产生的原因，返回结果中包括死锁相关事务的详细信息，如引发死锁的 SQL 语句、事务已经获得的锁、事务正在等待的锁，以及被回滚的事务等，据此可以分析产生死锁的原因和改进措施。

9.3 习题 9

一、在线测试（单项选择题）

1. MySQL 的默认隔离级别为（　　）。
   A．READ UNCOMMITTED　　　　　　B．READ COMMITTED
   C．REPLACE TABLE READ　　　　　　D．SERIALIZABLE
2. 一个事务读取了另外一个事务未提交的数据，称为（　　）。
   A．幻读　　　　　B．脏读　　　　　C．不可重复读　　　　　D．可串行化
3. 下列关于 MySQL 中事务的说法，错误的是（　　）。
   A．事务就是针对数据库的一组操作
   B．事务中的语句要么都执行，要么都不执行
   C．事务提交后，其中的操作才会生效
   D．提交事务的语句为 SUBMIT

4. Next-Key 锁是由记录锁和（　　）组成的。

　　A．表锁　　　　　　　　　　　　B．意向锁

　　C．间隙锁　　　　　　　　　　　D．以上选项都不正确

5. 下面关于索引的说法正确的是（　　）。

　　A．重复值较高的字段适合创建普通索引

　　B．数据更新频繁的字段适合创建索引

　　C．存储空间较小的字段适合创建索引

　　D．以上说法全部正确

6. 下列选项中，（　　）可实现多版本并发控制功能。

　　A．InnoDB　　　　B．MyISAM　　　　C．MEMORY　　　　D．CSV

二、技能训练

1．请利用事务实现在用户下订单时，检查商品库存是否充足。

2．请利用事务实现在用户下订单前，检测当前用户是否已被激活，若未激活，则需要激活此用户后，才能再次下订单。

单元 10　用户和权限

学习目标

通过本单元的学习，学生能够了解用户权限的作用，掌握授予用户权限的方法；掌握创建用户、设置用户密码的方法。

10.1　用户和权限概述

10.1.1　MySQL 用户和权限的实现

MySQL 主要是通过用户管理和权限控制实现数据库安全的。在启动 MySQL 服务时，首先读取 MySQL 中的权限表，然后将表中的数据存入内存。当用户访问数据库时，数据库管理系统根据权限表中的数据进行相应的权限控制。

为了保证数据库的安全性，当用户访问数据库时，MySQL 先核实用户发送的连接请求，再决定是否允许用户的操作请求。因此，MySQL 权限控制分为两个阶段，即连接核实阶段和操作核实阶段。

1. 连接核实阶段

当用户访问数据库时，MySQL 数据库服务器根据用户提供的信息，也就是主机名（Host）、用户名（User）、密码（Password）对用户的身份进行验证，如果这 3 方面信息与用户表（user）中对应的字段值不完全一致，用户就不能通过身份验证，服务器拒绝该用户的访问请求。如果用户提供的信息与 user 表中对应的字段值完全一致，服务器接受用户请求，即通过连接核实阶段。

2. 操作核实阶段

在通过连接核实阶段之后，如果用户对数据库进行操作，服务器将对用户的每一个操作进行权限检查，也就是操作核实。MySQL 首先检查 user 表，如果在 user 表中该用户的权限为 T，则该用户对服务器中的所有数据库享有操作权限。如果在 user 表中该用户的权限为 F，则继续检查数据库表（db）中用户具体操作的数据库。如果 db 表中用户具体操作的数据库的权限为 F，则继续检查 tables_priv 表和 columns_priv 表中的对应权限。如果所有权限都核实完了，该用户所有的权限都是 F，或该用户操作对应的权限为 F，MySQL 数据库服务器将返回错误信息，告诉用户不具备相应的权限。

10.1.2　MySQL 的用户和权限表

MySQL 数据库服务器的用户和权限表主要包括 user 表、db 表，还有 tables_priv 表、columns_priv 表、proc_priv 表等。

1. user 表

在 MySQL 中，所有用户信息都保存在 mysql.user 表中，查看 user 表结构的 SQL 语句如下：

```
DESC mysql.user;
```

user 表的主要字段如表 10-1 所示。

表 10-1　user 表的主要字段

字段（Field）	类型（Type）	默认（Default）
Host	char(255)	
User	char(32)	
Select_priv	enum('N','Y')	N
Insert_priv	enum('N','Y')	N
Update_priv	enum('N','Y')	N
Delete_priv	enum('N','Y')	N
Create_priv	enum('N','Y')	N
Drop_priv	enum('N','Y')	N
Reload_priv	enum('N','Y')	N
Shutdown_priv	enum('N','Y')	N
Process_priv	enum('N','Y')	N
File_priv	enum('N','Y')	N
Grant_priv	enum('N','Y')	N
References_priv	enum('N','Y')	N
Index_priv	enum('N','Y')	N
Alter_priv	enum('N','Y')	N
Show_db_priv	enum('N','Y')	N
Super_priv	enum('N','Y')	N
Create_tmp_table_priv	enum('N','Y')	N
Lock_tables_priv	enum('N','Y')	N
Execute_priv	enum('N','Y')	N
Repl_slave_priv	enum('N','Y')	N
Repl_client_priv	enum('N','Y')	N
Create_view_priv	enum('N','Y')	N
Show_view_priv	enum('N','Y')	N
Create_routine_priv	enum('N','Y')	N
Alter_routine_priv	enum('N','Y')	N
Create_user_priv	enum('N','Y')	N
Event_priv	enum('N','Y')	N

续表

字段（Field）	类型（Type）	默认（Default）
Trigger_priv	enum('N','Y')	N
REATE_TABLESPACE_PRIV	enum('N','Y')	N
ssl_type	enum('','ANY','X509','SPECIFIED')	
ssl_cipher	blob	NULL
x509_issuer	blob	NULL
x509_subject	blob	NULL
max_questions	int unsigned	0
max_updates	int unsigned	0
max_connections	int unsigned	0
max_user_connections	int unsigned	0
plugin	char(64)	caching_sha2_password
authentication_string	text	NULL
password_expired	enum('N','Y')	N
password_last_changed	timestamp	NULL
password_lifetime	smallint unsigned	NULL
account_locked	enum('N','Y')	N
Create_role_priv	enum('N','Y')	N
Drop_role_priv	enum('N','Y')	N
Password_reuse_history	smallint unsigned	NULL
Password_reuse_time	smallint unsigned	NULL
Password_require_current	enum('N','Y')	NULL
User_attributes	json	NULL

在 MySQL 中，Host 字段与 User 字段共同组成的复合主键确定账户名称。其中 Host 字段代表客户端的 IP 地址或主机名称，如果 Host 字段的值为"%"，则代表所有的客户端。如果 Host 字段的值为"localhost"，则代表本地客户端。User 字段代表用户的名称。

使用 SQL 语句查询 user 表默认用户的 Host 字段与 User 字段，SQL 语句如下：

```
SELECT host,user FROM mysql.user;
```

运行结果如图 10-1 所示。

通过运行结果得知，这 4 个用户的主机都是 localhost，除了默认的 root 超级用户，还有 3 个用户。其中 mysql.infoschema 用户是 MySQL 数据库的系统用户，用来管理和访问系统自带实例 information_schema。mysql.session 用户用于用户身份验证。mysql.sys 用户用于系统模式对象的定义，防止数据库管理员（DBA）重命名或删除 root 用户时发生错误。

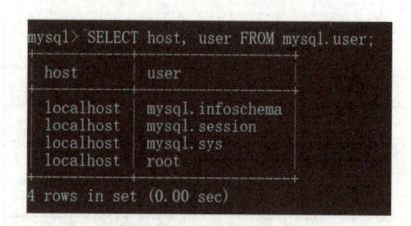

图 10-1　user 表默认用户的 Host 字段与 User 字段

user 表使用 plugin 字段和 authentication_string 字段保存用户身份验证的数据。其中 plugin 字段指定用户验证的插件名称，authentication_string 字段是依据 plugin 字段指定的插件算法对账号明文密码进行加密后的字符串。

使用 SQL 语句查询 user 表 root 用户的 plugin 字段的 SQL 语句如下：

```
SELECT plugin FROM mysql.user WHERE user='root';
```

运行结果如图 10-2 所示。

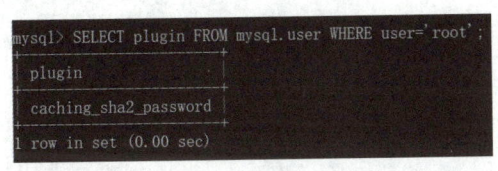

图 10-2　user 表 root 用户的 plugin 字段

使用 SQL 语句查询 user 表 root 用户的 authentication_string 字段的 SQL 语句如下：

```
SELECT authentication_string FROM mysql.user WHERE user='root';
```

运行结果如图 10-3 所示。

图 10-3　user 表 root 用户的 authentication_string 字段

password_expired 字段用于保存密码是否过期，password_last_changed 用于保存最后一次修改密码的时间，password_lifetime 字段用于保存密码的有效期。查询 user 表 root 用户的 password_expired、password_last_changed、password_lifetime 字段的 SQL 语句如下：

```
SELECT password_expired,password_last_changed,password_lifetime
FROM mysql.user WHERE user='root';
```

运行结果如图 10-4 所示。

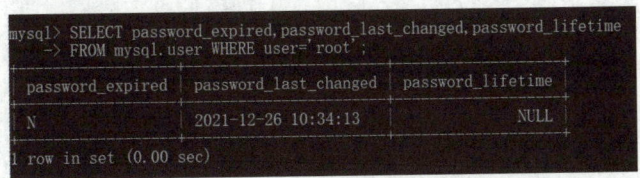

图 10-4　user 表 root 用户的 password_expired、password_last_changed、password_lifetime 字段

2. db 表

db 表和 user 表的区别是 user 表存储的是登录 MySQL 数据库的用户及其拥有的权限，db 表存储的是用户对某个数据库的操作权限，两个表的存储对象不同。查看 db 表结构的 SQL 语句如下：

```
DESC mysql.db;
```

运行结果如图 10-5 所示。

```
mysql> DESC mysql.db;
+-----------------------+---------------+------+-----+---------+-------+
| Field                 | Type          | Null | Key | Default | Extra |
+-----------------------+---------------+------+-----+---------+-------+
| Host                  | char(255)     | NO   | PRI |         |       |
| Db                    | char(64)      | NO   | PRI |         |       |
| User                  | char(32)      | NO   | PRI |         |       |
| Select_priv           | enum('N','Y') | NO   |     | N       |       |
| Insert_priv           | enum('N','Y') | NO   |     | N       |       |
| Update_priv           | enum('N','Y') | NO   |     | N       |       |
| Delete_priv           | enum('N','Y') | NO   |     | N       |       |
| Create_priv           | enum('N','Y') | NO   |     | N       |       |
| Drop_priv             | enum('N','Y') | NO   |     | N       |       |
| Grant_priv            | enum('N','Y') | NO   |     | N       |       |
| References_priv       | enum('N','Y') | NO   |     | N       |       |
| Index_priv            | enum('N','Y') | NO   |     | N       |       |
| Alter_priv            | enum('N','Y') | NO   |     | N       |       |
| Create_tmp_table_priv | enum('N','Y') | NO   |     | N       |       |
| Lock_tables_priv      | enum('N','Y') | NO   |     | N       |       |
| Create_view_priv      | enum('N','Y') | NO   |     | N       |       |
| Show_view_priv        | enum('N','Y') | NO   |     | N       |       |
| Create_routine_priv   | enum('N','Y') | NO   |     | N       |       |
| Alter_routine_priv    | enum('N','Y') | NO   |     | N       |       |
| Execute_priv          | enum('N','Y') | NO   |     | N       |       |
| Event_priv            | enum('N','Y') | NO   |     | N       |       |
| Trigger_priv          | enum('N','Y') | NO   |     | N       |       |
+-----------------------+---------------+------+-----+---------+-------+
22 rows in set (0.00 sec)
```

图 10-5 db 表的结构

由图 10-5 可以看出，db 表中的字段包括用户列类和权限列类。用户列类包括 3 个字段，分别是 Host、User、Db，这 3 个字段的组合构成了 db 表的主键，标识从某个主机连接某个用户对某个数据库的操作权限。db 表中的权限列和 user 表中的权限列基本相同，但 user 表中的权限是针对所有数据库的，而 db 表中的权限只针对指定的数据库。如果希望用户只对某个数据库有操作权限，可以先将 user 表中对应的权限设置为 N，然后在 db 表中设置对应数据库的操作权限。

3. tables_priv 表

tables_priv 表用来对单个表进行权限设置，查看 tables_priv 表结构的 SQL 语句如下：

```
DESC mysql.tables_priv;
```

运行结果如图 10-6 所示。

```
mysql> DESC mysql.tables_priv;
+-------------+--------------+------+-----+-------------------+-----------------------------------------------+
| Field       | Type         | Null | Key | Default           | Extra                                         |
+-------------+--------------+------+-----+-------------------+-----------------------------------------------+
| Host        | char(255)    | NO   | PRI |                   |                                               |
| Db          | char(64)     | NO   | PRI |                   |                                               |
| User        | char(32)     | NO   | PRI |                   |                                               |
| Table_name  | char(64)     | NO   | PRI |                   |                                               |
| Grantor     | varchar(288) | NO   | MUL |                   |                                               |
| Timestamp   | timestamp    | NO   |     | CURRENT_TIMESTAMP | DEFAULT_GENERATED on update CURRENT_TIMESTAMP |
| Table_priv  | set('Select','Insert','Update','Delete','Create','Drop','Grant','References','Index','Alter','Create View','Show view','Trigger') | NO |  |  |  |
| Column_priv | set('Select','Insert','Update','References') | NO |  |  |  |
+-------------+--------------+------+-----+-------------------+-----------------------------------------------+
8 rows in set (0.00 sec)
```

图 10-6 tables_priv 表的结构

4. columns_priv 表

columns_priv 表用来对单个数据列进行权限设置。查看 columns_priv 表结构的 SQL 语句如下：

```
DESC mysql.columns_priv;
```

运行结果如图 10-7 所示。

mysql> DESC mysql.columns_priv;

Field	Type	Null	Key	Default	Extra
Host	char(255)	NO	PRI		
Db	char(64)	NO	PRI		
User	char(32)	NO	PRI		
Table_name	char(64)	NO	PRI		
Column_name	char(64)	NO	PRI		
Timestamp	timestamp	NO		CURRENT_TIMESTAMP	DEFAULT_GENERATED on update CURRENT_TIMESTAMP
Column_priv	set('Select','Insert','Update','References')	NO			

7 rows in set (0.00 sec)

图 10-7　columns_priv 表的结构

5. procs_priv 表

procs_priv 表可以对存储过程和存储函数进行权限设置，查看 procs_priv 表结构的 SQL 语句如下：

```
DESC mysql.procs_priv;
```

运行结果如图 10-8 所示。

mysql> DESC mysql.procs_priv;

Field	Type	Null	Key	Default	Extra
Host	char(255)	NO	PRI		
Db	char(64)	NO	PRI		
User	char(32)	NO	PRI		
Routine_name	char(64)	NO	PRI		
Routine_type	enum('FUNCTION','PROCEDURE')	NO	PRI	NULL	
Grantor	varchar(288)	NO	MUL		
Proc_priv	set('Execute','Alter Routine','Grant')	NO			
Timestamp	timestamp	NO		CURRENT_TIMESTAMP	DEFAULT_GENERATED on update CURRENT_TIMESTAMP

8 rows in set (0.00 sec)

图 10-8　procs_priv 表的结构

10.2　用户管理

10.2.1　使用 SQL 语句管理用户账户

1. 创建用户账户

使用 CREATE USER 语句创建用户账户，基本语法格式为：

```
CREATE USER [IF NOT EXISTS]
```

账户名称[用户身份验证选项][,账户名称[用户身份验证选项]]…
[WHERE 资源控制选项][密码管理选项 | 账户锁定选项]

在创建用户账户时，可以一次创建多个用户，多个用户之间使用逗号分隔，账户名称由"用户名称@主机地址"组成，如果没有设置其他选项，则使用默认值，默认值如表 10-2 所示。

表 10-2 CREATE USER 语句选项的默认值

选项	默认值
用户身份验证选项	由 default_authentication_plugin 系统变量定义的插件进行身份验证
资源控制选项	N（表示无限制）
密码管理选项	PASSWORD EXPIRE DEFAULT
用户锁定选项	ACCOUNT UNLOCK

【例 10-1】使用 CREATE USER 语句创建最简单的用户。

代码如下。

```
mysql> CREATE USER 'test01';
Query OK, 0 rows affected (0.05 sec)
```

查看刚才创建的用户是否存在于 user 表中。

```
mysql> SELECT host,user FROM mysql.user;
```

运行结果如图 10-9 所示。

从图 10-9 可以看到，用户 test01 存在于 user 表中，对应的 host 值是"%"，表示该用户可以在任意主机上连接 MySQL 服务器。

图 10-9 查看用户是否存在于 user 表中

【例 10-2】使用 CREATE USER 语句创建有密码的用户。

代码和运行结果如下。

```
mysql> CREATE USER 'test02' IDENTIFIED BY '123456';
Query OK, 0 rows affected (0.04 sec)
```

查看用户 test02 的 plugin 字段和 authentication_string 字段。

```
mysql> SELECT plugin,authentication_string FROM mysql.user WHERE user='test02';
```

运行结果如图 10-10 所示。

图 10-10 用户 test02 的 plugin 字段和 authentication_string 字段

从图 10-10 可以看出，在创建用户 test02 时设置的明文密码"123456"，在 user 表中以默认的 caching_sha2_password 算法将其加密为密文密码。

【例 10-3】使用 CREATE USER 语句同时创建多个用户。

代码和运行结果如下。

```
mysql> CREATE USER 'test03'@'localhost' IDENTIFIED BY '333333','test04'@'%'
IDENTIFIED BY '444444';
Query OK, 0 rows affected (0.04 sec)
```

查看 user 表用户的 host 字段和 user 字段。

```
mysql> SELECT host,user FROM mysql.user;
```

运行结果如图 10-11 所示。

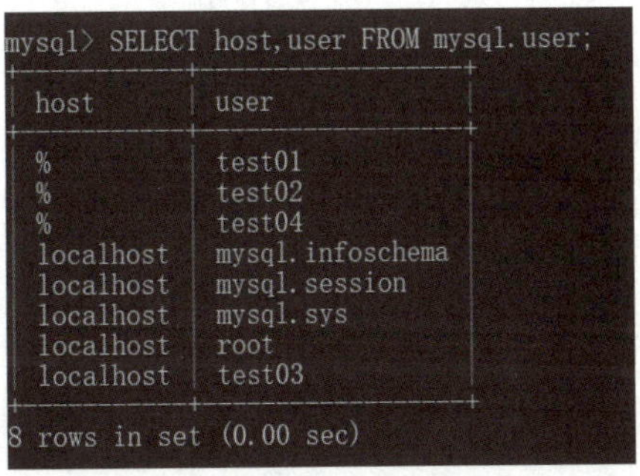

```
mysql> SELECT host,user FROM mysql.user;
+-----------+------------------+
| host      | user             |
+-----------+------------------+
| %         | test01           |
| %         | test02           |
| %         | test04           |
| localhost | mysql.infoschema |
| localhost | mysql.session    |
| localhost | mysql.sys        |
| localhost | root             |
| localhost | test03           |
+-----------+------------------+
8 rows in set (0.00 sec)
```

图 10-11　user 表用户的 host 字段和 user 字段

从图 10-11 可以看到，用户 test03 和用户 test04 都存在于 user 表中，其中用户 test03 对应的 host 值是“localhost”，表示用户 test03 只能在本地主机上连接 MySQL 服务器，用户 test04 对应的 host 值是“%”，表示用户 test04 可以在任意主机上连接 MySQL 服务器。

2. 设置用户账户的密码

MySQL 在创建用户时可以设置密码，也可以为没有密码的用户或密码过期的用户设置密码，或修改某个用户的密码。

首选方法的语法格式为：

ALTER USER 账户名称 IDENTIFIED BY '明文密码';

例如，为用户 test01 设置密码，代码和运行结果如下。

```
mysql> ALTER USER 'test01'@'%' IDENTIFIED BY '123456';
Query OK, 0 rows affected (0.02 sec)
```

第二种方法，密码会被记录到服务器的日志或客户端的历史文件中，语法格式为：

SET PASSWORD [FOR 账户名称] = '明文密码';

例如，将用户 test01 的密码修改为“000000”，代码和运行结果如下。

```
mysql> SET PASSWORD FOR 'test01'@'%' = '000000';
Query OK, 0 rows affected (0.01 sec)
```

如果当前登录的用户是非匿名用户，则可以使用 USER()函数为当前登录的用户设置密码，代码和运行结果如下。

```
mysql> ALTER USER USER() IDENTIFIED BY '123456';
Query OK, 0 rows affected (0.04 sec)
```

使用 MySQL 的安装目录 bin 下的应用程序 mysqladmin.exe 设置用户的密码，语法格式为：

Mysqladmin -u 用户名称 [-h 主机地址] -p password 密码

例如，设置下面账号。

```
C:\>mysqladmin -u test01 -p password 123456
Enter password: ******
mysqladmin: [Warning] Using a password on the command line interface can be insecure.
Warning: Since password will be sent to server in plain text, use ssl connection to ensure password safety.
```

在上述命令中，"-p password"后面的"123456"是新密码，"Enter password:"后面的是原密码。执行该命令后出现两个 Wanging（安全警告），第一个 Wanging 的意思是命令行界面下使用密码是不安全的，第二个 Wanging 的意思是会以纯文本的格式将密码发送到服务器，请使用 ssl 连接以确保密码安全。

3. 用户账户重命名

重命名用户账户的语法格式为：

RENAME USER 原账户名称 1 TO 新账户名称 1 [，原账户名称 2 TO 新账户名称 2]；

在重命名用户账户的过程中修改主机地址，代码和运行结果如下。

```
mysql> RENAME USER 'test01'@'%' TO 'test01'@'localhost';
Query OK, 0 rows affected (0.05 sec)
```

在重命名用户账户的过程中修改用户名称和主机地址，代码和运行结果如下。

```
mysql> RENAME USER 'test02'@'%' TO '张三'@'localhost';
Query OK, 0 rows affected (0.04 sec)
```

注意：重新命名的旧账户不存在或新账户已经存在，系统会报错。

4. 删除用户账户

删除用户账户的语法格式为：

DROP USER [IF EXISTS] 账户名 1 [，账户名 2]…；

【例 10-4】删除用户 test03 和用户 test04。

在删除用户账户之前查看数据库保存的账户。

```
mysql> SELECT user,host FROM mysql.user;
```

运行结果如图 10-12 所示。

接下来删除用户 test03 和用户 test04。

```
mysql> DROP USER IF EXISTS test03, test04;
Query OK, 0 rows affected, 1 warning (0.04 sec)
```

再次查看数据库中的账户。

```
mysql> SELECT user,host FROM mysql.user;
```

运行结果如图 10-13 所示。

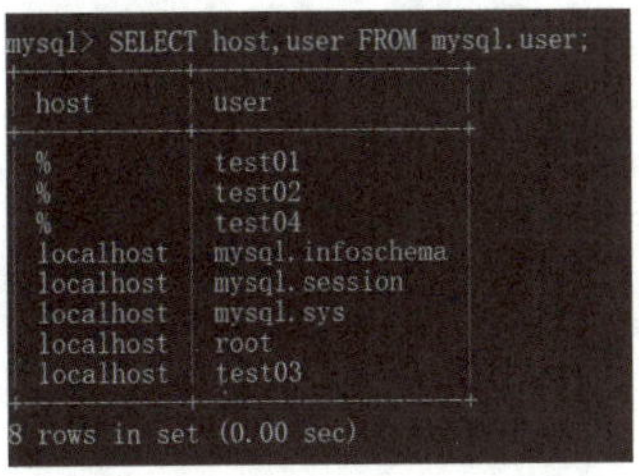

图 10-12　数据库保存的账户　　　　图 10-13　第一次删除用户账户之后数据库中的账户

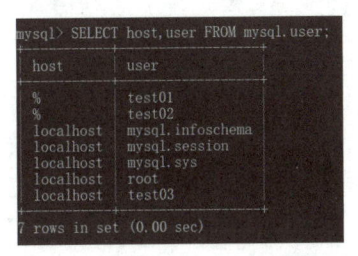

从图 10-13 可以看出，用户 test04 被删除了，然而用户 test03 没有被删除。因为在删除时只指定了用户名，而没有指定主机地址，所以主机地址默认为"%"，即任意主机，所以 'test04'@'%'被删除了，如果想删除用户 test03，代码和运行结果如下。

```
mysql> DROP USER IF EXISTS 'test03'@'localhost';
Query OK, 0 rows affected (0.04 sec)
```

第三次查看数据库中的账户。

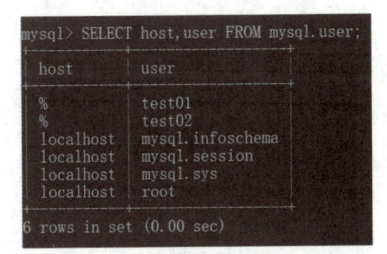

```
mysql> SELECT user,host FROM mysql.user;
```

运行结果如图 10-14 所示。

注意：在删除用户账户时，如果没有使用 IF EXISTS 关键字，当账户不存在时，系统会报错。如果要删除当前用户，在当前用户会话关闭之后，删除操作才会生效，再次登录该用户会登录失败。

图 10-14　第二次删除用户之后数据库中的账户

10.2.2　使用 Navicat for MySQL 管理用户账户

使用 Navicat for MySQL 管理用户账户简单、方便。

【例 10-5】使用 Navicat for MySQL 管理用户账户。

使用 Navicat for MySQL 连接数据库服务器，单击"用户"按钮，可以看到用户账户，如图 10-15 所示。

图 10-15　查看用户账户

单击"新建用户"按钮可以新建用户，如图 10-16 所示。

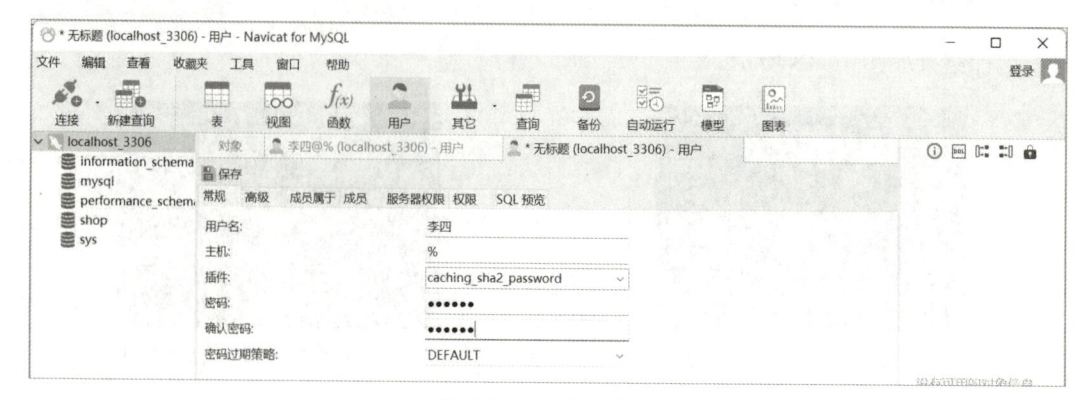

图 10-16　新建用户

在输入用户的相关信息后,单击"保存"按钮即可完成新建用户。返回"对象"窗格,查看用户,如图 10-17 所示。

图 10-17　查看用户

选择需要修改的用户"李四",单击"编辑"按钮,打开"用户"窗格,如图 10-18 所示。

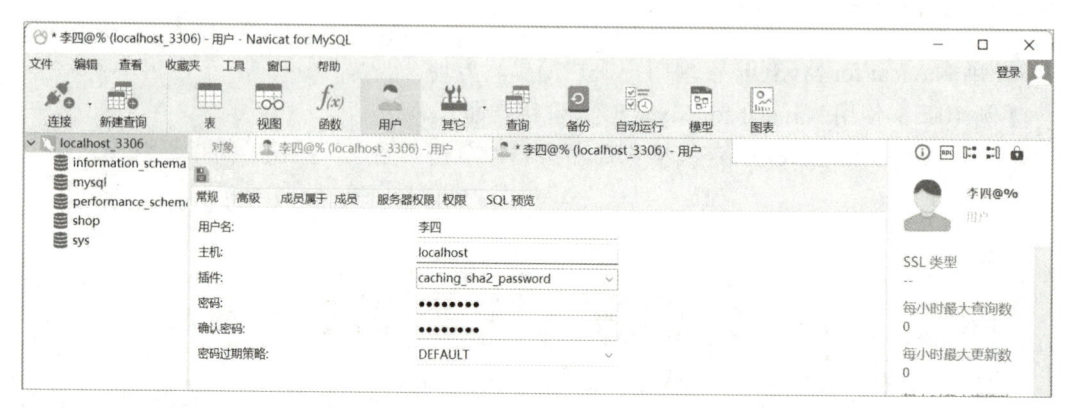

图 10-18　编辑用户账户

在修改用户账户之后,单击"保存"按钮。返回"对象"窗格,查看用户,如图 10-19 所示。

选择需要删除的用户"李四",单击"删除用户"按钮,即可删除用户,如图 10-20 所示。

图 10-19　查看修改后的用户

图 10-20　删除用户

10.3　权限控制

10.3.1　MySQL 的权限级别

MySQL 为了保证数据的安全，数据库管理员为不同的操作人员分配不同的操作权限。管理员根据不同的情况增加用户权限或撤销用户权限。权限级别是指权限可以在哪些数据库的内容中应用。

在 MySQL 中与权限相关的表如表 10-3 所示。

表 10-3　与权限相关的表

表	描述
user	保存用户被授予的全局权限
db	保存用户被授予的数据库权限
tables_priv	保存用户被授予的表权限
columns_priv	保存用户被授予的列权限
procs_priv	保存用户被授予的存储过程权限
proxies_priv	保存用户被授予的代理权限

10.3.2　权限类型

权限类型包括数据权限、结构权限和管理权限，具体又包括很多权限，常用的权限如增、删、改、查，即 INSERT、DELETE、UPDATE、SELECT，还有很多其他的权限，在 MySQL 中可以授予和撤销的权限如表 10-4 所示。

表 10-4 可以授予和撤销的权限

分类	权限	权限级别	描述
数据权限	SELECT	全局、数据库、表、列	SELECT
	UPDATE	全局、数据库、表、列	UPDATE
	DELETE	全局、数据库、表	DELETE
	INSERT	全局、数据库、表、列	INSERT
	SHOW DATABASES	全局	SHOW DATABASES
	SHOW VIEW	全局、数据库、表	SHOW CREATE VIEW
	PROCESS	全局	SHOW PROCESSLIST
结构权限	DROP	全局、数据库、表	允许删除数据库、表和视图
	CREATE	全局、数据库、表	创建数据库、表
	CREATE ROUTINE	全局、数据库	创建存储过程
	CREATE TABLESPACE	全局	允许创建、修改或删除表空间和日志文件组
	CREATE TEMPORARY TABLES	全局、数据库	CREATE TEMPORARY TABLE
	CREATE VIEW	全局、数据库、表	允许创建或修改视图
	ALTER	全局、数据库、表	ALTER TABLE
	ALTER ROUTINE	全局、数据库、存储过程	允许删除或修改存储过程
	INDEX	全局、数据库、表	允许创建或删除索引
	TRIGGER	全局、数据库、表	允许触发器的所有操作
	REFERENCES	全局、数据库、表、列	允许创建外键
管理权限	SUPER	全局	允许使用其他管理操作，如 CHANGE MASTER TO 等
	CREATE USER	全局	CREATE USER、DROP USER、RENAME USER 和 REVOKEALL PRIVILEGES
	GRANT OPTION	全局、数据库、表、存储过程、代理	允许授予或删除用户权限
	RELOAD	全局	FLUSH 操作
	PROXY		与代理的用户权限相同
	REPLICATION CLIENT	全局	允许用户访问主服务器或从服务器
	REPLICATION SLAVE	全局	允许复制从服务器读取的主服务器二进制日志事件
	SHUTDOWN	全局	允许使用 mysqladmin shutdown
	LOCK TABLES	全局、数据库	允许在有 SELECT 表权限上使用 LOCK TABLES

10.3.3 授予用户权限

MySQL 使用 GRANT 关键字授予用户权限，基本语法格式为：

GRANT 权限类型 [字段列表] [,权限类型 [字段列表]]…

```
ON [目标类型] 权限级别
TO 账户名称 [用户身份验证选项] [,账户名称 [用户身份验证选项]]
[WITH (GRANT OPTION | 资源控制选项)]
```

语法说明如下:

(1) 权限类型指的是表 10-4 中的权限列,字段列表用于设置列的权限。

(2) ON 后面的目标类型默认为 TABLE,表示将全局、数据库、表或者列中的权限授予用户。权限级别用于定义全局权限、数据库权限或表权限。

(3) 用户身份验证选项如表 10-5 所示。

表 10-5 用户身份验证选项

选项	描述
IDENTIFIED WITH 验证插件名	使用指定的身份验证插件对空凭证(未设置用户密码)进行加密
IDENTIFIED WITH 验证插件名 BY '明文密码'	使用指定的身份验证插件对明文密码进行加密
IDENTIFIED WITH 验证插件名 AS '哈希字符串'	指定身份验证的插件,并存储哈希加密字符串
IDENTIFIED BY PASSWORD '哈希字符串'	身份验证插件为默认,并存储哈希加密字符串

(4) GRANT OPTION 表示当前用户可以为其他用户授权,资源控制选项如表 10-6 所示。

表 10-6 资源控制选项

选项	描述
MAX_QUERIES_PER_HOUR	在任何一个小时内,允许此用户执行多少次查询
MAX_UPDATES_PER_HOUR	在任何一个小时内,允许此用户执行多少次更新
MAX_CONNECTIONS_PER_HOUR	在任何一个小时内,允许此用户执行多少次服务器连接
MAX_USER_CONNECTIONS	限制用户同时连接服务器的最大数量

【例 10-6】查看用户 test01 的权限。

代码如下。

```
mysql> SHOW GRANTS FOR 'test01'@'localhost';
```

运行结果如图 10-21 所示。

USAGE 表示用户 test01 没有任何权限," *.* "表示全局权限,也就是服务器的所有数据库,运行结果表示用户 test01 对所有数据库没有任何权限。

图 10-21 查看用户 test01 的权限

授予用户全局权限的语法格式为:

`GRANT 权限列表 ON *.* TO 账户名[WITH GRANT OPTION];`

授予用户数据库级权限的语法格式为:

`GRANT 权限列表 ON 数据库名.* TO 账户名[WITH GRANT OPTION];`

授予用户表级权限的语法格式为:

`GRANT 权限列表 ON 数据库名.表名 TO 账户名[WITH GRANT OPTION];`

授予用户列级权限的语法格式为：

```
GRANT 权限类型 (字段列表) [,…]ON 数据库名.表名  TO 账户名[WITH GRANT OPTION]
```

授予用户存储过程权限的语法格式为：

```
GRANT EXECUTE|ALTER ROUTINE|CREATE ROUTINE ON {[*.*|数据库名.* ]|PROCEDURE
数据库名.存储过程} TO 账户名 [WITH GRANT OPTION]
```

授予用户代理权限的语法格式为：

```
GRANT PROXY ON 账户名 TO 账户名1 [, 账户名2] …[WITH GRANT OPTION]
```

【例 10-7】 授予用户 test01 对 mysql 数据库 user 表的 SELECT 权限，以及 host 字段和 user 字段的插入权限。授权之后查看 test01 用户的权限。

（1）使用 SQL 语句授权。

使用 GRANT 授权，代码和运行结果如下。

```
mysql> GRANT SELECT,INSERT (host,user) ON mysql.user TO 'test01'@'localhost';
Query OK, 0 rows affected (0.04 sec)
```

使用 mysql.tables_priv 查询用户 test01 的表权限。

```
mysql> SELECT db,table_name,table_priv,column_priv FROM mysql.tables_priv
WHERE user='test01';
```

运行结果如图 10-22 所示。

```
mysql> SELECT db,table_name,table_priv,column_priv FROM mysql.tables_priv WHERE user='test01';
+-------+------------+------------+-------------+
| db    | table_name | table_priv | column_priv |
+-------+------------+------------+-------------+
| mysql | user       | Select     | Insert      |
+-------+------------+------------+-------------+
1 row in set (0.00 sec)
```

图 10-22　用户 test01 的表权限

使用 mysql.columns_priv 查询用户 test01 的列权限。

```
mysql> SELECT db,table_name,column_name,column_priv FROM mysql.columns_priv
WHERE user='test01';
```

运行结果如图 10-23 所示。

```
mysql> SELECT db,table_name,column_name,column_priv FROM mysql.columns_priv WHERE user='test01';
+-------+------------+-------------+-------------+
| db    | table_name | column_name | column_priv |
+-------+------------+-------------+-------------+
| mysql | user       | host        | Insert      |
| mysql | user       | user        | Insert      |
+-------+------------+-------------+-------------+
2 rows in set (0.00 sec)
```

图 10-23　用户 test01 的列权限

（2）使用 Navicat for MySQL 授权。

选择“test01@localhost”账户，单击“编辑用户”按钮，选择“权限”选项卡，如图 10-24 所示。

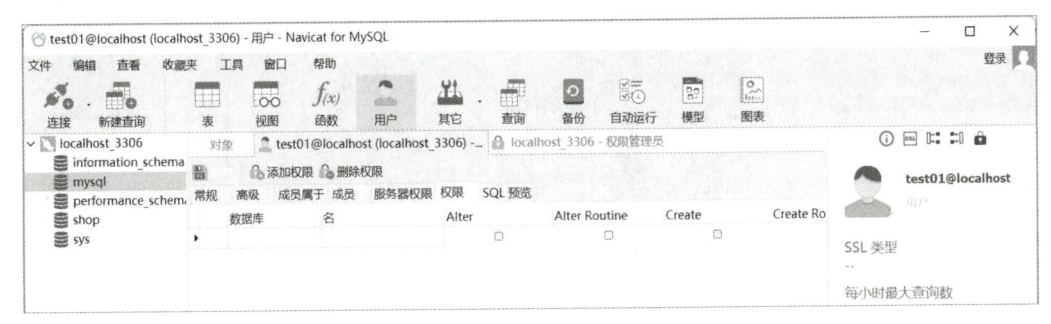

图 10-24 "权限"选项卡

在图 10-24 中可以看到，用户 test01 没有任何权限。单击"添加权限"按钮，打开"添加权限"对话框，如图 10-25 所示。

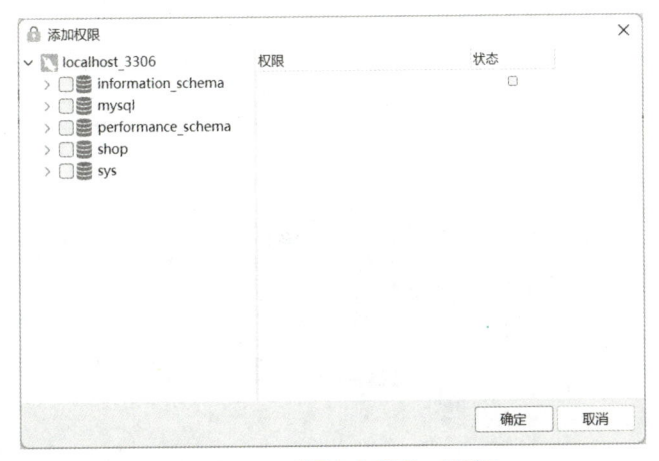

图 10-25 "添加权限"对话框

勾选"mysql"复选框和"Select"复选框，如图 10-26 所示。

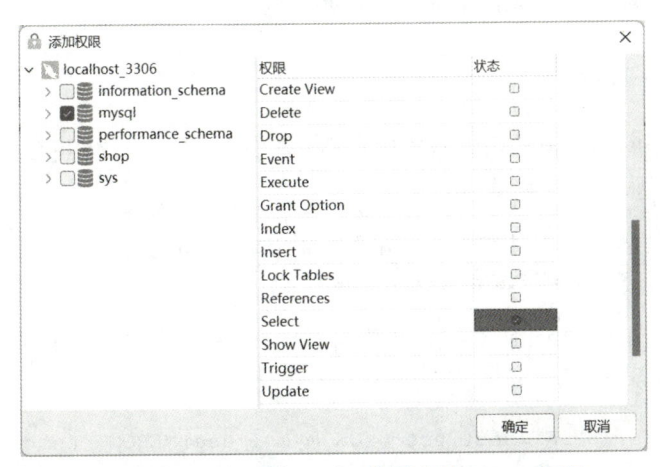

图 10-26 授予用户 mysql 数据库的 Select 权限

展开"mysql"数据库节点，进一步展开"user"子节点，分别勾选"host"复选框和"user"复选框，并勾选"insert"复选框，如图 10-27 所示。

219

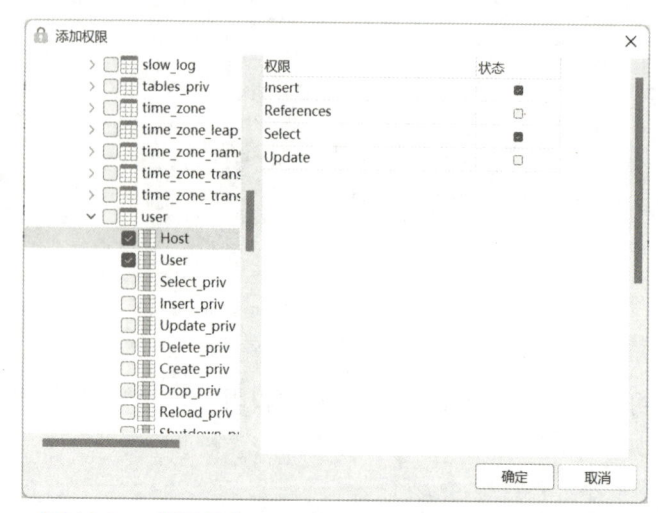

图 10-27 授予用户 user 表 host 和 user 字段 insert 权限

单击"确定"按钮,回到"权限"选项卡,如图 10-28 所示。

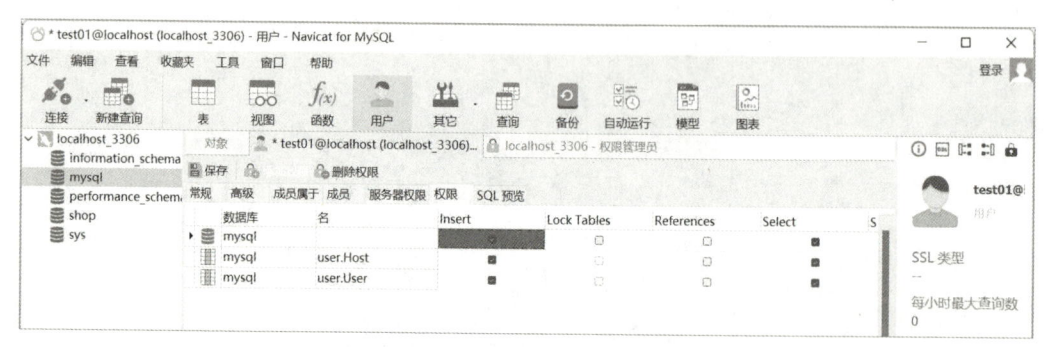

图 10-28 授予权限之后的"权限"选项卡

单击"保存"按钮,即可完成对用户 test01 的授权。

10.3.4 撤销用户权限

为了保证数据库的安全,需要撤销用户不必要的权限。在 MySQL 中,使用 REVOKE 语句撤销用户的权限,语法格式为:

```
REVOKE 权限类型 [(字段列表)] [,权限类型 [(字段列表)]]...
ON [目标类型] 权限级别 FROM 账户名 [,账户名]
```

【例 10-8】撤销用户 test01 对 mysql 数据库 user 表中 host 和 user 字段的插入权限。代码和运行结果如下。

```
mysql> REVOKE INSERT(host,user) ON mysql.user FROM 'test01'@'localhost';
Query OK, 0 rows affected (0.04 sec)
```

查询用户 test01 的列权限。

```
mysql> SELECT db,table_name,column_name,column_priv FROM mysql.columns_priv WHERE user='test01';
```

```
Empty set (0.00 sec)
```

通过运行结果可以看到 test01 用户没有任何列权限。

查询用户 test01 的表权限。

```
mysql> SELECT db,table_name,table_priv,column_priv FROM mysql.tables_priv
WHERE user='test01';
```

运行结果如图 10-29 所示。

```
mysql> SELECT db, table_name, table_priv, column_priv FROM mysql.tables_priv WHERE user='test01';
+-------+------------+------------+-------------+
| db    | table_name | table_priv | column_priv |
+-------+------------+------------+-------------+
| mysql | user       | Select     |             |
+-------+------------+------------+-------------+
1 row in set (0.00 sec)
```

图 10-29　用户 test01 的表权限

从图 10-29 可以看到，用户 test01 对 mysql.user 表拥有 Select 权限。

由于 REVOKE、DROP 操作不会同步到内存中，可能会消耗服务器内存，所以建议使用 FLUSH PRIVILEGES 重新加载用户的权限，即刷新权限，语法格式和运行结果如下。

```
mysql> FLUSH PRIVILEGES;
Query OK, 0 rows affected (0.03 sec)
```

在命令行界面中使用 mysqladmin 也可以刷新权限，语法格式如下：

```
C:\>mysqladmin -uroot -p flush-privileges
Enter password: ******
```

也可以使用下面语句刷新权限。

```
C:\>mysqladmin -uroot -p reload
Enter password: ******
```

10.4　习题 10

一、在线测试（单项选择题）

1．下列选项中可以重置用户密码的是（　　）。

A．ALTER USER　　B．RENAME USER

C．CREATE USER　　D．DROP USER

2．下列选项中不属于 ALL PRIVILEGES 的权限是（　　）。

A．PROXY　　B．SELECT

C．CREATE USER　　D．DROP

3．下列 mysql 数据库中用于保存用户名和密码的表是（　　）。

A．tables_priv　　B．columns_priv

C．db　　D．user

4. 以下账户命名错误的是（　　）。
   A. "@"
   B. 'ab c'@'%'
   C. mark-manager@%
   D. test@localhost
5. 下列关于用户与权限的说法错误的是（　　）。
   A. 具有空白用户名的账户是匿名用户
   B. 通配符 "%" 和 "_" 都可以在用户的主机名中使用
   C. REVOKE ALL 回收的权限不包括 GRANT OPTION
   D. 以上说法都不正确

二、技能训练

1. 请授予用户名为 "张三"、密码为 "123456" 的用户查看 shop 数据库的权限。
2. 请创建用户 "李四"，并授予该用户创建用户和删除用户的管理权限。

单元 11　数据库的备份和恢复

学习目标

通过本单元的学习，学生能够了解数据库备份的时机和数据库恢复注意的问题；掌握数据备份和恢复的方法；掌握数据导入与导出的方法。

11.1　备份和恢复概述

数据库的安全性和完整性是保证数据可靠、准确的必要特性。数据库的备份和恢复是保证数据库安全性和完整性的重要技术手段。数据库备份指的是备份数据库的结构和数据，防止数据库遭到破坏，为数据恢复做好准备工作。数据恢复指的是把备份的数据库结构或数据加载到数据库服务器中。

11.1.1　数据为什么需要备份

对于现代化的企业管理和产品生产，数据库的作用毋庸置疑。数据遭到破坏或者泄露都可能带来严重后果。例如，银行的客户信息如果泄露，可能会让这些客户感到不安全；公司的技术数据丢失，可能会影响公司正常的生产。影响数据库安全性和完整性的因素有以下几种。

（1）计算机硬件故障。计算机硬件由于使用不当，或者使用寿命、质量等，都有可能会出现故障。

（2）软件故障。由于使用不当，或者设计不当，操作数据库的软件可能会误操作数据，造成数据被破坏。

（3）误操作。由于误操作，如错误地使用了 DROP 命令，造成数据被破坏。

（4）病毒。破坏性病毒破坏了数据库服务器的硬件、软件或者数据。

（5）盗窃。数据是有价值的，特别是重要数据可能会被窃取。

（6）不可预见性灾害。例如洪水、地震等自然灾害造成数据库服务器受损。

鉴于以上等原因，数据库必须备份，在数据遭到破坏时能够及时进行数据库恢复。数据库恢复就是把数据库从错误状态恢复到某个正确状态，或者从一个服务器移到另一个服务器。

11.1.2 数据库备份的分类

按备份时服务器是否在线可以将数据库备份分为热备份、温备份和冷备份。

（1）热备份是指在数据库服务器在线并正常运行时进行数据库备份。

（2）温备份是指在数据库服务器在线，但是只能读出不能写入时进行数据库备份。

（3）冷备份是指在数据库正常关闭时进行数据库备份。

按备份的内容可以将数据库备份分为逻辑备份和物理备份。

（1）逻辑备份是指使用软件技术从数据库中导出数据并写入一个输出文件，该文件的格式一般与原数据库的文件格式不同，只是原数据库中数据内容的一个映像。逻辑备份支持跨平台，备份的是 SQL 语句（DDL 和 insert 语句），以文本形式存储。在恢复的时候执行备份的 SQL 语句实现数据库数据的恢复。

（2）物理备份。物理备份是指直接复制数据库文件进行的备份，与逻辑备份相比，物理备份速度较快，但占用空间较大。

按备份涉及的数据范围可以将数据库备份分为完整备份、增量备份和差异备份。

（1）完整备份。完整备份是指备份整个数据库。这是在任何备份策略中要求完成的第一种备份类型，因为其他备份类型都依赖于完整备份。换句话说，如果没有执行完整备份，就无法执行增量备份和差异备份。

（2）增量备份。数据库自上一次完全备份或最近一次的增量备份以来改变的内容的备份。

（3）差异备份。差异备份是指将在最近一次完整备份以后发生改变的数据进行备份。差异备份仅捕获在最近一次完整备份后发生更改的数据。

11.1.3 数据库备份的时机

数据库备份需要消耗很多时间和计算机资源，因此不能频繁操作。应当依据数据库数据的重要程度和使用情况选择备份的时机，建议在以下操作之后，备份数据库。

（1）创建数据库或为数据库填充数据后。

（2）创建索引后。

（3）清理事务日志后。在清理之后，事务日志将不包含数据库的活动记录，也不能用来还原数据库。

（4）执行无日志操作后。

11.1.4 恢复数据库的方法

恢复数据库时要避免不仅没有恢复成功，还进一步破坏了数据的情况。用户要为各种可能性做准备，考虑可能发生的各种问题，比如关闭数据库会造成什么后果，数据库恢复的时间是否可以接受等。MySQL 恢复数据的方法有下面 3 种。

（1）通过导出数据或者表文件的拷贝恢复数据。

（2）通过保存更新数据所有语句的二进制日志文件恢复数据。

（3）通过复制数据库恢复数据。建立两个或两个以上服务器，其中一个作为主服务器，其他的服务器作为从服务器，当其中一个服务器的数据遭到破坏时，通过其他服务器上的数据恢复数据。

11.2 备份和恢复数据库

11.2.1 使用 Navicat for MySQL 菜单命令备份和恢复数据库

1. 使用 Navicat for MySQL 备份数据库

【例 11-1】shop 数据库包含两个表，分别是 sh_user 表和 sh_goods 表。使用 Navicat for MySQL 备份 shop 数据库。

使用 Navicat for MySQL 打开要备份的数据库 shop，单击"备份"按钮，打开备份界面，如图 11-1 所示。

图 11-1　备份界面

单击"新建备份"按钮，弹出"新建备份"对话框，如图 11-2 所示。

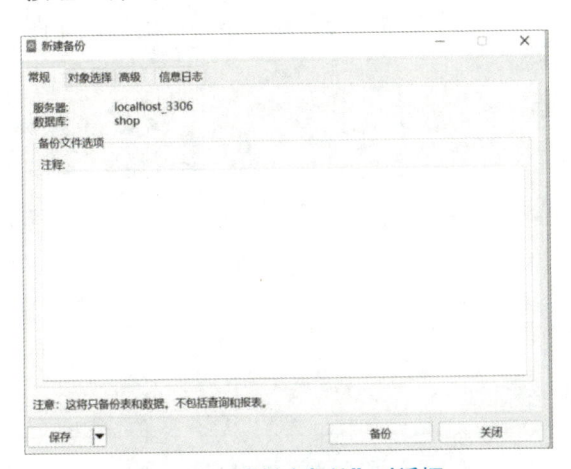

图 11-2　"新建备份"对话框

选择"对象选择"选项卡，这里可以自定义选择需要备份的表，如图 11-3 所示。
选择"高级"选项卡，选择操作类型，如图 11-4 所示。

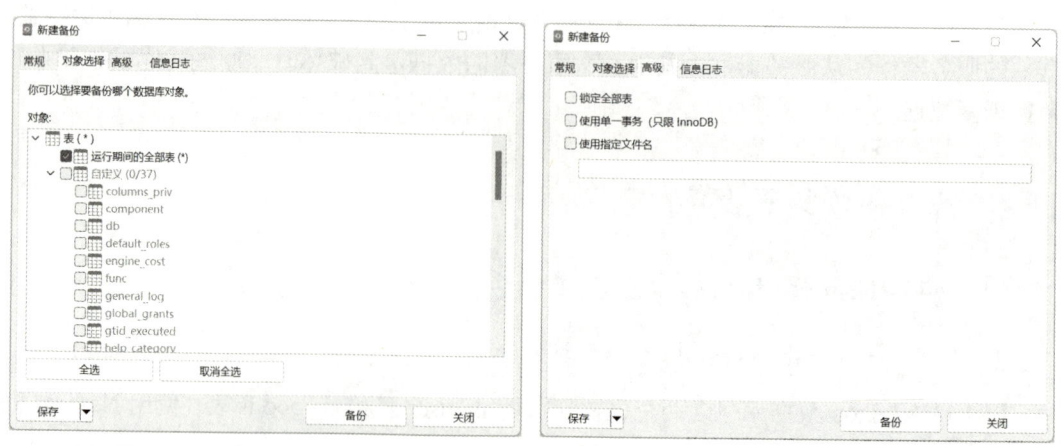

图 11-3 "对象选择"选项卡　　　　图 11-4 "高级"选项卡

单击"备份"按钮即可进行备份，显示备份日志，表示备份成功，如图 11-5 所示。

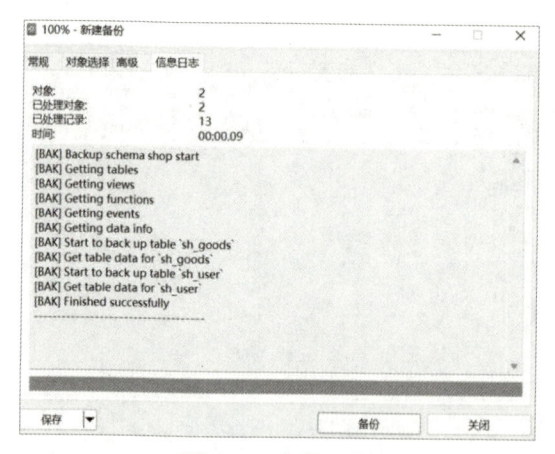

图 11-5 备份日志

单击"关闭"按钮，在备份界面就会看到一条备份信息，如图 11-6 所示。

图 11-6 备份信息

2. 使用 Navicat for MySQL 还原数据库

【例 11-2】使用 Navicat for MySQL 还原 shop 数据库。

选择需要恢复的备份对象，如图 11-7 所示。

图 11-7　选择需要恢复的备份对象

单击"还原备份"按钮，弹出"还原备份"对话框，如图 11-8 所示。
单击"还原"按钮，弹出警告对话框，如图 11-9 所示。

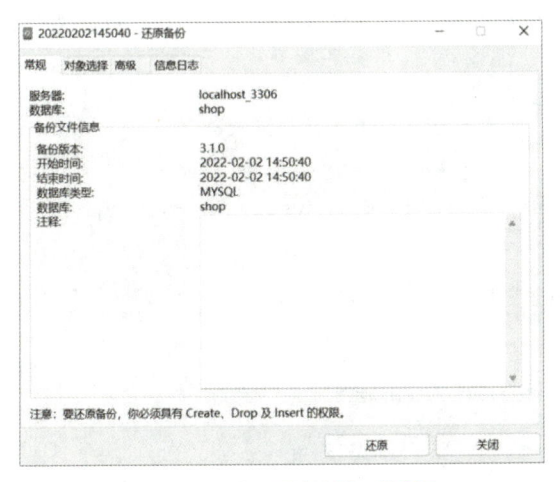

图 11-8　"还原备份"对话框　　　　　　　　　图 11-9　警告对话框

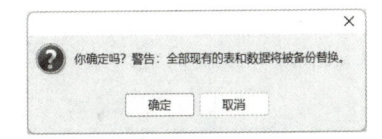

如果确定还原操作，即可单击"确定"按钮，还原结束后如图 11-10 所示。

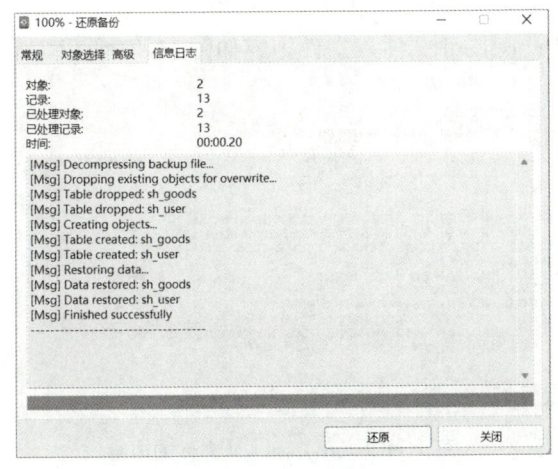

图 11-10　还原结束

11.2.2 使用 mysqldump 命令备份数据库

MySQL 的 bin 目录提供了 mysqldump 客户端工具，可以将数据库中的 SQL 语句导出，SQL 语句中包含数据库的结构和数据信息，从而完成数据库备份。

1. 使用 mysqldump 命令备份单个数据库中的表

使用 mysqldump 命令可以备份单个数据库中部分表或者全部表，基本语法格式为：

```
mysqldump -uusername -p dbname [tbname1 [tbname2]...] > filename.sql
```

语法说明如下：
（1）-u 后面的 username 是用户名称。
（2）dbname 表示需要备份的表所在数据库的名称。
（3）tbname 表示数据库中需要备份的表，多个表之间使用空格分隔，如果不指定表，则备份数据库中所有的表。
（4）filename.sql 表示存储 SQL 语句的文件名称，默认存储在 bin 目录中，如果需要存储在指定的目录中，则需要带有完整路径的文件名称。

【例 11-3】备份 shop 数据库中的 sh_user 表。
在命令行界面执行如下语句。

```
C:\>mysqldump -uroot -p shop sh_user > d:/backup_mysql/sh_user.sql
Enter password: ******
```

备份之后，到指定的目录查看备份的.sql 文件，如图 11-11 所示。

图 11-11　备份的.sql 文件

使用记事本打开 sh_user.sql 文件，文件内容如图 11-12 所示。

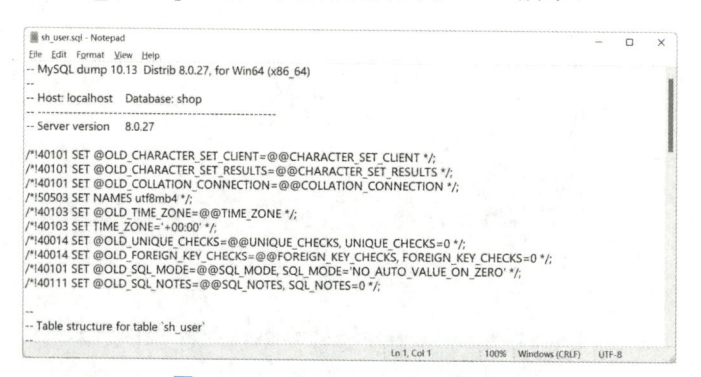

图 11-12　sh_user.sql 文件的内容

注意：在使用该方法备份数据库时，备份文件中不存在创建数据库的语句，所以在使用该方法备份的文件恢复数据时，在服务器中必须已经存在需要恢复的数据库，如果不存在，需要先创建同名数据库。

2. 使用 mysqldump 命令备份一个或者多个数据库

使用 mysqldump 命令可以备份一个数据库，也可以同时备份多个数据库，基本语法格式为：

```
mysqldump -uusername -p --databases dbname1 [dbname2...] > filename.sql
```

语法说明如下：

（1）--databases 后面至少需要指定一个数据库，多个数据库之间使用空格分隔。

（2）其他参数同上。

【例 11-4】备份 mysql 数据库和 shop 数据库。

在命令行界面执行如下语句。

```
C:\>mysqldump -uroot -p --databases mysql shop
>d:\backup_mysql\multi_databases.sql
Enter password: ******
```

备份之后，到指定的目录查看备份的.sql 文件，如图 11-13 所示。

图 11-13 多个数据库的备份文件

使用记事本打开 multi_databases.sql 文件，文件内容如图 11-14 所示。

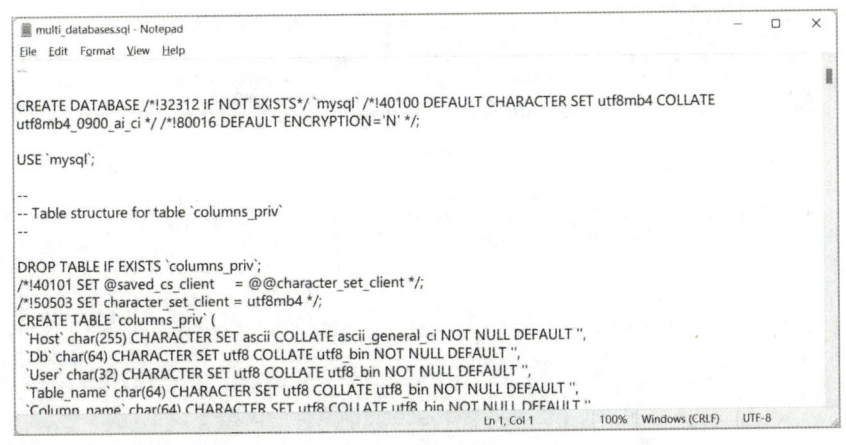

图 11-14 multi_databases.sql 文件的内容

注意： 在使用该方法备份数据库时，备份文件中包含 CREATE DATABASE 语句，即创建数据库的语句，所以在使用该方法备份的文件恢复数据库时，在服务器中可以没有需要恢复的数据库，如果数据库已经存在，则会覆盖原来的数据库。

3. 使用 mysqldump 命令备份服务器上的所有数据库

使用 mysqldump 命令可以一次性备份服务器上的所有数据库，基本语法格式为：

```
mysqldump -uusername -p --all-databases > filename.sql
```

语法说明如下：

（1）--all-databases 表示备份服务器上的所有数据库。

（2）其他参数同上。

【例 11-5】备份服务器上的所有数据库。

在命令行界面执行如下语句。

```
C:\>mysqldump -uroot -p --all-databases>d:\backup_mysql\all_databases.sql
Enter password: ******
```

备份之后，到指定的目录查看备份的 .sql 文件，如图 11-15 所示。

图 11-15　服务器上的所有数据库的备份文件

使用记事本打开 all_databases.sql 文件，文件内容如图 11-16 所示。

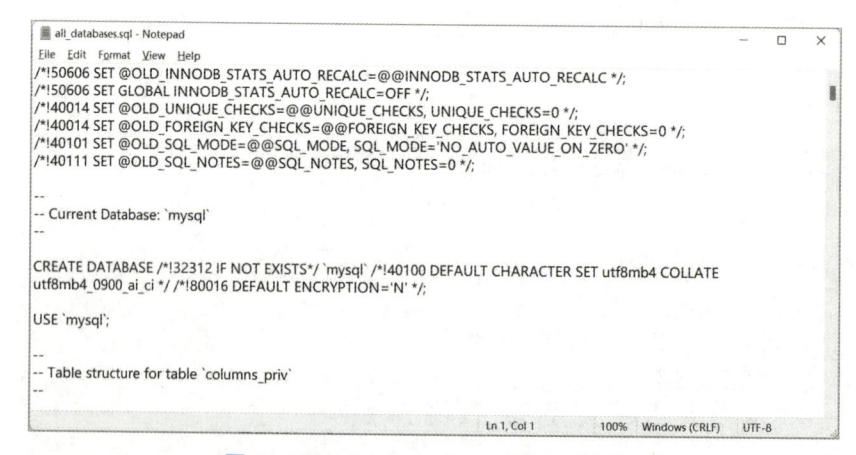

图 11-16　all_databases.sql 文件的内容

通过对比备份数据库的表、备份数据库和备份全部数据库的 .sql 文件的内容，可以看到备份表的.sql 文件中没有创建数据库的 CREATE DATABASE 语句，而备份数据库和备份全部数据库的.sql 文件中有创建数据库的 CREATE DATABASE 语句。也就是说，在使用表备份文件还原数据库时，要先创建表所在的数据库，而在使用数据库备份文件或全部数据库备份文件还原数据库时，可以直接还原。

11.2.3 使用 mysql 命令还原数据库

1. 使用 mysql 命令还原表

使用 mysql 命令可以还原单个数据库的部分或者全部表，基本语法格式为：

```
mysql -uusername -p dbname<filename.sql
```

语法说明如下：
（1）-u 后面的 username 是用户的名称。
（2）dbname 表示需要还原的数据库的名称。
（3）filename.sql 表示存储 SQL 语句的文件名称，如果存储 SQL 语句的文件没有存储在默认目录中，则需要指定带有完整路径的文件名称。

【例 11-6】使用 mysql 命令还原 shop 数据库的 sh_user 表。
先使用 mysqldump 命令备份 shop 数据库的 sh_user 表，在命令行界面执行如下语句。

```
C:\>mysqldump -uroot -p shop sh_user > d:/backup_mysql/sh_user.sql
Enter password: ******
```

然后使用备份的 sh_user.sql 文件还原。

```
C:\>mysql -uroot -p shop<d:/backup_mysql/sh_user.sql
Enter password: ******
```

注意：在使用表的.sql 备份文件还原表时，数据库服务器中需要存在表所在的数据库，如果表所在的数据库不存在，则需要先创建该数据库。

2. 使用 mysql 命令还原单个数据库或多个数据库

使用 mysql 命令可以还原单个数据库，也可以同时还原多个数据库，甚至一次性还原服务器中的全部数据库，基本语法格式为：

```
mysql -uusername -p<filename.sql
```

语法说明：各参数和还原表语法中的参数一致。
【例 11-7】使用 mysql 命令还原 shop 数据库。
在命令行界面使用 mysqldump 命令备份 shop 数据库。

```
C:\>mysqldump -uroot -p --databases shop
>d:\backup_mysql\multi_databases.sql
Enter password: ******
```

登录 MySQL，删除 shop 数据库。

```
mysql> drop database shop;
Query OK, 17 rows affected (0.27 sec)
```

退出 MySQL，使用 mysql 命令还原 shop 数据库。

```
C:\>mysql -uroot -p<d:/backup_mysql/multi_databases.sql
Enter password: ******
```

再次登录 MySQL，查看 shop 数据库。

```
mysql> SHOW DATABASES;
```

运行结果如图 11-17 所示。
进入 shop 数据库，查看表。

```
mysql> USE shop;
Database changed
mysql> SHOW TABLES;
```

运行结果如图 11-18 所示。
查询 sh_user 表中的数据。

```
mysql> SELECT name,money FROM sh_user;
```

运行结果如图 11-19 所示。

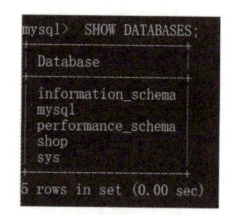

图 11-17　还原之后的 shop 数据库

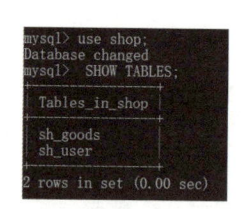

图 11-18　shop 数据库中的表

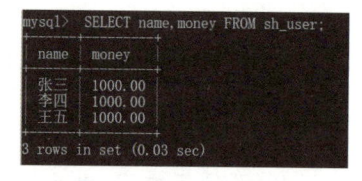

图 11-19　sh_user 表中的数据

注意：在使用 mysql 命令还原多个或全部数据库时，服务器中不需要创建数据库，如果数据库已经存在，也不会影响数据库的还原。

11.2.4　使用 SOURCE 命令恢复表

在 MySQL 中，可以使用 SOURCE 命令恢复表。首先进入 MySQL 数据库的命令行管理界面，然后选择需要恢复的表所在的数据库，最后使用 SOURCE 命令恢复表。SOURCE 命令的语法格式为：

```
SOUCE filename.sql
```

语法说明如下：

（1）filename.sql 为备份文件。

（2）使用 SOURCE 命令必须进入需要恢复的表所在的数据库。如果数据库已经被删除，需要先创建一个同名的空数据库。

【例 11-8】 删除 shop 数据库 sh_user 表的数据，使用 SOURCE 命令恢复。

备份 sh_user 表。

```
C:\>mysqldump -uroot -p shop sh_user > D:\sh_user.sql
Enter password: ******
```

登录 MySQL，进入 shop 数据库。

```
mysql> USE shop;
Database changed
```

查询 sh_user 表的 id 和 name 数据。

```
mysql> SELECT id,name FROM sh_user;
```

运行结果如图 11-20 所示。

删除 sh_user 表的数据。

```
mysql> DELETE FROM sh_user;
Query OK, 2 rows affected (0.04 sec)
```

再次查询 sh_user 表的 id 和 name 数据。

```
mysql> SELECT id,name FROM sh_user;
Empty set (0.00 sec)
```

使用 source 命令恢复 sh_user 表。

```
mysql> SOURCE D:/sh_user.sql;
Query OK, 2 rows affected (0.01 sec)
Records: 2  Duplicates: 0  Warnings: 0
```

第三次查询 sh_user 表的 id 和 name 数据。

```
mysql> SELECT id,name FROM sh_user;
```

运行结果如图 11-21 所示。

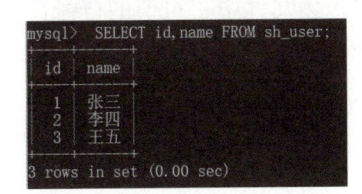

图 11-20　原来的 sh_user 表的数据　　　　图 11-21　恢复之后的 sh_user 表的数据

11.3　导出、导入表记录

MySQL 数据库中的表记录可以导出为 sql 文件、txt 文件、xls 文件、xml 文件或 html 文件。这些导出的文件同样可以导入 MySQL 数据库作为表的记录。

11.3.1 使用 SELECT...INTO OUTFILE 语句导出表记录

使用 SELECT...INTO OUTFILE 语句导出表记录的基本语法格式为：

```
SELECT [columnname1] [,columnname2...] FROM tablename [WHERE CONDITIONS]
INTO OUTFILE 'filename' [OPTIONS];
```

语法说明如下。

（1）columnname：列名称。

（2）tablename：表名称。

（3）WHERE CONDITIONS：筛选条件。

（4）filename：导出的文件名称，如果要将导出的文件保存到指定的位置，需要在文件名称前加上具体的路径。

（5）OPTIONS：

```
[FIELDS
[TERMIATED BY 'string']
[[OPTIONALLY] ENCLOSED BY 'CHAR']
[ESCAPED BY 'CHAR']
]
[LINES
[STARTING BY 'string']
[TERMINATED BY 'string']
]
```

OPTIONS 选项有两个子句，分别是 FIELDS 子句和 LINES 子句。FIELDS 子句又包含 3 个子句，如果指定了 FIELDS 子句，则它的 3 个子句至少要指定 1 个。

- FIELDS TERMIATED BY 'string'子句用来指定字段值之间的分隔符号，默认为制表符 "\t"。比如指定逗号作为字段值之间的分隔符号，则语句为 FIELDS TERMIATED BY ','。
- FIELDS ENCLOSED BY 'CHAR'子句用来指定包裹文件中字符值的符号，比如指定文件中字符值放在双引号之间，则语句为 FIELDS ENCLOSED BY '"'。如果加上 OPTIONALLY，则表示所有的值都放在双引号之间。
- ESCAPED BY 'CHAR'子句用来指定转义字符，比如使用 "*" 取代 "\" 作为转义字符，则语句为 FIELDS ESCAPED BY '*'。
- LINES STARTING BY 'string'子句用来指定行开始的标志。
- LINES TERMINATED BY 'string' 子句用来指定行结束的标志，比如使用 "!" 作为行结束的标志。

【例 11-9】将 shop 数据库的 sh_user 表的数据导出到 D 盘中的 sh_user.txt 文件。代码和运行结果如下。

```
mysql>SELECT * FROM shop.sh_user INTO OUTFILE 'D:/sh_user.txt';
Query OK,2 rows affected(0.00 sec)
```

【例 11-10】将 shop 数据库的 sh_user 表的数据导出到 D 盘中的 sh_user.xls 文件。代码和运行结果如下。

```
mysql>SELECT * FROM shop.sh_user INTO OUTFILE 'D:/sh_user.xls';
Query OK,2 rows affected(0.00 sec)
```

【例 11-11】将 shop 数据库中的 sh_user 表的数据导出到 D 盘中的 sh_user.xml 文件。代码和运行结果如下。

```
mysql>SELECT * FROM shop.sh_user INTO OUTFILE 'D:/sh_user.xml';
Query OK,2 rows affected(0.00 sec)
```

注意：使用 SELECT...INTO OUTFILE 语句导出的文件，其格式可以是.txt、.xls、.xml、.doc 等，通常是.txt 格式。导出的文件中只包括数据，不包括创建表的信息。

11.3.2 使用 LOAD DATA INFILE 语句导入表记录

使用 LOAD DATA INFILE 语句导入表记录的基本语法格式为：

```
LOAD DATA [LOW_PRIORITY|CONCURRENT] INFILE 'filename'
[REPLACE|IGNORE] INTO TABLE tablename
[OPTIONS];
```

语法说明如下。

（1）LOW_PRIORITY|CONCURRENT：若指定 LOW_PRIORITY，则延迟语句的执行。若指定 CONCURRENT，则在导入时，其他线程可以同时使用该表的数据。

（2）filename：导入的文件名称，该文件由 SELECT...INTO OUTFILE 语句生成。

（3）REPLACE|IGNORE：如果为 REPLACE，则在文件中出现与原有记录相同的唯一关键字值时，输入记录会替换原有记录。

（4）tablename：表的名称。

（5）OPTIONS：

```
[FIELDS
[TERMIATED BY 'string']
[[OPTIONALLY] ENCLOSED BY 'CHAR']
[ESCAPED BY 'CHAR']
]
[LINES
[STARTING BY 'string']
[TERMINATED BY 'string']
]
```

OPTIONS 参数与 SELECT...INTO OUTFILE 语句中的 OPTIONS 参数类似。

【例 11-12】将导出的 D 盘中的 sh_user.txt 文件导入 shop 数据库中的 sh_user 表。删除 sh_user 表中的数据。

```
mysql>DELETE FROM shop.sh_user;
Query OK,3 rows affected(0.00 sec)
```

将例 11-9 中导出的 sh_user.txt 文件导入 shop 数据库。

```
mysql>LOAD DATA INFILE 'D:/sh_user.txt' REPLACE INTO TABLE shop.sh_user;
Query OK,2 rows affected(0.00 sec)
```

注意：

（1）为了避免主键冲突，最好使用 REPLACE INTO TABLE 将数据进行替换导入。

（2）如果表结构已经被破坏，则在恢复表结构后，才可以使用 LOAD DATA INFILE 语句导入表记录。

11.4 习题 11

一、在线测试（单项选择题）

1. 在数据库系统生命周期中可能发生的灾难不包括（   ）。
   A．系统故障   B．事务故障
   C．掉电故障   D．介质故障
2. 按备份时服务器是否在线划分数据库备份，其中不包括（   ）备份。
   A．热备份   B．完整备份
   C．冷备份   D．温备份
3. 在还原数据库时，首先要（   ）。
   A．创建表的备份   B．创建完整备份
   C．创建冷备份   D．删除最近事务日志的备份
4. 在创建数据库文件或者文件组备份时，首先要（   ）。
   A．创建事务日志   B．创建完整备份
   C．创建温备份   D．删除差异备份
5. 下面故障发生时，（   ）需要数据库管理员进行手工操作恢复。
   A．停电   B．误删除表数据
   C．死锁   D．操作系统错误

二、技能训练

1. 使用 mysqldump 命令将 shop 数据库中所有的表备份到 D 盘。
2. 使用 mysqldump 命令将 shop 数据库中的 sh_user 表备份到 D 盘。
3. 使用 mysql 命令将 shop 数据库中的 sh_user 表以文本文件的格式导出到 D 盘。

单元 12　日志文件管理

学习目标

通过本单元的学习，学生能够了解 MySQL 日志文件的作业；掌握各种日志文件的使用方法；掌握使用二进制日志文件还原数据的方法。

12.1　MySQL 日志文件简介

数据库在运行过程中，用户和系统管理员不可能随时备份数据，但是当数据遭到破坏，或数据库目录中的文件损坏时，只能恢复已经备份的文件，而在这之后更新的数据就无能为力了。要解决这个问题，就必须使用日志文件。

MySQL 日志记录了 MySQL 数据库的日常操作和错误信息，实时记录了修改、插入和删除的 SQL 语句。当 MySQL 服务器的数据遭到破坏时，可以通过 MySQL 日志文件查询出错的原因，也可以通过 MySQL 日志文件进行数据的恢复。

MySQL 日志是数据库的重要组成部分。分析这些日志文件，可以了解数据库的运行情况、日常操作、错误信息和哪些地方需要优化。

12.1.1　日志文件特点

只要用户登录 MySQL 服务器，日志文件就会记录该用户的登录时间和执行的操作。如果 MySQL 服务器在某个时间出现异常，那么异常信息就会被记录到日志文件中。如果 MySQL 数据库系统意外停止服务，那么就可以通过错误日志查看出现错误的原因，并且可以通过二进制日志文件查看用户执行了哪些操作，对数据库文件做了哪些修改等，然后根据二进制日志文件的记录恢复数据库。

日志文件可以为 MySQL 管理和优化提供必要的依据。但是，启动日志功能会降低 MySQL 数据库的性能。特别是对于查询操作非常频繁的 MySQL 数据库，开启通用查询日志和慢查询日志，都会使 MySQL 数据库花费大量时间记录日志。另外，日志文件会占用大量的磁盘空间，如果用户量非常多，或者操作非常频繁，MySQL 日志文件占用的存储空间可能会大于数据库文件本身占用的存储空间。

12.1.2　日志文件分类

MySQL 的日志文件分为错误日志（error log）文件、二进制日志（binary log）文件、通用查询日志（common_query log）文件和慢查询日志（slow-query log）文件 4 类。

（1）错误日志文件：记录 MySQL 服务器在运行过程中发生异常或错误时的相关信息。

（2）二进制日志文件：以二进制的形式记录数据库中所有更改数据的语句，也可以用于复制操作。

（3）通用查询日志文件：记录用户登录和查询的信息。

（4）慢查询日志文件：记录所有执行时间超过 long_query_time 秒的查询或不使用索引的查询。

在默认情况下，所有日志文件在 mysqld 数据目录中创建，且只启动错误日志文件的功能。其他 3 类日志文件都需要 MySQL 数据库管理员设置。除二进制日志文件外，其他 3 种日志文件都是文本文件。

刷新日志可以强制 mysqld 关闭或重新打开日志文件，也可以切换一个新的日志。如果执行 flush logs、mysqladmin flush-logs 或 mysqladmin refresh 语句，那么日志会刷新。

12.2　错误日志

MySQL 错误日志文件记录数据库服务器在运行过程中发生异常或错误时的相关信息，以及数据库启动和停止的时间等信息。

12.2.1　查看错误日志

错误日志文件是文本文件，在 MySQL 服务出现故障时，就可以查看错误日志文件。

【例 12-1】在 Windows 操作系统下，使用记事本查看 MySQL 错误日志文件。

首先查看错误日志文件的位置。

mysql> SHOW VARIABLES LIKE 'log_error';

运行结果如图 12-1 所示。

图 12-1　错误日志文件的位置

由图 12-1 可以看到，MySQL 错误日志的名称是 LAPTOP-1V06CS98.err，其保存路径为 D:\dev\mysql-8.0.27-winx64\data\。使用记事本打开该文件，文件的内容如图 12-2 所示。

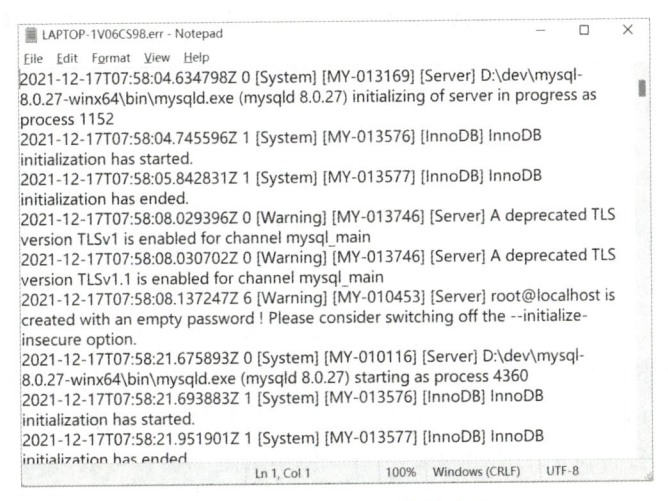

图 12-2　错误日志文件的内容

由图 12-2 可以看到，MySQL 服务的初始化的时间，InnoDB 数据库引擎初始化开始和结束的时间，另外，还可以看到一些警告信息。

12.2.2　设置错误日志

在 MySQL 数据库中，默认情况下，错误日志存储在 MySQL 数据库的数据文件夹 data 下。错误日志功能默认是开启的，一般是无法被禁止的。错误日志文件的名称通常为 hostname.err，这里的 hostname 代表数据库服务器的主机名称。当然也可以通过 my.ini 文件的 mysqld 组中的 log-error 选项设置错误日志的存储位置，语法格式为：

```
#my.ini
[mysgld]
log-error =[ path/[ filename]]
```

语法说明如下：
（1）path：错误日志文件所在的目录路径。
（2）filename：错误日志文件的名称。

注意：修改 my.ini 文件的配置项后，需要重新启动 MySQL 服务。

12.2.3　创建新的错误日志

MySQL 数据库管理员可以将自身认为没有作用的错误日志文件删除，也可以使用 mysqladmin 命令创建新的错误日志文件，从而释放 MySQL 服务器上的硬盘空间。

在命令行界面中，使用 mysqladmin 命令创建新的错误日志文件，语法格式为：

```
C:\>mysqladmin -u root - p flush-logs
```

在使用 mysqladmin 命令创建新的错误日志文件之后，过去的错误日志文件依然存在，只是文件名称更改为 filename.err-old，这里的 filename 是原来的错误日志文件的名称。

也可以通过客户端登录 MySQL 数据库，执行 FLUSH LOGS 命令创建新的错误日志。代码和运行结果如下。

```
mysql> FLUSH LOGS;
Query OK, 0 rows affected (0.12 sec)
```

12.3 二进制日志

通过 MySQL 二进制日志文件可以查看数据库发生的变化，如表的创建、对表中数据的修改，包含涉及修改的 SQL 语句、数据修改的行变化、执行时间等信息，但是不包含没有修改任何数据的语句。二进制日志文件中的语句以事件的形式保存，描述数据的更改。因为二进制日志包含备份后的所有更新，所以使用二进制日志可以最大可能地恢复数据库的数据。

12.3.1 启用二进制日志

在默认的情况下，二进制日志功能是关闭的。将 log-bin 选项加入 my.ini 文件的 mysqld 组中，配置[log-bin]选项可以开启二进制日志，语法格式为：

```
#my.ini
[mysqld]
log-bin [ = path[ filename]]
expire_logs_days = 10
max_binlog_size = 100M
```

语法说明如下：
（1）log-bin：开启二进制日志命令的关键词。
（2）path：二进制日志文件所在的路径。
（3）filename：二进制日志文件的名称。二进制日志文件的后缀为.00000*，这里的*为从 1 开始的自然数，记录数据库所有的 DDL 和 DML（除了数据查询语句）语句事件。另外，二进制日志还包括索引文件，二进制日志索引文件的后缀为.index，用于记录所有的二进制文件。
（4）expirelogs_days：定义二进制日志自动删除的天数，即清除过期日志的时间。
（5）max_binlog_size：定义单个二进制日志文件的最大内存。超出最大内存，二进制日志就会关闭当前文件，创建一个新的二进制日志文件。该变量的大小一般为 4KB～1GB。

【例 12-2】使用 SHOW VARIABLES 语句查询二进制日志的设置。
代码如下：

```
mysql> SHOW VARIABLES LIKE 'log_%';
```

运行结果如图 12-3 所示。

```
mysql> SHOW VARIABLES LIKE 'log_%';
Variable_name                              Value
log_bin                                    ON
log_bin_basename                           D:\dev\mysql-8.0.27-winx64\data\binlog
log_bin_index                              D:\dev\mysql-8.0.27-winx64\data\binlog.index
log_bin_trust_function_creators            OFF
log_bin_use_v1_row_events                  OFF
log_error                                  D:\dev\mysql-8.0.27-winx64\data\LAPTOP-1V06CS98.err
log_error_services                         log_filter_internal; log_sink_internal
log_error_suppression_list
log_error_verbosity                        2
log_output                                 FILE
log_queries_not_using_indexes              OFF
log_raw                                    OFF
log_replica_updates                        ON
log_slave_updates                          ON
log_slow_admin_statements                  OFF
log_slow_extra                             OFF
log_slow_replica_statements                OFF
log_slow_slave_statements                  OFF
log_statements_unsafe_for_binlog           ON
log_throttle_queries_not_using_indexes     0
log_timestamps                             UTC
21 rows in set, 1 warning (0.00 sec)
```

图 12-3 二进制日志的设置

从图 12-3 中可以看出以下几点。

（1）log_bin 的值为 ON，表明二进制日志已经启动。

（2）日志文件的保存路径为 D:\dev\mysql-8.0.27-winx64\data\，基本文件名为 binlog，索引文件名为 binlog.index。

（3）log_bin_trust_function_creators 变量表示是否可以信任函数创建者。在复制架构中，函数有可能导致主从的数据不一致，MySQL 会限制函数的创建、修改和调用。

（4）log_bin_use_v1_row_events 变量表示是否使用版本 1 的二进制日志行事件，默认为 OFF，表示使用版本 2 的二进制日志行事件。

在实际软件开发和应用过程中，日志文件最好不要和数据文件存放在一个磁盘中，防止出现磁盘故障而无法恢复数据。比如，数据文件本来存放在 D 盘，现在将日志文件的存放位置修改为 E 盘，可以在 my.ini 配置文件中的 mysqld 下面添加路径参数。

```
# my.ini
[mysqld]
log- bin ="E:/mysql/log/binlog"
```

注意：修改 my.ini 文件的配置项后，需要重新启动 MySQL 服务。

12.3.2 列出二进制日志文件

在 MySQL 中，可以使用 SHOW BINARY LOGS 命令列出当前的二进制日志文件的个数及文件的名称。

【例 12-3】使用 SHOW BINARY LOGS 命令列出二进制日志文件的个数及文件的名称。

代码如下：

```
mysql>SHOW BINARY LOGS;
```

运行结果如图 12-4 所示。

```
mysql> SHOW BINARY LOGS;
+---------------+-----------+-----------+
| Log_name      | File_size | Encrypted |
+---------------+-----------+-----------+
| binlog.000005 |       179 | No        |
| binlog.000006 |       179 | No        |
| binlog.000007 |       179 | No        |
| binlog.000008 |       179 | No        |
| binlog.000009 |      8480 | No        |
| binlog.000010 |       179 | No        |
| binlog.000011 |       179 | No        |
| binlog.000012 |       179 | No        |
| binlog.000013 |       179 | No        |
| binlog.000014 |       179 | No        |
| binlog.000015 |      1584 | No        |
| binlog.000016 |      3295 | No        |
| binlog.000017 |      9216 | No        |
| binlog.000018 |       156 | No        |
+---------------+-----------+-----------+
14 rows in set (0.10 sec)
```

图 12-4　列出的二进制日志文件

语法说明如下：

（1）Log_name：二进制日志文件的名称。

（2）File_size：二进制日志文件的大小，单位是 KB。

（3）Encrypted：二进制日志文件是否加密。

12.3.3　查看或导出二进制日志文件中的内容

二进制日志文件可以存储更多的信息，并且将信息写入二进制日志的效率更高。但是，由于二进制日志使用二进制的形式保存，因此不能直接打开并查看二进制日志文件，需要使用 mysqlbinlog 命令查看二进制日志文件的内容。

mysqlbinlog 命令查看二进制日志文件的语法格式为：

```
mysqlbinlog filename. number
```

【例 12-4】 使用 mysqlbinlog 命令查看二进制日志文件 binlog.000018 的内容。

代码如下：

```
C:\>mysqlbinlog D:\dev\mysql-8.0.27-winx64\data\binlog.000018
```

运行结果如图 12-5 所示。

```
C:\Users\shy58>mysqlbinlog D:\dev\mysql-8.0.27-winx64\data\binlog.000018
# The proper term is pseudo_replica_mode, but we use this compatibility alias
# to make the statement usable on server versions 8.0.24 and older.
/*!50530 SET @@SESSION.PSEUDO_SLAVE_MODE=1*/;
/*!50003 SET @OLD_COMPLETION_TYPE=@@COMPLETION_TYPE,COMPLETION_TYPE=0*/;
DELIMITER /*!*/;
# at 4
#220202 18:22:25 server id 1  end_log_pos 125 CRC32 0xd575ad0d  Start: binlog v
4, server v 8.0.27 created 220202 18:22:25 at startup
# Warning: this binlog is either in use or was not closed properly.
ROLLBACK/*!*/;
BINLOG '
YVv6YQ8BAAAAeQAAAH0AAAABAAQAOC4wLjI3AAAAAAAAAAAAAAAAAAAAAAAAAAAAAAAAAAAAAAAA
AAAAAAAAAAAAAAAAAAABhW/phEwANAAgAAAAABAAEAAAAYQAEGggAAAAICAgCAAAACgoKKioAEjQA
CigBDa111Q==
'/*!*/;
# at 125
#220202 18:22:25 server id 1  end_log_pos 156 CRC32 0x2af3bd1f  Previous-GTIDs
# [empty]
SET @@SESSION.GTID_NEXT= 'AUTOMATIC' /* added by mysqlbinlog */ /*!*/;
DELIMITER ;
# End of log file
/*!50003 SET COMPLETION_TYPE=@OLD_COMPLETION_TYPE*/;
/*!50530 SET @@SESSION.PSEUDO_SLAVE_MODE=0*/;
```

图 12-5　二进制日志文件 binlog.000018 的内容

mysqlbinlog 命令也可以导出二进制日志文件，语法格式为：

mysqlbinlog filename.number >new_filename

语法说明如下：

（1）filename.number：导出之前的文件名称。

（2）new_filename：导出之后的文件名称

比如，使用 mysqlbinlog 命令导出二进制日志文件 binlog.000018，代码如下：

`C:\>mysqlbinlog D:\dev\mysql-8.0.27-winx64\data\binlog.000018 >D:\binlog.sql`

当然，也可以导出其他格式的文件，如.txt、.xlsx 等。

12.3.4 删除二进制日志文件

二进制日志文件记录了大量的信息，自然就占用了很多的磁盘空间，如果很长时间不清理无用的二进制日志文件，实属浪费。删除二进制日志文件的方法有以下几种。

1. 删除所有二进制日志

删除所有二进制日志文件的语法格式为：

RESET MASTER;

语法说明：执行 reset master 命令，所有二进制日志文件会被删除，MySQL 会重新创建二进制日志文件，新的二进制日志文件重新从 00001 开始编号。

【例 12-5】删除所有的二进制日志文件。

代码和运行结果如下。

```
mysql> RESET MASTER;
Query OK, 0 rows affected (0.09 sec)
```

在二进制日志文件所在目录上查看二进制日志文件，如图 12-6 所示。

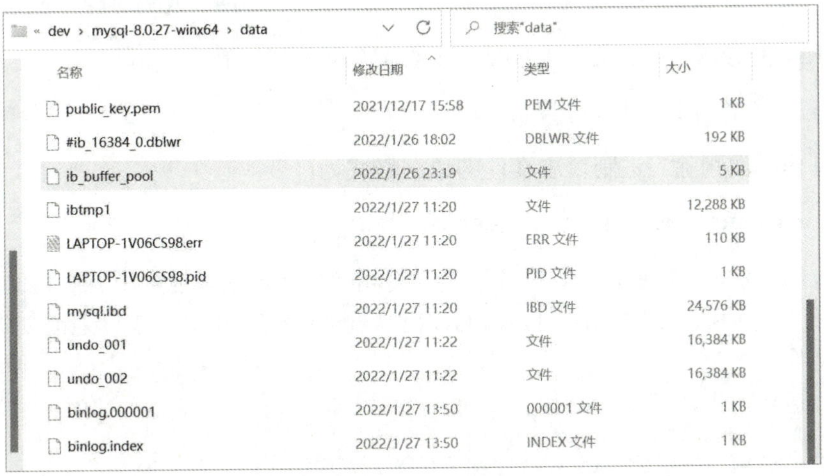

图 12-6　删除所有二进制日志文件后的二进制日志文件

2. 根据编号删除二进制日志

根据编号删除二进制日志文件的语法格式为：

PURGE {BINARY| MASTER }LOGS TO 'log_name'

语法说明：log_name 是指定文件名，执行该命令将删除比此文件编号小的所有二进制日志文件。

【例 12-6】使用 PURGE MASTER LOGS 语句删除创建时间比 binlog.000005 早的所有二进制日志文件。

首先使用 SHOW BINARY LOGS 查看当前的所有二进制日志文件。

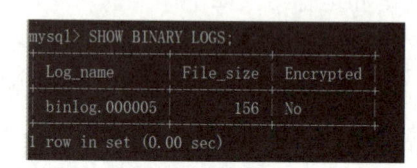

```
mysql> SHOW BINARY LOGS;
```

运行结果如图 12-7 所示。

然后使用 PURGE MASTER LOGS 语句删除创建时间比 binlog.000005 早的所有二进制日志文件。

```
mysql> PURGE MASTER LOGS TO 'binlog.000005';
Query OK, 0 rows affected (0.05 sec)
```

最后，再次使用 SHOW BINARY LOGS 查看当前的所有二进制日志文件。

```
mysql> SHOW BINARY LOGS;
```

运行结果如图 12-8 所示。

图 12-7　查看当前的所有二进制日志文件　　图 12-8　再次查看当前的所有二进制日志文件

从图 12-8 可以看出 binlog.000005 前面的 4 个文件都被删除了。

3. 根据创建时间删除二进制日志

根据创建时间删除二进制日志文件的语法格式为：

PURGE {BINARY| MASTER }LOGS BEFORE 'date'

语法说明：date 是指定日期，执行该命令将删除指定日期以前的所有二进制日志文件。

【例 12-7】使用 PURGE MASTER LOGS 语句删除 2022 年 2 月 3 日之前创建的所有二进制日志文件。

代码和运行结果如下。

```
mysql> PURGE MASTER LOGS TO '20220203';
Query OK, 0 rows affected (0.05 sec)
```

12.3.5 使用二进制日志恢复数据库

如果数据库遭到意外损坏,首先应该使用最近的备份文件恢复数据库。但是,在最近的备份之后,数据库可能进行了一些更新。此时,可以使用二进制日志恢复数据。

使用二进制日志恢复数据库的语法格式为:

mysqlbinlog [option] filename | mysql - uuser - p

语法说明如下:

(1) filename:日志文件的名称。
(2) option:可选项,常用的参数包括--start-date、--stop-date、--start-position、--stop-position。

- --start-date:用于指定恢复数据库的起始时间点。
- --stop-date:用于指定恢复数据库的结束时间点。
- --start-position:用于指定恢复数据库的开始位置。
- --stop-position:用于指定恢复数据库的结束位置。

【例 12-8】使用 mysqlbinlog 命令将 MySQL 数据库恢复到创建二进制日志文件 binlog.000005 时的状态。

代码如下:

```
C:\Users\shy58>mysqlbinlog D:\dev\mysql-8.0.27-winx64\data\binlog.000005
|mysql -uroot -p
Enter password: ******
```

执行该语句后,会根据指定文件 binlog.000005 将数据库恢复至 2021-01-28 02:00:00 之前的状态。

【例 12-9】使用 mysqlbinlog 命令将 MySQL 数据库恢复到指定文件指定位置的状态。

首先进入 MySQL,查看二进制日志当前的位置,代码如下:

```
mysql> SHOW MASTER STATUS\G;
```

运行结果如图 12-9 所示。

图 12-9 二进制日志当前的位置

接下来使用二进制文件 binlog.000027 当前的位置 156 恢复数据库,代码如下:

```
C:\>mysqlbinlog --stop-position=156
D:\dev\mysql-8.0.27-winx64\data\binlog.000027|mysql -uroot -p
Enter password: ******
```

执行该语句后,会根据指定文件 binlog.000027 将数据库恢复至位置 156 之前的状态。

12.3.6 暂时停止二进制日志功能

如果用户不希望将自己执行的某些 SQL 语句存放在二进制日志中，那么需要在执行这些 SQL 语句之前暂停二进制日志功能。

有两种方式可以暂停二进制日志功能。一种方式是在配置文件 my.ini 中设置 log bin 选项，MySQL 服务器将会一直开启二进制日志功能，如果删除了该选项，就可以暂时停止二进制日志功能。另一种方式是使用 MySQL 提供的暂时停止二进制日志功能的语句。

在 MySQL 中，可以使用 SET 语句暂停二进制日志功能，SET 语句的语法格式为：

```
SET SQL_LOG_BIN = {0|1};
```

语法说明：该参数的值为 0 时，表示暂停记录二进制日志。该参数的值为 1 时，表示恢复记录二进制日志。

12.4 通用查询日志

通用查询日志文件是用来记录用户所有操作的日志文件，包括启动和关闭 MySQL 服务、更新语句、查询语句等。通用查询日志是以文本文件的形式存储的。如果希望了解某个用户最近的操作，可以使用文本文件查看器查看通用查询日志文件。

12.4.1 启动和设置通用查询日志

在默认的情况下，通用查询日志功能是关闭的。通过 MySQL 配置文件 my.ini 的 log 选项可以开启通用查询日志。将 log 选项加入 my.ini 文件的 mysqld 组中，在 Windows 操作系统中的语法格式为：

```
# my.ini
[mysgld]
log [= path\[filename]]
```

语法说明如下：

（1）path：二进制日志文件的目录路径。

（2）filename：通用查询日志文件的名称。

（3）如果不指定参数，也就是在启动通用查询日志的 mysqld 组 log 选项没有设置值的情况下，通用查询日志文件将默认存储在 MySQL 数据目录的 hostname.log 文件中，其中 hostname 为 MySQL 数据库的主机名称。

（4）用户的所有操作都会记录到通用查询日志中。

12.4.2 删除通用查询日志

因为通用查询日志文件会记录用户的所有操作，所以如果数据库的使用非常频繁，那么通用查询日志会占用非常大的磁盘空间。数据库管理员可以删除很长时间之前的无用的通用查询日志文件，以保证 MySQL 服务器的硬盘空间。

在 MySQL 数据库中，也可以使用 mysqladmin 命令开启新的通用查询日志。新的通用查询日志会直接覆盖旧的通用查询日志，不需要再手动删除了。

使用 mysqladmin 命令开启新的通用查询日志的语法格式如下：

```
mysqladmin -u root-p flush-logs
```

需要注意的是，服务器打开日志文件期间不允许重新命名日志文件。必须先关闭服务器，然后重新命名日志文件，最后，重启服务器来创建新的日志文件。

12.5 慢查询日志

慢查询日志文件用来记录执行时间超过指定时间的查询语句。通过慢查询日志文件，可以发现运行时间较长、执行效率很低的查询语句，然后进行优化。

12.5.1 启用慢查询日志

在默认的情况下，慢查询日志功能是关闭的。可以通过 MySQL 服务器上 my.cnf 或 my.ini 文件 mysqld 组的 log-slow-queries 选项开启慢查询日志。通过 long_query_time 选项设置时间值，时间以秒为单位。如果查询时间超过了这个时间值，这个查询语句就会被记录到慢查询日志文件中。将 log-slow-queries 选项和 long_query_time 选项加入 my.ini 文件的 mysqld 组中，语法格式如下：

```
# my.ini
[mysqld]
log-slow-queries [= path)[filename]]
long_query_time = n
```

语法说明如下：
（1）path：慢查询日志文件的目录路径。
（2）filename：慢查询日志文件的名称。
（3）long_query_time：用来定义超过多少秒的查询是慢查询，这里定义的是 n 秒。

12.5.2 操作慢查询日志

使用 MySQL 语句查看慢查询日志状态的语法格式为：

```
SHOW VARIABLES LIKE '%slow%';
```

【例 12-10】操作慢查询日志。

使用 MySQL 语句查看慢查询日志功能的状态。

```
mysql> SHOW VARIABLES LIKE '%slow%';
```

运行结果如图 12-10 所示。

```
mysql> SHOW VARIABLES LIKE "%slow%";
+-----------------------------+---------------------------------------------------------------+
| Variable_name               | Value                                                         |
+-----------------------------+---------------------------------------------------------------+
| log_slow_admin_statements   | OFF                                                           |
| log_slow_extra              | OFF                                                           |
| log_slow_replica_statements | OFF                                                           |
| log_slow_slave_statements   | OFF                                                           |
| slow_launch_time            | 2                                                             |
| slow_query_log              | OFF                                                           |
| slow_query_log_file         | D:\dev\mysql-8.0.27-winx64\data\LAPTOP-1V06CS98-slow.log      |
+-----------------------------+---------------------------------------------------------------+
7 rows in set, 1 warning (0.04 sec)
```

图 12-10 慢查询日志功能的状态

从图 12-10 可以看到，慢查询日志文件的目录路径和文件名称，慢查询的秒数是 2 秒，以及慢查询日志功能是关闭的。使用下面语句开启慢查询日志功能。

```
mysql> SET GLOBAL slow_query_log='ON';
Query OK, 0 rows affected (0.04 sec)
```

再次查看慢查询日志状态，如图 12-11 所示。

```
mysql> SHOW VARIABLES LIKE "%slow%";
+-----------------------------+---------------------------------------------------------------+
| Variable_name               | Value                                                         |
+-----------------------------+---------------------------------------------------------------+
| log_slow_admin_statements   | OFF                                                           |
| log_slow_extra              | OFF                                                           |
| log_slow_replica_statements | OFF                                                           |
| log_slow_slave_statements   | OFF                                                           |
| slow_launch_time            | 2                                                             |
| slow_query_log              | ON                                                            |
| slow_query_log_file         | D:\dev\mysql-8.0.27-winx64\data\LAPTOP-1V06CS98-slow.log      |
+-----------------------------+---------------------------------------------------------------+
7 rows in set, 1 warning (0.00 sec)
```

图 12-11 开启慢查询日志功能

从图 12-11 可以看到，慢查询日志功能已经开启。使用如下 MySQL 语句，查看一共执行过几次慢查询。

```
mysql> SHOW GLOBAL STATUS LIKE '%slow%';
```

运行结果如图 12-12 所示。

从图 12-12 可以看出，执行慢查询的次数为 0。其实想要执行一次有实际意义的慢查询比较困难，因为在没有特殊原因的情况下，即使查询有 20 万条数据的表，也只需要零点几秒。我们可以通过如下语句模拟慢查询。

```
mysql> SELECT SLEEP(10);
```

运行结果如图 12-13 所示。

```
mysql> SHOW GLOBAL STATUS LIKE '%slow%';
+----------------------+-------+
| Variable_name        | Value |
+----------------------+-------+
| Slow_launch_threads  | 0     |
| Slow_queries         | 0     |
+----------------------+-------+
2 rows in set (0.00 sec)
```

图 12-12 执行慢查询的次数

```
mysql> SELECT SLEEP(10);
+-----------+
| SLEEP(10) |
+-----------+
|         0 |
+-----------+
1 row in set (10.01 sec)
```

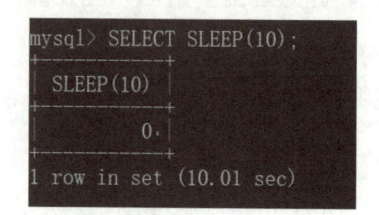

图 12-13 模拟慢查询

再次查看一共执行过几次慢查询。

```
mysql> SHOW GLOBAL STATUS LIKE '%slow%';
```

运行结果如图 12-14 所示。

从图 12-14 可以看到执行慢查询的次数为 1 次。

使用记事本打开慢查询日志文件，如图 12-15 所示。

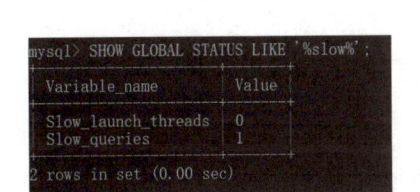

图 12-14　再次查看执行慢查询的次数 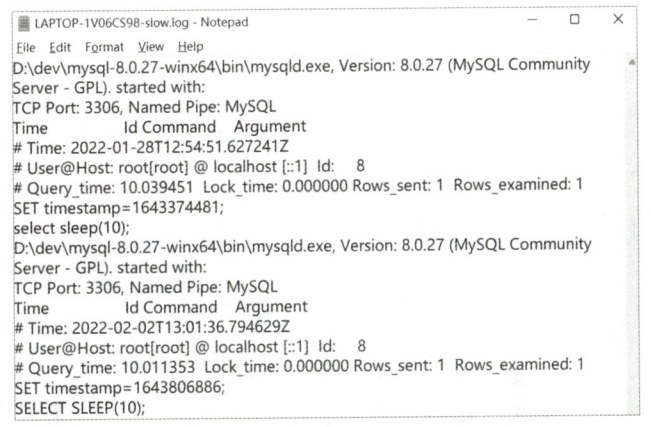　　　图 12-15　使用记事本查看慢查询日志

12.5.3　删除慢查询日志文件

慢查询日志文件的删除方法与通用查询日志文件的删除方法相同。可以使用 mysqladmin 命令来删除慢查询日志文件，也可以直接删除慢查询日志文件。

使用 mysqladmin 命令删除慢查询日志的语法格式为：

```
mysqladmin -u root - p flush- logs
```

在执行该命令后，命令行会提示输入密码。输入正确的密码后，将执行删除操作。新的慢查询日志会直接覆盖旧的慢查询日志，不需要再手动删除了。

数据库管理员也可以直接删除慢查询日志文件。删除之后需要重新启动 MySQL 服务。重新启动 MySQL 服务之后就会生成新的慢查询日志文件。如果希望备份旧的慢查询日志文件，可以将旧的日志文件重命名，然后重新启动 MySQL 服务。

12.6　使用 Navicat for MySQL 查看 MySQL 历史日志

使用 Navicat for MySQL 可以查看 MySQL 历史日志。

【例 12-11】使用 Navicat for MySQL 查看 MySQL 历史日志。

打开 Navicat for MySQL，并连接数据库，选择一个要操作的数据库。单击菜单栏上的"工具"选项，选择"历史日志"命令，如图 12-16 所示。

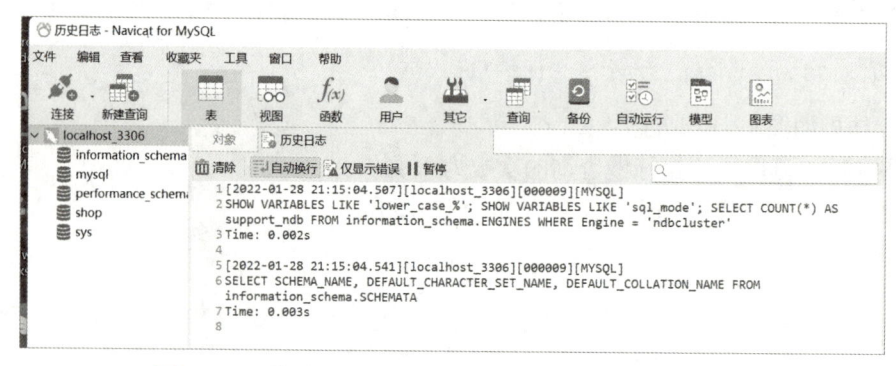

图 12-16　使用 Navicat for MySQL 查看 MySQL 历史日志

12.7　习题 12

一、在线测试（单项选择题）

1．MySQL 的日志在默认情况下，只启动了（　　）的功能。
　　A．二进制日志　　　　　　　　　　B．错误日志
　　C．通用查询日志　　　　　　　　　D．慢查询日志

2．MySQL 的日志中，除（　　）外，其他日志都是文本文件。
　　A．二进制日志　　　　　　　　　　B．错误日志
　　C．通用查询日志　　　　　　　　　D．慢查询日志

3．如果很长时间不清理二进制日志文件，就会浪费很多的磁盘空间。删除二进制日志文件的方法不包括（　　）。
　　A．删除所有二进制日志文件
　　B．删除指定编号的二进制日志文件
　　C．根据创建时间删除二进制日志文件
　　D．删除指定时刻的二进制日志文件

4．如果数据库意外损坏，首先应该使用最近的备份文件还原数据库，可以使用（　　）还原数据库。
　　A．通用查询日志　　　　　　　　　B．错误日志
　　C．二进制日志　　　　　　　　　　D．慢查询日志

二、技能训练

1．使用 SHOW VARIABLES 语句查询当前日志的设置。
2．使用 SHOW BINARY LOGS 语句查看二进制日志文件的个数及文件名称。
3．使用 PURGE MASTER LOGS 语句删除 2021 年 8 月 30 日前创建的所有日志文件。
4．使用记事本查看 MySQL 错误日志。